中国電力工業史序説

劉 玕 著

現代史料出版

目　次

序章　電力工業史研究の意義（課題と方法）

一　研究課題

1　研究に対する問題意識

電力は、経済成長のみならず、社会発展に関わる重要なエネルギーとして、人々の生活の向上に対して大きな役割を果たしている。

一般的にいって、電気と電力を明確に区分することは困難である。一般的な「辞典」では、日本においても、中国においても、ほぼ同じものと説明している。日本では、電気は電流が流れる現象、電力は電気の単位時間当たり仕事量とし、中国では、電気は物質中に存在する能力で、発光・発熱のほか、動力を生み出すエネルギー源とし、電力は動力として用いる電気エネルギーとしている。本書では、主にこの電気のエネルギーについて、電力という表現を用いた。

日本では、電気あるいは電力に関係する事業を電気事業（電力事業とされる場合もある）といい、これには、この事業に関わる建設や関連機器の製造を含まない（「電気事業法」参照）が、中国では、これに関連する産業体系（建設や設備・機器製造等を含む）を電力工業という。本書においては、中国での学術的慣用を踏まえて、電力工業と称した。電気（あるいは電力）事業、本書でいう電力工業は、一般的には発電事業（部門）と変電を含む送・配電事業（部門）とその他部門からなる。この変電を含む送・配電を電網（電力網）と称する。その他部門を補助事業と称する。中国語の「輸電」は日本語の「送電」である。高電圧で需要地付近の変電所まで電力を送るのが送電（「輸電」）であり、この変電所で低電圧に変えて使用者まで配分するのが配電である。中国の電力工業においては、この両者に明確な区分がなく、一般的に「輸配電」と称する。送・配電事業（部門）は輸配電事業（部門）と称されるので、本書では、「輸配電（事業）」という用語を用いた（中国の法律・法規関係の用語はこの用語で統一されてい

るため）。但し、発電と電網を分離する事態については、日本の慣用に従い、発送電分離という表現をも用いた。

　日本では、発電部門と送・配電部門との基本的な電気（あるいは電力）売買の卸売価格は、電気（あるいは電力）料金といい、送・配電部門と消費者（使用者）との電気（あるいは電力）の売買の小売価格は、電気（あるいは電力）料金、電燈料金というが（「電気事業法」及び「商品学辞典」を参照）、中国では、発電部門と輸配電部門との卸売価格は、「上網価格」ないし発電価格といい、小売価格を特定していう用語はなく、電気（あるいは電力）の売買に関する価格を総称して電力価格という。本書においては、電力工業の市場化の問題がこの電力価格の問題に集中しているので、電力の売買価格は、電力価格（電価）と称した。

　現在、中国の経済成長は依然として持続しており、人々の生活水準は日々向上している。こうしたことに対する電力工業の貢献度はきわめて大きいといえる。また、電力工業の発展は、多くが石炭火力に依存することから、現在、地球規模で進展しているグローバルな環境問題にも大いに関係している。世界の人口の６分の１以上に達する14億もの人口を抱える中国経済の発展は、エネルギー資源を得るため環境を代価として支払っているといわなければならない。中国がこのような環境問題に果たすべき責任は大きいものと考えているし、電力工業の今後の発展のありようにも関心を示さざるをえない。こうした環境問題は、人々の生活水準に関係する福利水準を引き下げていくことにつながるからである。

　本書は、このような中国における電力工業の社会的意義を明らかにしようとした問題意識に動機づけられている。このことが、本書が多くの産業（工業）分野があるなかで、なぜ電力工業を研究対象として選択したかの理由である。

　しかし、中国は、1949年以前、戦後（第２次世界大戦後）の国民党政府の支配する「独立国」としての一時期を経たとしても、その歴史的な半封建・半植民地的経済から脱却することはできず、旧列強は、機会さえあれば、以前のように絶大な勢力圏を再び中国に築きたいと願っていたから、電力の上記のような社会的役割は、旧中国には存在しなかったといえる。こうした状況を一変した

のが社会主義革命の成功による新中国の成立であった。これによって、電力の社会に対する本来の貢献度が果たされるようになったのである。同時にまた、その社会的責任の大きさを自覚することにもなった。

2　新中国成立以前の中国電力工業の発展

（1）初期の電力工業の性格

アヘン戦争を契機とする帝国主義的侵略が開始されて以後、中国資本主義の発展は、半封建・半植民地的な状態に置かれた。清朝末期、多くの帝国主義諸国は、中国を分割して、資源や富を略奪した。列強は、沿海（広州を中心とする南ではフランス、山東半島にはドイツ）・沿江（上海を中心にイギリス）及び東北（遼東半島付近にはロシアや日本）に拠点を築いて、租界を設定し、鉱山・鉄道を経営して、中国全土を支配しようとしていた。社会主義中国が成立して完全な独立を実現するまでの約100年間、中国に存在した近代工業は、こうした半封建的・半植民地的性格を帯びた軽工業が主軸であった。重工業の多くは、帝国主義国が中国で必要とした修理工場（船渠や鉄道の修理工場等）、そうでなければ、帝国主義が必要とする原材料・半製品を取得するための鉱・砿山や工場であった。

新中国が成立した時、工・農業総生産でいうと、農業生産が圧倒的な比重を占め、軽工業生産は約20％、重工業生産は10％弱にとどまった。しかも、このほぼ30％の工業総生産額のうち、機械を使用した工業品生産の割合は17％前後とされ、残りの83％近くは、農家副業・個人手工業・工場制手工業の生産で占められていた[1]。これが近代中国の半封建的・半植民地的とされる歴史的制約性であった。

中国における初期の電力工業にも、このような歴史的規定性が反映されていた。中国各地に租界や開港場が設置され、そこでは「外国の技術や文明」の優越性が誇示されたが、最初の電力を利用した電気街燈は、帝国主義権威の「炫耀性（見せびらかし）」として導入された事象であった[2]。1882年5月、イギリス商人ダイス（C. M. Dyce）・ロウ（G. E. Low）・ウェトモァ（W. S. Wetmore）らは、アメリカの電気会社ブラシュ（Brush）と深い関係にある上海公共租界工

部局[3]の総理事の秘書リットル（R. W. Little）に懇請して発電所建設や設備調達等について便宜を図ってもらい、上海電気公司（The Shanghai Electric Company）を創立した[4]。これには華商の買弁たちも資本参加した[5]。この会社は、上海の乍浦路に発電所を建設し、工部局のガス街燈柱を借用し（その他、街路燈設立許

1）≪中共中央批转中央宣传部为动员一切力量把我国建设成为一个伟大的社会主义国家而斗争──关于党在过渡时期总路线的学习和宣传提纲（1953年12月28日）≫（中央档案馆、中共中央文献研究室编≪中共中央文件选集14≫人民出版社、2013年、491-529頁≫）参照。資料によって異なるが、新中国の成立時、近代的な工業生産はいまだ工・農業総生産の20％弱しかなく、農業と機械によらない手工業の生産が80％強を占めたとされる。劉国良≪中国工業史　近代巻≫（江蘇科学技術出版社、1991年、225-227頁）によれば、1919年まで原動機使用の工場比率は３％台にとどまり、1947年においても23.5％であった。また、動力の種別を表示する安原美佐雄『支那の工業と原料　第一巻（上）』（上海日本人実業協会、1919年、31頁）によれば、1915年まで電力が占める馬力比率は20％に満たなかった。その後も、こうした状態が基本的に維持されたというべきであろう。

2）電気街燈の最初の試みは、1879年５月のアメリカ大統領ユリシーズ・S・グラントの上海訪問を歓迎するためのものであった。蒸気発電機が上海に運ばれ電燈が灯されたが、人材や材料等の不足からこの時期は試験段階であった（陳真、姚洛、逢先知合編≪中国近代工業史資料　第二輯≫三联書店、1958年、338頁、参照）。

3）上海工部局（公董局、公局とも別称）は、1854年、イギリス・アメリカ・フランスの３租界が合併した際に成立した租界の行政機関で、理事は納税外人会で選出され、この機関の下には、警備・工務・衛生・学務などの各種委員会があった（≪上海公共租界史稿≫上海人民出版社、1980年、102頁以下、呉圳義≪清末上海租界社会≫文史哲出版社、1977年、10頁以下、参照）。

4）上海電気公司の成立及び発展について、前掲≪中国近代工業史資料　第二輯≫、338-339頁、李代耕編≪中国電力工業発展史料　解放前的七十年（1879-1949）≫水利電力出版社、1983年、４頁、及び黄興≪晩清电气照明业发展及其工业遗存概述≫、載≪内蒙古师范大学学报≫、第38巻第３期、2009年５月、参照。なお、上海電気公司の名称については、資料によって上海電光公司あるいは上海電力公司とされる。この会社が租界当局に英語表記で登記したが、中国語表記にする際、異なる表記が用いられたものと推測される。ここでは、上海電気公司の名称を用いた。

5）中国への帝国主義企業の侵略は外国資本でのみ行われたのではない。いわゆる買弁資本の範疇に属する中国人の多くの資本が導入されて初めて実現された。この意義について、汪敬虞≪十九世紀外国侵华企业中的华商附股活动≫、載≪历史研究≫、1965年第４期、前掲≪清末上海租界社会≫、第３章、参照。

可を得て）正式に営業を開始した。その後、租界の上海クラブ、外国人住居の
ほか、官僚・買弁といった一部の上層中国人家屋などへの電線架設が許可され、
営業範囲を街燈からしだいに屋内の照明へと拡大していった。とはいえ、上海
電気公司が外灘路等のガス街燈を電気街燈に切り替え、1883年には南京路など
の主要幹道に照明をもたらしたことこそ、初期電気工業の象徴的事態であった
というべきであろう[6]。1888年、上海電気公司は、上海新申電気公司（New Shang-
hai Electric Company, Ltd）に改組され、管理及び設備の改善を実施したが、工
部局による立柱架線の規制が厳しくなり、これ以上の発展を望むことは困難と
された。そうした際、租界当局（納税人年会）は、イギリスの市政府による公
共事業管理方式に倣い、この会社の電燈業を接収し、工部局の電気處にこれを
管理させることにした（1893年）[7]。これ以後、上海には中国人の手になる官営・
民営の電力会社が設立され、租界を中心に照明を供給した。1900年までの街燈
に供された電線は18キロメートルにも及び、電圧は最高2500ボルトであった[8]。
　天津租界においても、同様な事態が展開された。1888年、ドイツの世昌洋行
（外国商社）は絨毛工場に小型発電機を導入して工場内に照明をもたらしたほか、
ガス街燈を電気街燈に切り替えていったが、1902年に天津フランス租界に発電
所が設立されるや、イギリス・日本・ドイツの各租界でも発電所が設立され、
天津租界全体に電燈が普及していった[9]。こうした事情は各地の租界あるいは
開港場でも同様であったと思われるが[10]、その後、年を経て、鎮江租界のよう
に、租界及び近接地域の電燈業を中国商人が担うようになっていった[11]。だが、

6）中国电业史志编辑委员会《中国电力工业志》当代中国出版社，1998年，2-3頁，
　　参照。また、前掲《中国近代工業史資料　第二輯》（338頁）によれば、清朝政府
　　は電燈を「妖術」「鬼気」とみなし、このような「妖術」を中国人は用いてはなら
　　ないとした。ハウクス・ポット（帆足計・濱谷満雄共訳）『上海の歴史（上海租界
　　発達史）』白揚社、1940年、172頁以下、前掲《上海公共租界史稿》，442頁，参照。
7）詳細は、前掲《晩清电气照明业发展及其工业遗存概述》，参照。
8）刘宇峰《又踏层峰望眼开中国电网发展历程》，载《国家电网》，2006年第9期を
　　参照。
9）杨大辛《天津九国租界概述》（《列强在中国的租界》编辑委员会编《列强在中国
　　的租界》中国文史出版社，1992年），137頁参照。各地の租界の状況も参照。

そのことは、租界外の中国人居住区へも電力供給がさらに拡大していったこと
を意味するものではなかった。

　第2の象徴的な事象は、宮廷・総理衙門（外交部署）・軍港・官営軍事工場な
どに群がった洋務派官僚たちが、自分たちの活動拠点に外国を模倣して電燈を
整備していったことであった。これは洋務派官僚による西洋権威の「炫耀性（見
せびらかし）」であった。洋務運動を推進しようとした李鴻章は、西太后の支持
を得るため、1889年1月、彼女の居住処西苑（現在の中南海）に電燈を灯した[12]。
また、1890年12月、清朝工部は広東黄埔魚雷学堂を通してドイツから3台の蒸
気発電機を購入し、翌年9月、頤和園の耶律楚材祠南側に頤和園電燈公所を設
け、園内に電燈を配置した。頤和園は当時北京で最も電燈が多かった場所とさ
れ、要した費用も莫大であった[13]。その後、醇親王府、その他多くの王公府、
満州族官僚瑞麟の屋敷などをはじめ、上層の官僚・買弁・外国人の住居にも電
燈が普及したが、1900年の「8ヶ国連合軍」の北京侵略によって上述した電燈
公司のほとんどは破壊され、莫大な費用を掛けてこれらを修復したのは1907年
のことであった。他方、1905年には、官民合営の電力公司、京師華商電燈公司
が設立され、北京市街の照明の一端を担った[14]。

　第3の象徴的な事象は路面電車の運行であった。1899年、中国初めての有軌

---

10) ここでは、詳細は省くが、租界を中心に、帝国主義が投資して展開された電力工
　業について、前掲≪中国電力工業発展史料　解放前的七十年（1879-1949）≫，10-
　13頁参照。

11) 同上≪中国電力工業発展史料　解放前的七十年（1879-1949）≫，8頁，表2-1，
　参照。

12) 李鴻章は、1888年4月、神機営機器局を通してデンマークの祁羅弗洋行から4台
　の蒸気直流発電機を購入し、西苑西門府右街に西苑電燈公所を設立し、1989年1月
　30日、西太后の寝宮儀鸞殿ほか各殿に電燈を通した（趙永康≪洋務派与中国近代民
　族電力工業的起源≫，載≪神洲・上旬刊≫，2017年第3期，参照）。その他、1888
　年には、張之洞（両広総督）・劉銘伝（台湾巡撫）らがそれぞれの部署に電燈所を
　設立し、官署・軍港等に照明を提供したが、その後の発展は資金等の問題からきわ
　めて困難であったという（罗钟灵≪"水火既済"的沧桑正道—湖北公用电业创办100
　周年回顾≫，載≪湖北电业≫，2006年第3期，参照）。

13) 前掲≪晩清电气照明业発展及其工业遺存概述≫参照。

道電車が北京に敷かれたが、市民の生活の便利さから要望されたのではなかった。1895—1897年に天津—盧溝橋—漢口を結ぶ鉄道（津盧漢鉄道）が敷設された際、清朝政府は、帝国主義支配の手段が直接北京に伸びることを警戒し、汽車の轟音や爆煙が死者の安寧を脅かすといった風水迷信に託けて、終点は市内から西南に10キロメートルほど離れた馬家堡にとどめ置き、馬家堡と市内（永定門）を結ぶ有軌道電車を敷設させた。この路面電車は多くの北京市民に帝国主義権威の「炫耀性」を表現するのに十分であった[15]。天津でも、1904年、ベルギーの世昌洋行は、ベルギー租界に天津電車電燈公司を設立し、旧市街地と租界を結ぶ路面電車を敷設し、さらに他国の租界にも電気を供給する電燈業を営業しようとした。すでに電燈業を始めていた日本・イギリス・フランスの租界当局は、1906年2月、各国租界内を通過する電車運営を認めたが、電燈業の営業は許可しなかった[16]。北京と異なり、天津の電車は初めて居住者の交通手段としての機能を持ったが、租界内に立ち入ることができる人々のためのものであった。上海に路面電車が導入されたのはほかよりも遅れ、1908年3月であった。イギリス資本の上海電気製造公司がイギリス租界内に電車を運行し、2ヵ月後の5月、上海仏商電車電燈公司がフランス租界内に電車を運行させ、1912年に公共租界とフランス租界を結ぶ電車が開通した。1913年8月には、租界南側の中国人居住区に接続する上海華商電気公司による電車が運行された[17]。

　中国におけるこのような初期の電力工業のありようをいかに理解するかにつ

14）李长莉、闵杰、罗检秋、左玉河・马勇≪中国近代社会生活史（1840-1949）≫中国社会科学出版社，2015年，239頁参照。このような普及には、交流発電機と変圧器の技術的発展が必要とされたが、1890年代以降、照明の分野での送電問題は一応解決された。

15）これは市内の交通手段としての意味をなさなかった。この路面電車は汽車の乗客を送迎するだけであったので、経営は成り立たなかった（前掲≪中国近代社会生活史（1840-1949）≫，266頁，参照。1900年の義和団事件でこの軌道は破壊され、停止された（李大惠≪北京有軌电车兴衰记略≫，載≪科技潮≫，2003年第5期）。

16）前掲≪中国近代工業史資料　第二輯≫，810-811頁。

17）李沛霖≪公共交通与城市现代性：以上海电车为中心（1908-1937）≫，載≪史林≫，2018年第3期，参照。なお、前掲≪清末上海租界社会≫（79頁）が紹介する「租界生活」によれば、租界に居住する外国人は中国人経営の電車に乗らなかったという。

いては、議論の分かれるところである。第1次世界大戦期まで、基本的には、電力のほとんどは外国資本の電力会社によって生産されたが、この電力供給は、鉄道業における利権獲得とは異なり[18]、帝国主義支配と直結するようなものではなかった。しかも、この段階では、中国の工業生産力を支配する要因として機能することなく、外国人支配地域における帝国主義支配の権威の象徴としての「炫耀性」にすぎなかった[19]。

（2）電力工業の生産過程への拡大

　第1次世界大戦を経て、中国の民族産業は「黄金期」を迎え、1920年代に整理過程を経て、一部、近代工業として定着していったが、後述するように、それさえも、外部条件は相当厳しいものであった。電力工業についていえば、1911年以前までは、外国資本を中心に少数の規模の比較的大きな電力会社が照明用電力を制限的（発電機容量が小さいため）に供給するだけで、工業用電力を供給することはできなかった[20]。しかし、「民国年間には電力利用の製造工業はますます増加し、これに伴って電気工業も発達した」[21]。電力工業は中国産業の

18）宓汝成（依田憙家訳）『帝国主義と中国の鉄道』（龍渓書舎、1987年）参照。

19）前掲《中国近代社会生活史（1840-1949）》（241-243頁）によれば、家屋内照明に対する電力需要は大きかったが、発電費用が嵩むことから電力消費料金は高く、さらに電柱設置等において民衆による「阻力」も大きく作用し、照明としての普及に困難が伴い、電燈の民間利用は民国になってからであったという。20世紀に入るや各国帝国主義による発電所設立と並んで各地に中国の官営・官督民営・民営の発電所が設立され、これを帝国主義と民族資本の競走・対抗と捉える見解もある（前掲《中国電力工業志》、3頁、参照）。しかし、第1次大戦前まで生き延びた民族資本の電力会社は、京師華商・漢口既済・上海華商など比較的大きな企業十数個にすぎなかった。

20）杜恂誠《民族資本主義与旧中国政府（1840-1937）》上海社会科学院出版社，1991年，62頁，参照。

21）電力工業の発展は「中国の工業化過程の発展を表示する一つの証拠」（何廉・方顕廷《中国工業化之程度及其影響》工商部工商訪問局編，工商叢刊之五，1928年，72頁，龔駿（中山五郎訳）『支那近代工業発達史』生活社、1942年、下巻、328頁）であったとされ、この期の民族産業の「黄金期」によって「中国人の電力事業の発展が推進された」（前掲《中国電力工業志》、273頁）とされる。

全般的な発展を促進した。とりわけ、綿紡績業の発展がこの過程を典型的に代表し、電力が紡織工場に導入され、一般的に動力における「電力革命」が展開されたとされる。しかし、この期の工場への電力の導入を原動力の革新として捉えるだけでは十分ではない。紡績業はその技術的発展の特徴から電力を特に動力とすることが可能であり、また必要とされた。それが紡績業における技術革新の道であった。だが、そうした発展は高級品生産（細番手製品）にとって有利であり、必要とされるものであったが、太番手の低級品生産にはいまだコストの安い蒸気機関で十分であった[22]。中国市場において、こうした高級品生産を担っていたのは「在華紡」といわれる日本の紡績資本であったことはいうまでもない[23]。電力コストが嵩んでも、高級品製品だからこそ、それを消費価格に転嫁できたというべきなのである。こうした中国紡績業の発展構造に注目する必要がある[24]。

　工場への電力導入には、もう１つの優位性があった。それは技術革新による相対的剰余価値の取得増加に先行する絶対的剰余価値の取得増加をもたらす労働時間の延長等による労働強化であった。照明の工場への導入は14—５時間に及ぶ深夜労働や昼夜２交代労働を容易にした。当時、すでに大規模工業に成長していた製粉・製糸・煙草・マッチ等の諸工業が大戦期に大きく成長し生産を拡大していったが、これらの工業は主に幼年工・女工の長時間労働に依存していたのであり[25]、製糸業での電力導入も旧い器械との結合であり、技術革新の

22) 前掲《中国工業化之程度及其影響》（46頁，第19表）によれば、日本紡績業における電力使用の比率が圧倒している。また、王子建・王鎮中編（国松文雄訳）『支那紡績業』（生活社、1940年）（中央研究院の1930年代初期の調査）によれば、工場の動力は電力・蒸気・ガソリン・石炭ガス等の類であるが、紡績業では電力と蒸気の２種であり、中国では「規模の比較的小さい工場では電力は不経済で蒸気を動力とするのが多い」（110頁）とされ、「30年代に日本工場が90％以上電動であったのに対し」（島一郎『中国民族工業の展開』ミネルヴァ書房、1978年、104頁）、この「民族紡」の調査では64％の電化率であった。

23) 西川博史『日本帝国主義と綿業』ミネルヴァ書房、1987年、第４章参照。

24) 王京濱《論民族工業発展与電力工業成長的相関性—以清末民国時期山東電力企業的地域性績効差異為中心》（載《河南大学学報社会科学版》，第57巻第１期，2017年１月）は、こうした問題を指摘していないように思われる。

部類に入れられるようなものではなかった[26]。1920年代の製粉業においても、電動力の導入が可能な機械製粉は大都市部においてかろうじて優勢を保ったにすぎず、畜力を電力に切り替えても手工業的とされる土着製粉（旧来の「磨坊（粉ひき場）」）の強力な競合に晒され、その他の地域では、土着製粉が労働強化を武器に農村部の貧困層を相手に生産を維持し残存していた[27]。砿・鉱山業においては、電燈を導入して坑道を延長するといった労働強化を可能にした[28]。

　電力工業の発展が他の工業の発展に大きく依存するという産業連関的な関連性はこれまで指摘されているが、電力工業の発展それ自体が、電力化を通して工場の技術革新を促進し、さらに広範な農村手工業を解体しつつ農村工業の近代工業への移行を促し、資本主義的近代工業体系を形成していくといった積極的能動的な役割を担うことはなかったことこそが、重要視されるべきである。そこには、半封建的・半植民地的とされる歴史的制約性に押し潰される中国の電力工業の奇形的発展があったからである。

　工場の動力に関していえば、中国では、一般的には、沿海部を除くと、「奥地においては、小工場は内燃機により石油から自家用動力を生産する場合が多い。ただやや大きい工場のみが汽力或は電力を使用している」とされた[29]。石炭掘削の低効率や未整備な運輸機構から原料炭価格は高水準になり、しかも、電力の販売は、在庫できないという特性（店舗を構えて商品を販売するのではない）から、電力を運搬する特定の電線や変圧機等の設備を用意しなければならなかった。そのため、どうしてもコストは嵩み、紡績業であっても、大都市から離れた地域では自家発電による場合が多かった[30]。近くに発電所がない場合、

---

25) 方顕廷（岡崎三郎訳）『支那工業組織論』生活社、1939年、81頁、前掲『中国民族工業の展開』、106頁参照。

26) 前掲『中国民族工業の展開』、143頁。

27) 同上『中国民族工業の展開』、299頁、304頁、306頁以下参照。

28) しかし、こうした近代的な手段が正常な効用に直結したかどうかについては、正答を得ることは難しい。労働者が電燈を盗む行為（前掲『支那工業組織論』、92-93頁）も労働強化への自然発生的な抵抗といえるかもしれないからである。

29) 同上『支那工業組織論』、51頁。

30) 前掲『支那紡績業』、110-112頁参照。

高い電力価格を負担するよりも、自家発電所（あるいは自家発電設備）を建設するほうが経営的には有利であった。輸入発電機を購入して自家発電すれば、経営は十分に成り立ったのである。1936年の国民政府建設委員会の全国の自家発電に関する統計（東北及び台湾を除く）によれば、自家発電の総容量は24.2万キロワットで、そのうち、紡績業の自家発電が10.0万キロワットで約41.2％を占め、次いで炭砿業が7.0万キロワットで29.1％、化学工業が4.2万キロワットで17.2％を占めた。この3業種で、87.5％を占めたのである。自家発電所は110以上にも上り、全国の総発電所461の4分の1近くを占め、全国総発電設備容量63.12万キロワットの38.3％に達した[31]。

（3）総括——分断的、分散的な電力工業の展開

　民族工業の「黄金期」は、一時的なヨーロッパ列強の東アジア市場からの撤退によってもたらされたものであったが、同時にその空白は日本帝国主義のいっそうの対中侵略（「対華21ヶ条要求」）によっても埋められた。中国における工業とりわけ電力工業の発展について、数量的な発展の側面だけではなく、中国の半封建的・半植民地的な歴史規定性を十分考慮して理解しなければならない。

　第1次世界大戦後、日本の満州への野望はいよいよ大きくなり、かつ欧米列強の東アジア市場への再進出も加わり、中国は再び列強争奪の焦点と化した。しかし、それは戦乱に明け暮れる、無政府状態の中国を現出させた。1922年、奉直戦争が北方で起こり、金融恐慌を通して工業もその影響を受けた。1924年には、江浙戦争が勃発し、それが第2次奉直戦争に発展し、全国の精華といわれる江蘇・浙江の経済は惨憺たる状態に陥った。戦火はさらに広がり、全国各地は烽火兵乱の境となり、中国工業の受けた禍害は挙げるに堪えないほどで

---

31) 前掲≪电国电力工业志≫，4-5頁の記述を参考にした。また、前掲≪中国工業史　近代巻≫，705-706頁参照。ここまで、あるいはこれ以降も、いくつかの電力工業に関する数値を紹介し、利用しているが、資料によって異なる場合が散見された。その場合、明らかに誤りと判断できる以外は、資料に基づき典拠とされた原表の数値を採用している。

あった[32]。1925年に入ると、日本紡績業におけるストライキから始まった労働者の抵抗は「五・三〇事件」に発展し、それがさらに香港・広州へと広がり、「香港・広東ストライキ（省港罷工）」を引き起こし、これを契機に「国貨提唱運動」が反帝国主義の「経済絶交運動」へと連なっていった[33]。11月には、東北地方で馮玉祥と張作霖の戦争が発生し、馮玉祥の国民軍が天津の大沽口を封鎖し、張作霖を援助する日本軍艦を天津港の外に追い出すという事態が生じた。日本側は、これを義和団の乱後に英米等8ヶ国と締結した「北京議定書」(1901年) の違反行為とみなし、8ヶ国と連合して、北洋軍閥段祺瑞政権に「大沽砲台における防御機構をすべて破棄せよ」という最後通牒を発した。これに対して、反段祺瑞のみならず反帝国主義運動が盛り上がり、帝国主義の圧力の下で大量の民衆殺戮という弾圧が発動された（「三・一八惨案」）。

　こうしたなか、孫文没後の1926年3月、蒋介石は中山艦事件により国民党の実権を掌握し、1927年4月には「上海クーデター」を引き起こし、国民党と共産党は敵対関係になった。1926年7月、蒋介石は「北伐宣言」を発表し、国民革命軍による「北伐」を開始し、北京に迫った。1928年6月、北京から脱出した張作霖は日本軍部の謀略（満州某重大事件）により命を落とし、翌7月、息子の張学良は蒋介石に降伏（易幟）して、蒋介石が中華民国（南京政府）の主席となった。こうして、事態はようやく落ち着きはじめたが、全国の工業は1日として危険状態にないことはなかった。同様に、1930年代、日本の侵略が満州から華北、さらに中国全体に広がる1937年から1945年までの抗日戦争の期間も、中国工業の発展を正常な経済発展のプロセスとみなすわけにはいかないであろう[34]。

　以上のような中国の半封建・半植民地的な歴史規定性が1920年代の電力工業

---

32) 前掲『支那近代工業発達史』上巻、171-172頁を参照。軍閥割拠については、東北から河北省・山東省にかけて、日本が支持する奉天派の張作霖が勢力を張り、河南省と湖北省を中心に呉佩孚（イギリス支持）が支配し、江蘇省・浙江省・安徽省・江西省・福建省を孫伝芳（アメリカ支持）がほぼ占拠し、西北には、河南省から陝西省・甘粛省へと勢力を張り出した西北国民軍の馮玉祥（ソ連支持）といった軍閥が相互に対立状態にあった。

33) 菊池貴晴『増補 中国民族運動の基本構造』汲古書院、1974年、第6章以下参照。

にもたらした帰結は、次のような分断性・分散性であった。第1は、資本規模による分断性であった。1919年の中国の各種公司の約70％は20万元以下の小規模なものであったが、全国に83あった電力会社の1会社当たり資本金もほぼ20万元であった。これは製粉、文具印刷、精米よりも小さく、搾油と同規模であった。こうした規模の電力工場を発電規模でみると（1924年）、187工場のうち、200キロワット以下の小規模のものが143と76.5％を占め、1000キロワット以上の大規模な発電工場は1割強にすぎなかった[35]。資本金50万元以上の大規模な電力会社の多くは、工業の発展と関係して、沿海の大都市に集中した外国資本の会社であった。投資国は英・仏・日・ベルギー・露・ポルトガル・独であったが、英・日が最も多く、イギリス資本は長江流域・華北・広東に分布し、日本資本の大半は東三省に限られた[36]。1936年の統計（台湾を含まない全国）によれば、中国資本の発電所は596（発電設備容量55.4万キロワット、発電量13.6億キロワット/時）、外国資本の発電所は70（発電設備容量81.2万キロワット、発電量24.3億キロワット/時）で、後者は発電設備容量の59.6％、発電量の64.1％を占めた。1発電所当たりでみると、外国資本の発電設備容量は1.2万キロワット、発電量は0.19億キロワット/時であり、中国資本の発電設備容量0.09万キロワットの13倍、発電量0.02億キロワット/時の約10倍という歴然たる格差があった[37]。

　第2は、経営資本の多様性に基づく分断性である。1936年の全国（東北4省、台湾を除き、自家発電を除く）の発電所（発電設備容量50キロワット以上）460についてみると[38]、経営資本の種類では、民営・官営・官民合営・中外合営・外国

---

34) この期間の工業とりわけ電力工業について、ここでは特に論じないが、この期間の国民党統治区・日本軍占領地区・共産党根拠地における工業発展の実態、行政管理機構の変遷、工場内遷等について、前掲《中国工業史　近代巻》、第5章（363頁以下）、及び706-738頁、参照。東北の日本支配地区における電力業の展開について、前掲《中国電力工業発展史料　解放前的七十年（1879-1949）》、第5章、第6章、参照。

35) 以上について、前掲『支那近代工業発達史』上巻、第20表（170頁）、下巻、第55表（330頁）参照。前掲《中国工業史　近代巻》、179頁、698頁、参照。

36) 前掲『支那近代工業発達史』下巻、330-331頁参照。

37) 前掲《中国電力工業志》、237-238頁の記述、各表の数値を参考にした。次注38を参照。

資本経営があり、そのうち、民間資本のものが415と数量では90％以上を占めていたが、総発電設備容量に占める比率は38.1％であった。次に数量で多いのは官営で26（5.7％）、総発電設備容量の11.1％を占めた[39]。外国資本が関与する大規模な中外合営・外国資本経営の発電所は、数量では14と13％ほどであったが、発電設備容量の50.2％を占めた。1発電所当たりの発電設備容量では、民営は581キロワット、官営は2687キロワットにすぎなかったが、中外合営・外国資本経営の1発電所当たりの発電設備容量は2.3万キロワットで、民営の40倍、官営の8倍の規模を誇っていた。

　第3は、地域別の分散性である。1927年の200ある発電所（東北を除く、外国資本経営を含む）の省別分布[40]をみると、上海を含む江蘇・浙江の2省が85と42.5％を占め、次いで広東・福建の2省が26（13.0％）、北京を抱える河北が21（10.5％）、山東が13（6.5％）、湖北が12（6.0％）であった[41]。1936年の東北及び外国資本経営を除く中国資本の発電所に限った統計によれば、発電設備容量の数値も判明するが、省別分布では、やはり上海を含む江蘇・浙江の2省が216と全体（448）の約半分（48.2％）を占め、総発電設備容量の44.1％を占めた。次いで広東・福建の2省が65と14.5％を占め、発電設備容量で13.5％を占めた。北京を抱える河北は17と3.9％、発電設備容量で12.5％を占め、山東が23と5.1％、発電設備容量で14.7％を占め、湖北が18と4.0％、発電設備容量で5.8％

38）ここでの記述は、前掲≪中国電力工業志≫，238頁の表4-1-4によったが、前掲≪中国工業史　近代巻≫，702頁の表9-5（台湾・東北を含まない）によれば、数量で2.2％の外国資本経営の発電所が総発電設備容量の43.6％を占めた。その1発電所当たり発電設備容量は2.8万キロワットで、中国資本経営のそれ（789キロワット）の35倍であった。

39）1928─1936年の間、大部分の民営が主として軍事の影響から経営不振に陥り、官営（中央及び地方政府）に改組された。さらに、銀行金融界も銀行シンジケートを作って電力工業に介入し、官民合営を促進した（前掲≪中国工業史　近代巻≫，699頁以下，前掲≪中国電力工業発展史料　解放前的七十年（1879-1949）≫，36頁以下参照）。

40）前掲≪中国工業化之程度及其影響≫，74頁，第33表、前掲『支那近代工業発達史』下巻、329頁、第54表参照。

41）前掲≪中国電力工業発展史料　解放前的七十年（1879-1949）≫，14頁，表2-4。

を占めた[42]。構造的には、10年前の1927年とほとんど変わらなかった。

　以上のことから、民族産業の「黄金期」を経て1920年代及び1930年代中頃までの中国の電力工業の発展期に、中国の電力工業には半封建的・半植民地的という歴史規定性による分断的・分散的な発展が刻印されたということができる。それは、第1に、外国資本と中国資本との大きな分断的格差に表現された。外国資本の電力工業は、数的には2％を占めるだけなのに、総発電設備容量の44％、総発電量の55％を占めた[43]。こうした外国資本経営の工場は、1911年以前に創立されて以来、租界や開港場を背景とする大都市の電力需要を賄い、拡大を続け、技術的にも高い水準にあった。こうした会社は、①上海電力公司（上海租界、アメリカ資本）・②上海仏商電車電燈公司（上海フランス租界、フランス資本）・③漢口電燈公司（漢口特三区、イギリス資本）・④漢口美最時洋行（漢口特一区、ドイツ資本）・⑤漢口租界工部局電燈廠（漢口日本租界、日本資本）・⑥英国駐津工部局電務處（天津イギリス租界、イギリス資本）・⑦天津日本租界電燈房（天津日本租界、日本資本）・⑧天津仏国電燈房（天津フランス租界、フランス資本）・⑨天津ベルギー商電車電燈公司（天津ベルギー租界、ベルギー資本）・⑩九龍中華電力公司（香港、イギリス資本）の10社であった[44]。中外合営企業は、①滬西電力公司（上海、上海電力の販売会社）・②胶澳電気公司（青島、日本と合営）・③北京電燈公司（北京東交民巷、イギリスと合営）・④開灤砿務局秦皇島電廠（河北灤県、イギリスと合営）の4社であり、実質的に外国資本の経営と変わらなかった[45]。中国企業でも、江蘇・浙江といった工業地帯には比較的大きな企業もあったが、基本的には、設備はすべて舶来品で、「規模小、技術低、資金不足、管理不善」の小規模発電所がかろうじて賄える範囲内の電力需要を経営基盤とするにすぎなかった[46]。

42）前掲≪中国工業史　近代巻≫，702頁，表9‐5に基づき、比率を算出した。同上
　　≪中国電力工業発展史料　解放前的七十年（1879-1949）≫，17頁，表2‐7参照。

43）同上≪中国電力工業発展史料　解放前的七十年（1879-1949）≫，20頁。

44）前掲≪中国工業史　近代巻≫，705-706頁，表9‐8，同上≪中国電力工業発展史
　　料　解放前的七十年（1879-1949）≫，18頁，表2‐9参照。

45）同上≪中国電力工業発展史料　解放前的七十年（1879-1949）≫，20頁，表2‐10
　　参照。

第2に、外国資本の発電所であれ、民族資本の発電所であれ、発電設備のほとんどは世界各地から輸入されたものであったから、各国の規格に基づく技術・設備で稼働され、統一的な電力市場を形成していくといった発展を実現できなかった。例えば、発電設備では、電圧110ボルト、220ボルト、440ボルトの直流発電機があり、周波数50ヘルツ、60ヘルツのほか、まれに25ヘルツの、電圧110/220ボルト、220/330ボルト、220/440ボルトの交流発電機もあった。こうした電圧や周波数が異なるといったことが、とりわけ各租界及び各列強の支配勢力圏において、さまざまであったため、一定の地域範囲においてさえ、統一的な電網を形成することが困難であった。電力工業における電網管理は帝国主義列強と軍閥の支配下に置かれ、解放前、都市間の電網はほとんどなく、比較的工業が発達した上海を除くと、日本が侵略占領した京津唐（北京・天津・唐山）電網と東北地方の電網だけで、省を跨ぐ地域電網としては唯一この東北地方のみであった[47]。小規模な中国資本の発電所では、電網の拡張を望むこともなかったので、基本的には、発電所ごとに電網が形成されるといった「電網の孤立状態」を結果していった[48]。新中国の電力工業の展開は、こうした中国の歴史的規定性を完全に払拭することから始められたのである。

　1949年10月1日、中華人民共和国が成立し、政府機構が整備されていったが、電力工業の管理体制を中心に、中国電力工業の発展を時代区分すれば、社会主義的統制化時代と社会主義的市場化改革時代に大きく区分できる画期があり、さらに社会主義的市場化改革時代は、改革方向模索の時代と市場化改革を経て、電力監督管理機構を組み込んだ電力管理体制時代に区分することができる。それぞれの時代には、さらに細かい段階区分があるが、詳細については、各章において論述する。

46）　前掲《中国电力工业志》，5頁。また、同上《中国电力工业发展史料　解放前的七十年（1879-1949）》（32-36頁）は、民族資本の経営する電力工業の特徴を、①資金不足・債務累積、②固定資産比率の過少、③技術低位・規格混乱、④経営管理の腐敗、⑤対外依存性にまとめて指摘している。

47）　前掲《又踏层峰望眼开中国电网发展历程》，参照。

48）　前掲《中国电力工业志》，237頁，参照。

3　本書の課題

　電力工業の発展は、国土及び経済体制の違いによって、国ごとに異なることはいうまでもない[49]。1949年の新中国成立以降、電力工業には国家建設の重要な一環として大きな力が注がれた。電力工業における発電・輸配電部門に対する設備投資がいよいよ増加していった。とりわけ、1978年以降の「改革開放」政策の実施以降、閉鎖的な国家統制下の計画経済に開放的な市場経済を導入して、電力工業の管理体制を社会主義的市場経済に適合的な管理体制へと転換させた。中国は、これまで社会主義経済の路線を変更したことはない。中国社会主義経済の特徴や特質をここで論議しないが、それは、国家や政府が主導権を持って経済をコントロールするかつての「ソ連型社会主義経済」と大きく異なる。中国が現在主張していることは「社会主義的市場経済」の実践である。国家や政府のマクロコントロールの下で、市場経済の長所を生かして、経済を全般的に管理し、人々の生活及び福利水準を向上させようとしており、こうした国家目的に電力工業の管理が委ねられている。こうしたことは、新古典派的な市場経済の役割を価値基準にして、国家や政府の市場への介入を極力拒否すべきだとする現代資本主義のあり方とも相当異なっている。こうしたことを重視しつつ、中国の電力工業を考察しなければならない[50]。

　こうしたことに加えて、電力工業に特有な工業的特性をも考慮しなければならないであろう。例えば、第1に、電力生産は火力と水力を電源にしているが、水力には自然独占的要素があり、また、電力の流通過程は電線を通してのみ行われるという独占的意義も認められる。これらの要素をいかに市場経済的な競争によって合理的に処理できるのかどうかという問題であり、第2に、電力生

---

49) 田島俊雄編著『現代中国の電力産業　「不足の経済」と産業組織』昭和堂、2008年、1頁。

50) いうまでもなく、こうした電力工業における「改革」は、「国有企業の改革」の一環に位置して、重要な意義を有していた。したがって、中国における国有企業の改革のありようも視野に入れて考察しなければならないが、この国有企業の改革過程そのものの考察はまた別の研究課題でもあるので、必要な場合にできるだけ触れることにした。両者の関係については、別稿において考察しなければならないと考えている。

産には、製品を在庫することができないという固有の問題があり、これにいかに対処するかということがある。第3に、エネルギー消費と環境問題に関して、電力が消費する石炭の使用量を削減して、これに代わる太陽光・風力・地熱等といった再生可能エネルギーや新エネルギーによる発電を積極的に推進しようとしているが、これらのエネルギーによる発電はきわめて不安定であり、既存の電力供給体制の下では、利用するにしても、技術的にも、システム上からも、問題が多い。これらのクリーン・エネルギーを受け入れる体制上の問題も十分考慮しなければならない。第4に、電力の最終消費者のうちには、多くの一般住民が含まれており、実際の人々の生活水準や環境問題を通して福利水準の向上にも関係しているということである。第5に、電力工業の発展が先進諸国の経済発展と同様に、産業合理化・生産コストの削減・産業連関的な市場の創出・新産業の勃興といった多面的な経路を通じて、他産業の成長に影響を及ぼし、同時にまた、それぞれの時期における産業構造の特徴によって、他産業から電力工業が影響を受けたことも、特筆されるべき事実であった。例えば、「改革開放」政策によって、家電製品の普及が可能にされたのは、そうした新産業に対する電力供給があったからである。また、そうしたことによって、電力工業の発展がさらに促進され、全般的な市民生活の向上がもたらされていったのである。

　以上のような問題意識を持ちながら、また、こうした問題意識から生じるさまざまな問題の解決に何らかの寄与を果たしたいという思いに支えられて、研究を進めた。

　本書の研究課題は、新中国の成立以降における電力工業の各時期の管理体制の変遷及び電力工業の発展状況を明らかにすることであり、具体的に以下のような3つの課題を設定した。

　第1の課題は、中国における電力工業の発展過程をできる限り明確に示すことである。この課題は、中国電力工業の研究に携わる多くの研究者に共通するものであるが、いまだ十分に解明されているとはいえない。その理由としては、事実認定に関する資料上の問題など、いくつかあると思われるが、最大の問題は当該研究者の分析視角に関わる問題である。この電力工業の発展過程を社会

主義的経済の建設過程の一部として把握しようとするのか、あるいは1つの産業部門のたんなる発展過程の問題として捉えようとするのか、ということに関係している。本書では、先に挙げた問題意識からも明らかなように、前者の分析視角からこれを行う。その際、この発展過程の解明においては、中国における社会主義経済の建設過程に即した時期区分を行うが、大きくは、中国の社会主義経済の運営方式に対するいわゆる「改革開放」政策が導入される前とその後を区分して考察する。

　第2の課題は、電力工業における管理体制の変遷について、各時期に区分して、その変化及び特徴を分析し、明らかにすることである。とりわけ、「改革開放」政策が導入される前の「社会主義的計画経済期」とそれ以降の時期とは、管理体制において大きな相異があり、先の「計画経済期」には、経済単位としての企業の役割が全否定されて、一切の管理権限は国家（政府とくに中央政府）に集中され、電力の生産から配給までが行政命令として実施される管理体制になっていた。すべてが国家の税金で賄われるから、効率性や企業の発展などという要素は何ら考慮されなかった。しかし、別の見方も可能である。電力工業は国民経済の基礎産業であり、経済全体に動力を提供する不可欠の産業であり、また国民生活に直結する産業であるから、国有企業として政府の政策実現をサポートする位置に置かれるべきであり、行政的手段による管理も当然とする観点である。こうした観点から、電力工業は、社会主義国家のみならず、資本主義国家においても、相当期間、国有化あるいは厳格な政府管理体制が維持されてきた。こうした考え方がいまなお市場経済理論に対して抵抗勢力になっているが、こうしたなかにおいても、政府と企業、中央と地方、独占と競争等の調整は行われていた。中国は、電力の管理体制において、いかなる問題が「改革」を必要とし、それをいかに「改革」することによって、問題の解決に当たったかを歴史的な考察・分析を通して明らかにすることが重要であり、そうすることで、この課題の意義も明らかになるものと思われる。

　第3の課題は、中国電力工業における各時期の発展状況について考察することである。管理体制の「改革」と電力工業の発展を関連させて考察することで、どのような「改革」の成果（例えば、政企分離・省為実体・集資辦電・連合電網・

統一調達・統一販売などであるが、それらについては本書の各時期において論述している）が現れ、それがいかなる意味で「改革」の検証とされたか、同時にその検証過程を通してさらなる「改革」が要請されていったか、このような電力工業の発展過程を明らかにする。その際、重要なことは、電力工業の発展が「5ヵ年計画」と緊密に結合しているため、国家の計画経済としての各次の「5ヵ年計画」を踏まえて、各時期の電力工業の発展の特徴を抽出していかなければならないということである。本書が「5ヵ年計画」によって各時期を区分し、その発展過程を考察した意味はここにある。

二　分析の方法（視角）

すでに述べたように、第1は、中国の社会主義経済の建設過程における、「改革開放」政策を含む試みの実践のすべてが、ある意味では、人類にとって未知の実験であるということを前提にして、中国の電力工業における発展過程を中国経済全体の発展過程のなかに位置づけ、「改革」が社会主義的発展にとってどんな意味があるか検証していくことに努めた。

第2は、中国の電力工業の発展の時期ごとの特徴を明らかにしつつ、そのなかから、次の発展へと向かう要因について、その時期における問題をいかに解決しようとしたか、という動機を重要視した。内部要因による発展の契機を重視し、それを分析・考察し、問題を明らかにしようとした。政策的介入の原因も、内部発展のうちにあるという視角から、分析を進めている。

第3は、できる限り、客観的数値や資料を利用して、各時期の実態を明らかにしようとした。したがって、帰納法的な分析視角を採用し、定量的・定性的分析を重視し、それに基づいて、理論的な解釈を試みることにした。

第4は、中国経済の特色ある性格に十分に配慮しつつ、現実的な事態の展開が歴史的経過の結果であるとして、考察・分析を進めた。

三　先行研究と本書の特色

1　先行研究の評価

　中国の電力工業に関する研究を①歴史的発展の考察と②現状の政策的意義の検討についての考察に区分することができる。①歴史的発展の考察の研究については、解放以前の近代中国における電力工業の発展史に関するものであるが、これを主題とした専門の研究書は李代耕編《中国電力工業発展史料　解放前的七十年（1879—1949）》（1983年）に限られ、ほかは、劉国良《中国工業史　近代巻》（1991年）のように、工業の1分野として電力工業を考察した研究である。多くの中国近代経済史の研究書がこれに言及している。こうした研究を支えているのが1950年代中頃に出版された、それぞれ編者が異なる陳真・姚洛・逢先知の合編による《中国近代工業史資料》（第一輯〜第四輯）（1957年）と孫毓棠編の《中國近代工業史資料　第一輯（上・下）》（1957年）、及び汪敬虞編の《中國近代工業史資料　第二輯（上・下）》（1962年）であり、加えて、厳中平の《中國近代経済史統計資料選輯》（1955年）がある。これらは、中国における、約100年になる近代工業の生成・発展に関する問題を明らかにするために、各種の史的資料を収集して編纂されたものであった。1950年代中頃までには、中国の工業は「社会主義改造」をほぼ終えたことから、こうした「資料集」は、帝国主義侵略によって規定された中国の半封建・半植民地の状態の近代工業を総括するためのものであったと思われる。すでに指摘したように、近代中国の電力工業は、帝国主義権威の「炫耀性（見せびらかし）」として導入され、第1次大戦期を経て、1920年代、1930年代中頃までの間に電力が生産過程にも導入されたが、その過程においても、中国における工業生産力の拡大を一部もたらしたとしても、近代中国の半封建・半植民地的な状態を解決する手段としては機能せず、逆にそうした状態をいっそう深刻化させる結果になった。

　社会主義新中国が成立して以降の電力工業に関する研究は、基本的には②の現状の政策的意義の検討を目的としたものであるが、通史を扱った専門書としては、李代耕編著《新中国電力工業発展史略》（1984年）、張彬等主編《当代中国的電力工業》（1994年）、中国電業史志編輯委員会《中国電力工業志》（1998

年）がある。ほかは、解放以前期と同様に、工業史ないし経済史の1分野としての電力工業の発展及び政策意義が取り扱われている。例えば、汪海波《新中国工業経済史(1949―1957)》(1994年)、汪海波・董志凱《新中国工業経済史(1958―1965)》(1995年)、馬泉山《新中国工業経済史（1966―1978)》(1998年)、董輔礽主編《中華人民共和国経済史・上下巻》(1999年)、武力《中華人民共和国経済史・上下冊》(1999年)、劉国良《中国工業史・現代巻》(2003年）などがある。また、特に1990年代に入ってから電力工業をめぐる個別的なテーマについての研究が本格化した。「改革開放」政策の意義が個別工業分野で検証されはじめたことの表れであろう。こうしたことから、他の分野の研究に比べて、電力工業の研究が特に遅れているわけでもなく、業績が少ないということもないように思われる。しかし、本書の執筆過程で気づかされたことは、研究者がきわめて偏奇的であるということであった。電力工業の研究には、専門的な知識が必要とされることの表現であるのかもしれないが、ほとんどの研究が電力工業に関連する研究者によって積み重ねられている。例えば、国家電監会研究室課題組《我国電力管理体制的演変与分析》(2003年)、劉世錦・馮飛主編《中国電力改革与可持続発展》(2003年)、潘剣飛《中国電力行業市場改革研究》(2005年)、周啓鵬《中国電力産業政府管制研究》(2012年)、夏瓏・史勝安《善治理念下的中国電力管理体制改革研究》(2012年）等々である。電力工業に直接関与していない研究所の研究者や大学の研究者による研究が少ないことは特筆に値する。このことが電力工業あるいはその発展史の研究にいかなる特色をもたらしているかは、いまここでは特に論じない。田島俊雄は『現代中国の電力産業』を論じて、主に解放以前の時期の中国電力工業の研究評価についてではあるが、「中国の電力産業については各時代、各地域を対象とする概説的な研究、情報は存在するものの、通史的な研究、さらには経済学的な分析とりわけ産業組織論的な研究や経済発展との関係を論じた研究となると、かならずしも多いとはいえない」[51]と指摘しているが、これは新中国になってからの電力工業の研究についても当てはまるように思える。

　中国の「改革開放」の政策的効果が生産を担う個別分野に波及してくると、これを歴史的発展過程のなかで評価しようとして、先に指摘した《当代中国的

電力工業≫や≪中国电力工业志≫といった通史的な研究書とともに、重層的な電力の管理系統や配分系統の各段階に対応する、各地域の実態を明らかにした地方電力の状況に関する『地方電力志（史）』や『地方電網調度志（史）』が数多く編集され、さらに『中国電力年鑑』（各年）が基本的な統計や実施された政策の概要（法規等を含めて）などを提供しているが、これらを使用した本格的な研究はいまだ現れていないといってもよい。したがって、中国の電力業における管理・運営体制の「改革」の意義が全面的に論じられるまでになっていないといえる。

　近年、日本においても、個別的な中国の電力工業に関する研究が発表され、特に「改革開放」政策後の電力業の展開が検討されているが[52]、それ以前の電力工業発展の歴史を踏まえた具体的な考察が行われていないため、その後の重要な「改革」の意義が十分に検討されているとは思われない。中国の電力工業において、なぜ、いかなる意味で改革が必要とされたかを確定するには、その前史が明確にされなければならない。上述した田島や加島の研究は、こうした電力工業の「改革」に至るまでの時期に関する研究を主に行っているが、中心は個別地域における電力工業の発展を分析しており、「改革開放」政策前にお

51）前掲『現代中国の電力産業　「不足の経済」と産業組織』、21頁。また、加島潤『社会主義体制下の上海経済』（東京大学出版会、2018年、199頁）は、中国電力産業史の先駆的業績である李代耕の研究は、1949年以降の発電設備など主に生産面への評価に傾いているが、確かに生産面だけでは電力工業の発展の一部を捉えたにすぎなく、経済史的分析として物足りない面もあるが、彼の研究がその後の研究に大きく貢献したことを忘れてはならないであろう。

52）例えば、『中国における電力・エネルギー市場の展望：海外エネルギー調査レポート』富士経済、2005年、海外電力調査会『中国の電力産業―大国の変貌する電力事情』オーム社、2006年、柳小正・真柄鉄次「中国のエネルギー問題に関する研究課題」（『北東アジア研究』第13号、2007年3月）、呉暁林「中国内陸開発と電力産業の発展（下）―貴州省の電源開発を中心に」（法政大学『法政大学小金井論集』2008年3月）、郭四志『中国エネルギー事情』岩波書店、2011年、孫永瑞「中国における電力改革の考察」（『日本地域学会年次大会学術発表論文集』2011年）、李慧敏『移行期における政府規制と競争政策の関係についての検討―日中両国における電力産業の規制を中心として―』早稲田大学出版部、2014年、等々がある。

ける全国の電力工業の発展の全体像を詳細に把握し、さらに「改革」の対象とされた電力工業の管理・運営体制の変遷過程を明示しているとはいえないように思われる。

電力工業の「改革」を対象とした中国での研究をテーマ別に分類すると、次の3分野がある。第1は、中国電力管理体制の歴史的経過に関するもの、第2は、中国管理体制改革の目的や内容に関するもの、第3は、中国電力管理の実際の状況に関するものである。本書の課題に関連する主要なものを紹介しておこう。

（1）中国電力管理体制の歴史的経過に関する研究

中国電力企業聯合会顧問の朱成章は、「中国における電力改革の歴史全体からみると、電力改革は『論争』から『共通認識の共有』に至るまで、厳しい長い段階を経てきた」とされ、それは「方案制定」の主導権争いから始まり、「電網統制権」の争いに移ったとされる。朱成章によれば、中国の電力管理体制は「分離・結合の50年」であり、そのうちには2段階の管理体制（最初の段階は「計画経済時期の管理体制（1949—1978年）」、次の段階は「改革方向の模索時期における管理体制(1979—1997年)」）があったとした。最初の30年間の管理体制の段階には、燃料工業部・電力工業部・水利電力部による管理という3時期があり、燃料工業部及び電力工業部の時期に全国の電力工業に対する集中管理の体制が実施され、水利電力部の時期には、「2回の分散と2回の集中管理」を経験したとされ、そのなかで、長年にわたる「分散させるとすぐに乱れ、そのために統一しようとすれば、すぐ統制しすぎてしまう（「一分就乱・一統就死」）」という体制の弊害が露呈されたと指摘している。第2段階は、1978年の「第11期中央委員会第3回全体会議」(「三中全会」)以降の管理体制の「改革の模索」時代であり、この時期に、中央の電力管理部門が4回変更され（第2次電力工業部・第2次水利電力部・エネルギー部・第3次電力工業部)、「完全請負制」や「簡政放権」などの方案が検討されたが、依然として電力工業に対する管理の「統一化・集中化」が継続されたとしている[53]。

龍楚瑜は、中国の電力体制の改革の歴史と管理規制の緩和理由や要因及び効

果について研究し、改革の現状を評価しつつ、実施された管理体制の問題点及び対策にも言及した[54]。また、国家電監会研究室課題組は、中国電力管理体制の変遷過程を分析し、電力管理組織の変遷を主線として電力管理を4段階に分け、各時期の管理体制の特徴を考察し、結論として、電力管理の主管部門は実際に「多重身分（さまざまな管理権限を所有）」を有し、管理内容も重層的であって、伝統的電力管理体制を主要方式とした行政管理を行ってきたと指摘した。伝統的電力管理体制の主要な特徴は、「政企合一」・「官辦不分（行政と経営の一体化）」・「垂直一体型」・「独占経営」・「高度集中」などである。現行の管理体制の問題点として、依然として「多頭管理」が実施され、管理体制の調整能力が弱体化し、他のエネルギー部門間の矛盾（例えば、石炭と電力）を解決できなかったとし、さらに政府と市場の分業及び役割を明確にできなかったことから、法的完備が不足し、政府の電力管理方式の改革が遅れたと指摘している[55]。

（2）電力管理体制の改革目標及び内容に関する研究

中国投資協会電力委員会は、以下のような6項目の建議を提出した。①電力管理体制改革の総体構想に関する建議（具体的な施策は②以下のもの）で、改革を通して、社会主義市場経済体制に適応的な管理体制及び企業制度を構築する。②「政企分離」を実行し、政府に属している職能を政府の電力管理部門に移譲させ、市場メカニズムに従った電力企業の運営を行う。③「厰網独立（発電部門と電網部門の独立）」を実行し、電力企業は企業制度を完備し、自主経営を営む法人実体及び市場主体にする。④電力価格政策を完成させ、合理的な電力価格を設定する。⑤電力調達に対する政府の指導を強化し、法律に従って監督・管理を行い、公平・公正・公開を実現する。⑥法制を強化し、秩序ある

53）朱成章《较量与博弈：中国电力管理体制—分分合合50年》，载《中国改革》，2004年第4期。

54）龙楚瑜《我国电力产业体制改革—从管制到放松管制》，载《现代商业》，2007年第21期。

55）国家电监会研究室课题组《我国电力管理体制的演变与分析》，载《电业政策研究》，2008年第4期。

市場環境を整備し、公平な競争と独占の防止を実施する[56]。また、李京文・張立文・張景曾らも、電力管理体制に対するいくつかの改善点を指摘している。例えば、独占と競争の関係をよく調整して、管理体制を整えるといったことなどであるが、上述した投資協会電力委員会の建議と比較すると、彼らの提言は、理論的な側面から市場問題を捉え、市場経済に適合的な管理体制のあり方を示唆したものになっている[57]。

(3) 電力管理体制の実行に関する研究

李永喜は、電力管理体制の改革における4つの矛盾（①市場化された電力投資体制と従前の「政企合一」管理体制との矛盾、②電力投資の利益メカニズムと行政メカニズムとの矛盾、③電力価格メカニズムにおける市場価格と計画価格との矛盾、④発電企業の市場参入と関連政策の不完備との矛盾）を指摘し、これらの矛盾を解決する基本的方法は、計画経済時期の電力管理体制及び運営メカニズムを徹底的に改革し、社会主義市場経済の要求に沿った新たな管理体制のメカニズムを構築することであると指摘した[58]。同様に、袁文平・劉恒も、二灘発電所の成功と困惑の研究を通して電力管理体制の改革の必要性を訴え、二灘発電所の失敗の原因は、従来の管理体制すなわち計画経済体制下で形成された旧電力管理体制にあるとし、これを改革して市場経済化に対応する管理体制にすることが必要であると指摘した[59]。

馮飛は、中国の電力体制の改革はすでに実質的に市場化の段階に入ったとし、この段階での改革目標は、①市場競争メカニズムの構築、②投資主体及び経営主体の多元化の構築、③独立・集中・効率的、かつ法に基づく監督・管理機構の構築であると指摘した。この目標を実現するため、以下の努力をしなければ

56) 中国投资协会电力委员会《电力管理体制改革的政策建议》，载《中国投资》，1999年第8期。

57) 李京文、张立文、张景曾《对我国电力工业管理体制改革的几点意见》，载《中国经贸导刊》，2000年第22期。

58) 李永喜《电力管理体制改革的矛盾出路》，载《中国经贸导刊》，1999年第17期。

59) 袁文平、刘恒《体制作怪—二滩电站的成功与困惑》，载《经济理论与经济管理》，2001年第2期。

ならないとした。第1に、「廠網分離」の徹底であり、第2に、全局あるいは大範囲の資源配置の最適化の確保、第3に、売電側（輪配電側）における競争の導入、第4に、独立した監督・管理機構の設立による、効率化・公平化及び法制による監督・管理の構築であった[60]。また、段進鵬・曽健・趙卓は、電力工業は公共事業として独立の規制機構を備える必要があるとした。中国では、発電企業及び電網企業に対して、こうした有効的な規制が欠如しているため、それらの独占的性格が強まり、競争が抑えられている。そのため、資源配分の不合理性が露呈し、効率が失われているので、独立した規制機構を早急に設立し、電網公司が持つ電力取引業務と基礎的な電力サービス提供業務を分離し、電力取引主体の多元化を実現させ、電力価格をコスト・プラス・プロフィット（原価＋利益加算）の「定価方式」（ここでいう「定価」とは、政府が定める価格ということである）に変更させると同時に、インセンティブな「定価」メカニズムを構築すべきであると建議している[61]。

　以上、これまでの先行研究をみてきたが、ここでは、逐一、コメントすることはしない。本書が多くについて論じている事柄でもあるからである。また、ここで指摘されている「建議」に関しては、本書においても論及している事柄であり、上記の研究の多くが2002年の「5号文件」（電力体制改革方案、本書第3章、参照）による改革以前のものであり、いくつかはそれ以後のものであっても、2015年の「9号文件」（電力体制改革の深化、本書終章、参照）以前のものであるので、多くの「建議」が基本的には、この2つの「文件」で何らかの対策がなされたことを、本書では指摘しているからである。

2　本書の特色

　本書の特色は、以上のような先行研究及びその評価を前提にして、先に挙げた研究課題に沿って、中国の経済成長と経済体制の「改革」の過程を経てきた

60）冯飞≪我国电力体制改革的基本做好、难点及趋势≫，載≪电力系统自动化≫，2002年第16期。

61）段進鵬、曾健、赵卓≪论我国电力管理体制改革≫，載≪华东经济管理≫，2006年第9期。

中国電力工業の全体像を動態的かつ歴史的に捉えようとしたところにある。これによって、次のような成果が得られたことに本書の特色がある。

　第1は、1949年の新中国成立以降の中国の電力工業の発展を実証的に明らかにしたことである。これまでの研究には、このように歴史的系統的に統計数値に基づいて、この発展過程を明示したものはあまりなかった。

　第2は、新中国成立から1978年の「改革開放」政策の発動までの、いわゆる「社会主義計画経済」時期の電力工業の管理体制を明確にしたことである。国家あるいは政府管理の下にあるとだけ指摘されていた計画的管理の実態を具体的に明示した。

　第3は、こうした計画的管理の実態把握を踏まえて、管理体制上いかなる問題が生じていたかを明確にし、第4にそれがどのような「改革」を必要としたかを明らかにしたことである。

　第5は、中国の国有企業の全般的な「改革」を前提にして、電力工業の「改革」の実態を歴史的に明確にしたことである。そして、第6に、「改革」がさらなる「改革」を要請していった過程を事実に即して明らかにしたことである。

第1章　社会主義的統制下の電力工業の展開

第1節　電力工業における国家管理体制の変遷 (1949—1985年)

　中国における電力工業の管理体制の変遷の第1段階は、1949年から1978年の「改革開放」を経て、数年の後に改革の方向性が定まるまでの時期である。この段階においては、管理部局の変遷から、（1）燃料工業部の時期、（2）電力工業部の時期、（3）水利電力部の時期、（4）軍事管制の時期（「文化大革命」の時期）、（5）水利電力部復活の時期、及び（6）管理体制の改革の時期に区分することができる。

1　燃料工業部による管理体制 (1949—1955年)

　1949年10月1日に中華人民共和国が成立すると、中央人民政府は、燃料工業部を設立して、全国の石炭・電力・石油工業を管理する体制を整えた。しかし、この時、燃料工業部は、華北電業公司を総局として、北京・天津・唐山（京・津・唐）の分公司と石家庄電燈公司・太原電力公司を管理下に置いただけであった。というのは、当時の政府行政体制は、大行政区に区分されており（当時、6大行政区に区分されたが、それらは、東北・華北・西北・西南・華東・中南の各行政区である）、いまだ統一的な行政管理体制を構築できていなかったからである。こうしたことから、東北の電力工業については、東北人民政府（行政委員会）工業部電業管理総局が直接管理した[1]。中南の電力工業は、中南臨時人民政府（後に中南軍政委員会）重工業部燃料工業管理局（武漢に所在）が管理した[2]。華東、西南及び西北の電力工業は、それぞれの省・市に所在する地方政府が管理した。

　1950年5月、燃料工業部は華北電業管理総局を正式に燃料工業部の電業管理総局に改称し、その管理範囲を華東地区の青島・魯中・徐州・淮南・南京・蘇

南等の電力区にまで拡大した[3]。また、水力発電の基本建設と水力発電事業を遂行するために、直属の水力発電工程局を設置して、専門に水力発電部門を管理統制した。また、1951年11月には、西南軍政委員会工業部に所属していた電業管理局を接収管理し、西南電業管理局とすると同時に、雲南省電業管理局をこの西南電業管理局の雲南電業局に改めた。1952年4月には、国務院財政経済委員会の批准を経て、上海に華東電業管理局を成立させ、電業管理総局の管理下に置くとともに、青島電業局・魯中電業局・徐州電業局等を華東電業管理局の下部組織に組み込んだ。同年7月、西北軍政委員会に所属する西北電業管理局を燃料工業部の西北電業管理局として管理下に置いた。12月には、華北電業管理局を電業管理総局の管理下に置いた。この華北電業管理局は、北京・唐山・天津・張家口・石家庄・太原の電業局、及び邯峰・大同等の発電所を管轄した[4]。同時に、中南工業部燃料工業管理局が管轄する電力工業と東北人民政府

---

1) 東北人民政府については次のようである。1946年8月、ハルビンで開催された「東北各省代表連合会議」によって東北行政委員会が成立した。中華人民共和国成立の初期、中央人民政府は、その下部組織として、各大行政地域に大行政区人民政府として行政委員会を設置したが、1949年8月21-26日に瀋陽で開かれた「東北人民代表会議」を経て、8月27日に東北行政委員会は東北人民政府に改組され、東北大行政区の最高政権機関となった。管轄範囲は、遼東省・遼西省・吉林省・松江省・黒龍江省・内蒙古自治区・熱河省・瀋陽市・長春市・ハルビン市・旅大市・鞍山市・撫順市・本渓市であり、政府駐在地は、瀋陽市であった。1953年1月、中央人民政府の「大行政区人民政府（軍政委員会）における機構と任務に関する決定」に基づいて、東北行政委員会が設立され、東北人民政府は廃止された。

2) 中南大行政区では、1949年3月に中原臨時人民政府が設立し（1949年3月-1950年2月）、その後、中南軍政委員会（1950年2月-1953年1月）、中南行政委員会（1953年1月-1954年11月）が設置された。中南軍政委員会は新中国建立の初期に成立した中南地区の最高行政機関であった。管轄範囲は、武漢市（政府駐在地）・広州市・湖北省・河南省・湖南省・江西省・広東省・広西省（チワン族自治区）であった。1954年11月7日、中央人民政府の「大区一級機構といくつかの省市を合併して建制することに関する決定」に基づき、中南行政委員会は廃止され、所属の各省は中央政府の直轄下に入った。武漢市は湖北省の直轄市になった。

3) 以下の管理組織の形成と実態については、主として中国电业史志編輯委員会《中国電力工业志》当代中国出版社，1998年，741-742页の記述によったが、他の研究書も参考にした。

工業部が管轄する東北電業管理局を接収管理して、それぞれ中南電業管理局と東北電業管理局に改称した。こうして、1952年12月までに、各地域政府の管理下に置かれていた電力工業を燃料工業部に集中して統一的に管理することになり、ここに燃料工業部が全国の電力工業を統一的に集中管理する体制が整えられたのである[5]。

　1953年初め、燃料工業部は設計局（翌1954年に設計管理局に改称）を正式に成立させ、電業管理総局の指導下に置き、3月には、基本建設工程管理局を設置して、すべての火力電力所・輸電変電所の建設、及び発電・輸電・配電・販売（売電）の運営（各大区電業管理局が指導する火力発電工程公司・送変電公司・土建公司・修建公司・電業工程公司）を管轄し、4月には直属の水力発電工程局を水力発電建設局に改称し、水力発電所に関する一切を管轄（水力発電試験所・東北水力発電工程局・西南水力発電工程局・華東水力発電工程局・華北水力工程準備處・西北水力工程準備處・中南調査測量處）させることになった。各地に配置された電力試験研究所・電力設計院等はこの水力発電建設局及び基本建設管理局が管理した。

　以上のように、東北・華北・華東・中南・西南・西北の6大行政区が統合された際、燃料工業部は電業管理総局を設置し、その下に各大区の電力網（以下、電網と略称する）に包摂される電力工業の一切を管理する各大区の電業管理局を設置し、各大区の電業管理局を管理下に収めた。さらに大区行政管理を一掃するという精神から、1954年6―12月にかけて、西南電業管理局を重慶電業管

　4）当初、歴史的理由から発電所がこの電業局を兼ねて管理するところもあった（例えば、山西省の大同発電所、安徽省の淮南発電所、甘粛省の蘭州発電所など）が、大きな発電所は電力供給業務を分離した（前掲≪中国電力工業志≫，343頁）。

　5）この措置は、1953年から始まる「第1次5ヵ年計画」（以下、「一・五」計画と略称する。各次の計画経済についてもこのように表示する）に備えたものであった。こうした統一的・集中管理が急がれた理由として次の2つが挙げられている。第1は、イデオロギー上におけるソ連の影響であり、当時、中国政府は生産手段の公有制及び計画経済の実行こそが資本主義的市場経済（不公平及び周期的変動の発生）に対抗できる唯一の方法であると認識していたこと。第2は、電力工業という戦略上の重要性（国家安全保障）から要請されたことであった。

理局に、西北電業管理局を西安電業管理局に、また中南電業管理局を武漢電業管理局にそれぞれ改称し、1955年には、華北電業管理局を北京電業管理局に、華東電業管理局を上海電業管理局に改称した[6]。この電業管理総局の直属の下部組織として、各区に電業管理局が設置され、さらにその管轄にある省・市・自治区には、発電所・供電局（ないし電業局）が配置され、上部の電業管理局はこれらとの協調関係にも責任を負った（図1−1参照）。各区の管理局が管轄する地域の範囲は、次のようであった。東北電業管理局の管轄範囲（電網）は、東北3省及び内蒙古自治区東部の哲里木盟地区と赤峰地区であり、北京電業管理局の管轄範囲は、京津唐電網の北京市・天津市・唐山市、山東省（魯中電網）、河北省南部（河北南電網）、山西省（山西電網）、内蒙古自治区西部（蒙西電網）であった。上海電業管理局の管轄範囲は、上海市・江蘇省・浙江省・安徽省・福建省（閩北電網）であり[7]、武漢電業管理局の管轄範囲は、河南省・湖北省（武漢電網）・湖南省・江西省（贛南電網）・広東省・広西チワン族自治区であり、重慶電業管理局の管轄範囲は、四川省・雲南省・貴州省であり、西安電業管理局の管轄範囲は、陝西省・甘粛省・青海省・寧夏回族自治区・新疆ウイグル自治区及び内蒙古自治区西部の烏海地区であった。

電力工業の管理統制は、各区の電網を基礎にして構築され、電網の統一規格化・電力の統一調達・統一会計・統一行政管理を実行した。この際、各省・市・自治区の供電局に対する計画指標の下達、各種の電力に関連する政策や方針の執行等、また電力供給・営業・行政業務などについては、燃料工業部が直接指導した。また、電力工業の企画及び計画については、設計管理局が統一的にこ

6）中央集権の国家機構が全国にわたって、その管轄権を実質的に確立するのは、1954年11月の中央人民政府による「大区一級機構といくつかの省市を合併して建制することに関する決定」以後であるので、電力工業における政府による実質的な統一的集中管理体制は1955年以降であると推測される。

7）上海電業管理局は燃料部電業管理総局の指導下に置かれ、その際、華東地区の南京・徐州・淮南・魯中・青島等は北京電業管理局の管轄下に入った。なお、これらの電業管理局が管理する対象は、電力系統として電網に包摂される電力工業の一切であり、一般的行政範囲とは異なる。なお、以下、管理体制の作図に当たっては、本書が利用する研究書（主に前掲≪中国電力工業志≫）に基づき、筆者が作成した。

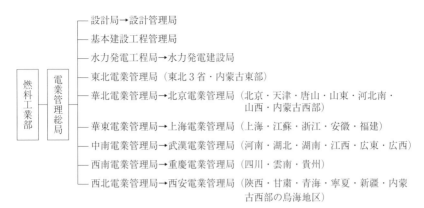

```
                  ┌─ 設計局→設計管理局
                  ├─ 基本建設工程管理局
                  ├─ 水力発電工程局→水力発電建設局
                  ├─ 東北電業管理局（東北3省・内蒙古東部）
┌──┐ ┌──┐      ├─ 華北電業管理局→北京電業管理局（北京・天津・唐山・山東・河北南・
│燃 │ │電 │      │                            山西・内蒙古西部）
│料 │ │業 │      ├─ 華東電業管理局→上海電業管理局（上海・江蘇・浙江・安徽・福建）
│工 ├─┤管 ├──
│業 │ │理 │      ├─ 中南電業管理局→武漢電業管理局（河南・湖北・湖南・江西・広東・広西）
│部 │ │総 │      ├─ 西南電業管理局→重慶電業管理局（四川・雲南・貴州）
└──┘ │局 │      └─ 西北電業管理局→西安電業管理局（陝西・甘粛・青海・寧夏・新疆・内蒙
      └──┘                               古西部の烏海地区）
```

図1-1　燃料工業部の電力管理体制（1955年初期）

出所：前掲≪中国电力工业志≫（742頁）に基づき、本文の記述に従って作成。

注：→は1954-1955年に改名したことを示し、（　）内は管轄範囲であり、そこにおける発電所・供電局等の営業部門を管轄した。

れを行った。この計画管理局の指令に基づいて、すべての発電所の建設と電力生産が行われ、傘下の電網を通して電力が供給されたのである。その他、財務・労務（賃金等を含む）・人事・科学技術・基本建設・設備製造等については、燃料工業部の関連部局がそれぞれ担当した。

2　電力工業部による管理体制（1955─1958年）

　1955年7月30日、「第1期全国人民代表大会第2回会議」は、燃料工業部の廃止を決議し、石炭工業部・電力工業部・石油工業部の3部を設立した。電力工業部は燃料工業部の電力管理体制を引き継ぐとともに、計画事業をも継承した。この電力工業部は電力工業に対する専門的な管理部門として設立された。これと同時に、電業管理総局制を廃止し、北京・西安・重慶・武漢・上海・東北の各電業管理局と電力設計局・基本建設工程管理局・水力発電建設総局・電力建設総局を設置し、その他の直属企業や事業部門は電力工業部の直接の指導と管理下に置いた。電力設計局は火力発電と輸配電・変電の設計、基本建設工程管理局は火力発電の基本建設、水力発電建設総局（元の水力発電工程局の改組であり、その下に水力発電試験所・東北水力発電工程局・西南水力発電工程局・華東水力発電工程局・華北水力工程準備處・西北水力工程準備處・中南調査測量處を設置）は

水力発電の測量調査と設計施行をそれぞれ担当した。この電力工業部の設立によって、元の電業管理総局と各大区の電業管理局は廃止され、電力工業部が各省の電力工業を直接指導することになった。

　こうして、省級の電業管理に対する中央からの統一的な管理が徐々に実施され、中央と地方の指導体制の融合を図りながら、中央を主とする電力工業管理体制の構築が目指された。1955年10月、広州電業局を武漢電業局に組み入れ、11月には、東北電業局を瀋陽電業管理局に名称変更した。1956年2月には、北京電業管理局の下部組織として列車電業局[8]を設置し、全国の列車電業及びその他の移動式発電施設の生産・建設に当たった。4月には、北京電業管理局に所属していた北京・天津・唐山の3電業局を合併して北京電業局とし、京・津・唐地域の電網管理に当たらせた。6―7月には、鄭州電業局を設置して、武漢電業管理局に所属させ、また南京電業局を上海電業管理局の下部組織に組み込んだ。

　こうした管理組織の改正が進展しているなかの1957年12月、国務院は「工業管理体制の改善に関する決定」を公布し、電力工業においても、これに基づく大改組が実行された。その要旨は、各電網及び各省に電業局を置いて、電力工業部が直接これを管理するというものであった。この原則に基づいて、北京・西安・成都・武漢・上海・瀋陽の各電業管理局が撤廃され、電力工業部直属の電業局が成立した。それらは営業16局とされ、山東省電業局・遼寧省電業局（遼寧・吉林の両省電力工業を管轄）・黒龍江省電業局（電力工業部と黒龍江省による二重管理）・北京電業局・河北省電業局・山西省電業局・上海市電業局・湖北省電業局・湖南省電業局・雲南省電業局・四川省電業局・貴州省電業局・陝西省電業局・甘粛省電業局・邯峰安（河南）電業局であった（これに列車電業局を入れて16局である）。電力工業部による中央統制を強化するものであったが、同時に、南京電業局と徐州電業局は江蘇省政府に、広州電業局は広東省政府に下放

8）列車電業とは、野外作業用の移動式発電設備で、中国語では「列車電站」、日本語では電源車といい、列車に装備した小型発電設備である。これを管理する部局を列車電業局という。「列車電站」について詳しくは、前掲《中国电力工业志》、257－258頁を参照。

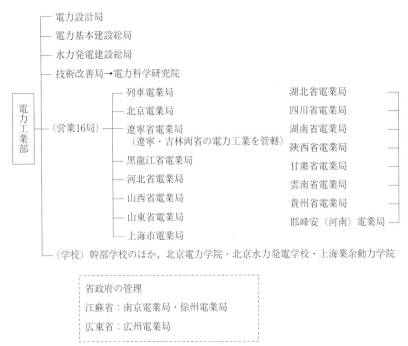

図1-2　電力工業部による中央統制の電力管理体制（1958年頃）

出所：前掲《中国电力工业志》（743頁）に基づき、本文の記述に従って作成。

注：点線の枠内は、省政府の管理を受ける電業局である。

（移譲）し、また古田渓水力発電所は福建省政府に移譲した（図1-2参照）。

3　水利電力部による管理体制（1958—1966年）

1958年3月、「第2期全国人民代表大会第5回会議」の決議に基づいて、電力工業部と水利部が統合され、水利電力部が設立された。これは、同年1月の中国共産党中央委員会（以下、中共中央と略称）の「南寧会議」における「水主火従」を電力工業発展の長期建設方針にするという決定に則したものであった。

こうしたなか、1958年4月11日、中共中央と国務院は、「工業企業を下放することに関するいくつかの決定」を発布し[9]、国務院が主管する工業部門（軽

9）中央档案馆、中共中央文献研究室编《中共中央文件选集　第二十七册》人民出版社，2013年，355頁。

工業・重工業）及び一部の非工業部門が所管する企業のうち、いくつかの重要な、特殊な、かつ試験段階にある企業については、中央が引き続き管理するが、それ以外は一律に省級（省級という場合、省・特別市・自治区を指す。法令・規則等についても同様である）の地方政府の管理に下放（移譲）することを決定した。この1958年は、次節で詳しくみるように、「大躍進」運動が巻き上がり、経済発展について高指標が掲げられ、先進諸国の水準に追いつき追い越すために、各省・市・自治区に対して、独立した工業体系を構築することを求めた画期になる年であった。

　電力工業の管理体制に則していえば、これは少数の大型工程及び遼吉電業管理局（東北電網を管轄）と北京電業管理局（京・津・唐電網を管轄）という省を跨ぐ電網を管理する以外の電力工業を省級の地方政府の指導と管理に移譲して、地方を主体にする電力工業管理体制に移行することを意味した[10]。これによって、各省級による電力工業の独立した体系が形成され[11]、水利電力部は次のような業務を担当するだけになった。①各地区における電力工業の統一的な発展計画、②年度、季度の作業手順の提示、③規定及び重要経営制度の統一、④生産管理及び技術管理に必要な資料の提供、⑤技術及び管理に関する重要会議の開催、⑥専門的な幹部養成と専門的訓練制度・学校の運営などであった。こうして、これまでの電業局は廃止され、各地に地方電業（管理）局が設置され、中央の水利電力部はこれまでの省を跨ぐ京・津・唐電網と東北電網のみを管理するにとどまった。こうした電力工業の管理体制は、中央集中化に向かっていた管理を地方に分散化していくものであり、電網間の緊密な連絡はなくなり、各電網が独立した「塊状のものが平行に並ぶ」といった状況が作られ、電力を合理的に利用することが大いに削減された[12]。電網管理における計画権・人事

───────────────

10) 刘国良≪中国工業史・現代巻≫江苏科学技術出版社，2003年，391頁。水利電力部では、72.5％の事業単位が地方の管理に移譲された。

11) その他、各省の電業局・火力発電所・送変電施行隊・電力設計院などが各省・市・自治区に下放（移譲）されて管理されることになり、ある省では、省に所属する電力工業をさらに下部組織に下放するなどの処置を行い、ある場合には、人民公社にこれを下放するといった事態も生じた（前掲≪中国電力工業志≫，743頁）。

12) 李代耕編著≪新中国電力工業発展史略≫企業管理出版社，1984年，119頁。

権・財政権が下級に移譲されたため、減価償却や修繕などについて、下級部局では十分にこれらを行うことができず、とりわけ職員の技術向上に向けた人事制度はほとんど機能しなくなった。

　しかし、こうした地方分散の管理体制は大きな問題を露呈することになった。地方分散管理は、すでに指摘したように、電力工業発展の長期建設方針を「水主火従」に置くという原則を遵守し、地方管理によって発電所、とりわけ水力発電所の建設を進め、地方の工業発展を実現しようとしたものであったが、そうした発電所建設は地方経済の発展規模をはるかに超えるものであり、資金力に制限のあった地方政府はこれをなしうることができなかった。また、管理体制についても、統一性と安全性の確保ということに懸念が生じ、こうしたことから、各地区においては、どこにおいても停電状態が生じるという事態が発生した。そのため、1961年1月20日、中共中央は「管理体制を調整することに関する若干の暫定規定」を発出して[13]、「統一指導・分級管理」の原則を改めて示し、再度、電力工業の管理権限を中央政府に集中していく措置を採った。特に、財政管理権限の中央への集中が実施され、東北・北京（京・津・唐地域を含む）・華東・中原・西北の「五大区管理局」による電網管理体制が再構築された。このような動向に対して、この時期には、権限を「分散させるとすぐに乱れ、そのために統一しようとすれば、すぐに統制しすぎてしまう（一分就乱・一統就死）」という体制の弊害がすでに露呈されはじめていたと指摘されている[14]。

　熱狂的な「大躍進」が1962年頃に沈静化すると、中国経済は「調整期」に入った。電力工業においても、中央の指示する「調整・堅固・充実・向上」の「八字方針」に従い、管理体制の調整を行うことになった。1961年8月、遼吉電業管理局と瀋陽電力建設局が廃止されて東北電業管理局が設置され、東北3省（遼寧・吉林・黒龍江）の電力工業を管轄することになった。1962年4月には、華東

13）前掲《中共中央文件选集　第三十六册》，97頁。「大権独攬（一手に握る）、小権分散」という民主集中制を原則に管理体制の調整を図るとされた。

14）国家电监会研究室课题组《我国电力管理体制的演变与分析》，載《电业政策研究》，2008年第4期。

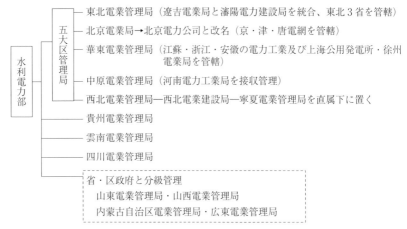

図1-3 水利電力部による電力管理体制の再編（1965年頃）
出所：前掲≪中国电力工业志≫（745頁）に基づき、本文の記述に従って作成。
注：点線の枠内は、省・区政府と分級管理される電業管理局である。

電業管理局を成立させ、江蘇省・浙江省・安徽省の3省の電業管理局と上海公
用発電所（望亭発電所を含む）及び徐州電業局を管轄し、さらに河南電力工業局
を接収して、中原電業管理局に改称した。6月には、西北電業管理局を設立し
て西北電力建設局を直属させ、8月には、雲南電業管理局を設置した。1963年
に入って、山東・山西・内蒙古にそれぞれの電業管理局を設置して、電力工業
に対する省及び自治区との分級管理を実施した。1964年4月には、寧夏回族自
治区の電力工業を水利電力部の管理に帰属させて寧夏電業管理局を設置し、西
北電業管理局の直属とした。同時に、四川電業管理局を設置し、また技術改善
局を電力科学研究院に改めた。10月には、広東省の電力工業を水利電力部に帰
属させ、広東電業管理局を設置して、省との分級管理を実行した。同月、北京
電業管理局を北京電力公司と改名し、「トラスト管理方式」[15]の試行を行った。
1965年4月には、貴州電業管理局を成立させ、水利電力部の管轄下に置いた（図
1-3参照）。

15）前掲≪中国电力工业志≫，744頁。

4　電力の軍事管制と地方革命委員会の管理（「文化大革命期」（「プロ文革」）、1967—1975年）

「文化大革命」（「プロ文革」）が開始された後の1967年 7 月、中共中央・国務院・中央軍事委員会・中央文革小組は、「水利電力部に対して軍事管制を実行することに関する決定」を発布し、同月12日に水利電力部軍事管理委員会を成立させた[16]（この軍事管理委員会の下に、生産指揮部と電力組と水利組からなる生産組が設置された）。一切の電力工業に関する管理権はこの軍事管理委員会が掌握したが、これを実行する権限は、再度、地方政府に移された。具体的には、「五大区管理局（電網）」のうち、東北電網が瀋陽軍区の指導下に置かれた以外、他の「四大区管理局」はその所在地の省（市）革命委員会の指導するところとなった。水利電力部が管理に参与していた広東省電業局及び四川電業局も、それぞれ広東省革命委員会、四川省革命委員会の管理に移譲された。1968年、「革命的大批判」が巻き起こり、「利潤優先」・「物質刺激」・「専門家至上主義」等の「反革命修正主義」が批判され、「安全第一」はこの系列に属するとして軽視された。また、北京電力公司による「トラスト管理」の試行もこのために廃止され、北京電業管理局が再建された。こうしたなか、1969年10月、「林彪 1 号命令」に基づいて「水利電力部門の設計・科学技術研究・教育部門の全部あるいは一部」が北京から他所に移された。さらに、翌11月には、東北電業管理局と東北電業建設局を合併して東北電力工業局が設置され、山東省においても、省の電業管理局と電力建設局が合併して山東電力工業局となった。電力工業の各環節は分断状態に陥り、建設工程に後患を残しただけではなく、多くの損失と浪費をもたらした[17]。

　1970年 6 月、水利電力部に対する軍事管制が解除され、水利電力部革命委員会が成立して、この管轄下に電力工業全般の管理が組み入れられることになった。この水利電力部革命委員会は、その後、電力工業の管理権限を地方政府に移譲する措置を採ったため、各省の電力工業は各省政府、あるいは各省の革命委員会の管理・指導に委ねられることになった[18]。こうして、「文化大革命」

16）同上《中国电力工业志》，14頁。
17）同上《中国电力工业志》，14頁，744頁。

の期間、電力工業の管理権限は、再度、下部の管理部門に移譲されることになったが、それによって、電網の管理上における分散主義が顕著に表れ、各省級の電業管理部門はそれぞれ勝手に振舞うことになり、これが電力不足状態に拍車をかけた。特に、大電網・大発電所・大発電機が批判された結果、「電力所規模は20万キロワット以下のものにすべし」というスローガンが叫ばれ、電力の拡張は大きく制限された[19]。さらに、この時期の下部の管理部門への移譲は、先の権限移譲よりも徹底していたため、管理権限の移譲だけにとどまらず、設計部門や科学技術機関までをもすべて地方に移譲されたため、こうした分野（測量調査・設計施工・技術等）での業務に重大な障害をもたらした。とはいえ、この期間にあっても、電力生産を確実に増大させることができたのであるが、こうした管理上の問題が大きく作用して、1970年、全国33ヵ所の10万キロワット以上の電網において、その約半数が停電を余儀なくされていた[20]。

5　革命委員会管理の解除と水利電力部の復活（第2次水利電力部、1975—1979年）

　1975年1月、水利電力部革命委員会が廃止され、軍隊から派遣されていた革命委員会委員が水利電力部から去って、電力工業はようやく元の水利電力部が直接管轄する管理体制に戻った（第2次水利電力部管理体制）。同年7月25日、国務院は、「電力工業の発展を加速することに関する通知」（国務院114号文件）を発出して、電力供給不足問題を解決するために、「水利電力部の主導による電網の統一管理の強化」を指示した。この「文件」は当面「省を跨ぐ電網に対して、水利電力部の指導を主とする管理体制を実行すべきである」とし、電業管理局（電網局）を設置し、これを水利電力部の派出機構に位置づけ、当該電網内の各省級内の電力工業を統一的に管理し、この電業管理局の下に省級の電

18）例えば、次のようである。1970年、水利電力部に所属する華東電力管理局が指導していた華東電網は上海市の管理に移譲され、東北電力工業局が指導していた東北電網は瀋陽軍区の管理に移譲され、水利電力部に所属していた徐州電網は江蘇省の管理に移譲されるといったものであった（马泉山≪新中国工业经济史（1966-1978）≫経済管理出版社，1998年，77頁）。

19）前掲≪新中国电力工业发展史略≫，225頁。

20）前掲≪中国电力工业志≫，14頁。

力局（省局）を設置するとした。この各省級の電力局（省局）は、電業管理局（電網局）と当該省級政府との二重指導を受けるが、後者の業務指導を主たるものとし、電力局（省局）の幹部の人事に関しては、水利電力部と関係省級政府の協議によるとされた。

　省を跨ぐ電網の具体的な管理方法については、水利電力部が提示して、国務院が承認したものによるとしたが、1975年10月17日、「省を跨ぐ電網管理方法の批准に関する通知」（国発［1975］第159号）が発出され、「省を跨ぐ電網管理辦法」が国務院によって承認された[21]。それによれば、次のようである。①省を跨ぐ電網の統一的業務管理を強化するため、水利電力部が主に指導・管理する電業管理局（電網局）を設置（水利電力部の派出機関とする）し、電網内にある省級（省・市・自治区）の電力工業を統一的に管理する。具体的には、全電網に対する統一点検・修理の実行、主要発電所及び変電所に対する直接指導、かつて電網局が直接管理していた電力供給及び基本建設の機関に対する直接管理等である。②省級の電力局（省局）は、この電網内の省級の電力供給及び基本建設を管理する。③地区・市は電力供給局ないし電業局を設け、省局と地区・市の政府の二重指導を受ける。地区・市・県では、同一の電力供給範囲内に電力供給機関は１つとし、工・農業の電力消費を統一管理し、とりわけ農業用電力消費の管理強化を図る。④計画・財務・労働・物資の管理は電業管理局（電網局）に帰属させ、統一的に調達・配分する。管内の電網の配置に対して統一的企画を立てる。⑤発電量・電力供給量・各項の経済指標に対して、電網局は分級審査を行い、全電網を総括した損益採算を行う（独立採算）。その場合、局部の利益は全体の利益に服しなければならない。⑥電網局は、電網における発電能力と燃料供給条件に基づいて、定期的に各級政府と研究して、省・市・自治区に対する電力供給指標を定める。各省・市・自治区は、この指標に基づいて

21）国務院が水利電力部の案を承認した通知日が10月17日であって、この「管理辦法」
　　が国務院に提出されたのは９月であった。これら「114号文件」及び「159号文件」
　　については、前掲《新中国電力工業発展史略》、231-237頁にあるが、誤植がある
　　ので、「中国法律法規信息庫」http://search.chinalaw.gov.cn/search2.html を参照
　　した。

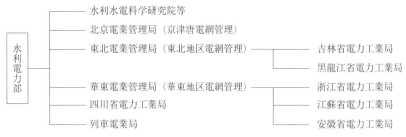

図 1 - 4　第 2 次水利電力部による管理体制（1978年頃）

出所：前掲《中国電力工業志》（747頁）に基づき、本文の記述に従って作成。

電力を各地区・各企業に配分する。他方、先の「国務院114号文件」によれば、「省を跨がない電網については、省級の党委員会の一元的指導下に置く」が、「省級の電力局の統一管理を受け、下級にそれを任せてはならない」とした。しかし、省を跨がない省内電網、さらに省級の電力局の指導に属さない電力工業は、いまだ省級の党委員会の一元的指導下に置かれていた。

　以上のような管理方法に基づき、同年11月には、北京電力工業局は北京電業管理局に改められ、12月には、東北電力工業局も東北電業管理局に改められた[22]。その後、江蘇省、浙江省でも、それぞれ電力工業局が設置されて、各省内の電力工業を管理していった。だが、これまでみてきたように、移譲された権限の回収については、「省を跨ぐ電網」とこの電網を経る範囲内における各省の電業管理権限を回収したにすぎないものであったため、電力工業の管理体制は、中央の水利電力部が主に管理する省を跨ぐ電網に関する部分と省級政府（この段階ではいまだ党委員会）に所属する電力関係部門が管理する部分に分離されたままであった。しかも、この地方の管理部門にとどめ置かれた電力工業は、その管理能力の限界から、その後も発電容量の大きなものは大幅に縮減され、20万キロワットを超える発電設備は設置されることがなくなり、大きな混乱を電力工業にもたらした[23]。図 1 - 4 にみるように、省を跨ぐ電網に対する管理体制が整っていたのは、北京・東北・華東及び四川（この上級には相応の電網局

22）これと同時に、独立していた黒龍江省電業管理局は黒龍江省電力工業局に改められ、吉林省とともに東北電業管理局の管轄下に置かれた。

23）前掲《新中国电力工业发展史略》，225頁。

がない）の地区に限定されていたのである。

6　管理体制の改革（第 2 次電力工業部1979―1982年、第 3 次水利電力部1982―1988年）

　「改革開放」政策の実施が目前に迫った1979年 2 月15日、「第 5 期全国人民代表大会常務委員会第 6 回会議」は、水利電力部を廃止して、電力工業部と水利部に分割することを決定した（第 2 次電力工業部体制）。同年 5 月、国務院は、電力工業部が作成した「文書」を関係部局に送付・公開し、「電力事業は、現代化の技術をベースとする大生産産業であり、高度に集中された統一管理を実行しなければならない」と指示した[24]。翌 6 月、「第 5 期全国人民代表大会第 2 回会議」において、国務院は、今後 3 年間、国民経済の「調整・改革・整頓・向上」という「八字方針」に基づく工作の実行を提案した。電力工業部は、この方針に従い、電力工業の他の国民経済に対する地位を考慮し、他の産業に先行して高度集中の管理を実施し、この方針を貫徹することを決定した。このことは、下級に移譲された権限の回収をさらに推し進めて、先に指摘した1975年の「省を跨ぐ電網管理辦法」に基づく統一的管理を実現することを意味した。1979年 7 月、電力工業部は水力発電建設総局を成立させ、各地の調査測量院及び水利水電工程局などの単位を統一指導した。同年 9 月、華東電業管理局は改めて電力工業部の下に管理され、江蘇、浙江、安徽の 3 省の電力工業局を管理した。同年12月、電網の統一的集中管理を強化するため、華北電業管理局（北京電業管理局の管理範囲の拡大、北京・天津・河北・山西等の電力工業を管轄）と西北電業管理局（陝西・甘粛・青海・寧夏等の電力工業を管轄）を成立させ、それぞれの地域の電力工業に対して統一的指導を行った。この頃までには、電力建設総局と水力発電建設総局の再建が果たされ、各地域の測量・設計院と水利水電を統一的に管理・指導するまでになった[25]。1980年 5 月には、武漢に華中電業

24）「国務院が認可し、下達した電力工業部の『調整・改革・整頓・向上』方針を執行することに関する実行方案」（国発［1979］184号，1979年 5 月29日）（≪中国電力規劃≫編写组≪中国电力规划・综合卷（下册）≫中国水利水电出版社，2007年，700–707頁参照）。

管理局（河南・湖北・湖南・江西等の電力工業を管轄）が設置され、翌1981年5月には、西南電業管理局（雲南・貴州及び四川北を除く四川の電力工業を管轄）が設置され[26]、1982年1月には、山東省電力工業局（省内の電力工業を管轄）が設置され、電力部の直接指導を受けるようになった。こうして、電力工業部の下に広域電力系統（省を跨ぐ電網系統）の電業管理局が再度復活設置され、1982年までに、全国7個の電網管理を基礎とする電業管理局が電力工業部の統一的管理の下に置かれた。全国の主要電網及び主要省級の電網は、基本的に中央において集中統合・管理されることになったのである。しかし、この段階では、福建・新疆・広西・広東・内蒙古・西蔵（チベット）の電業工業及び電網は、依然として省級の政府が管理する状態にとどめられた。

1981年、李鵬（当時電力工業部長）は、全国の電力工業における報告会議を聴取した際、電網の集中統一管理・電力消費の節約・発電設備容量の増加・大容量発電機の試作と輸入に関する課題を指示し、同時に、1958年から「文化大革命」を挟んでの10年間、電力工業の管理権限が地方に移譲され、その後、権限の回収が行われたとはいえ、いまだ中央と地方の二重指導という管理体制が採られているので、こうした管理体制の弊害を改め、省を跨ぐ電網及び同一省内の電網について、電力工業部がこれを統一的に管理し、電力供給は国家によって統一的に分配する方針を確認した。電力工業部は、この方針に基づき、まず分断化された電網の統一的集中管理を実施するとして、広域電業管理局（華北・東北・華東・西北・西南・山東）を設置し、その下に省の電力局を配置し、分散化した電源を統一し、省を跨ぐ電網を統一管理する体制を整えた（図1-5参照）。

1982年3月、「第5期全国人民代表大会第4回会議」は、水利部と電力部を再度合併させ、水利電力部を設立することを決定した（第3次水利電力部体制）。これによって電力工業における管理体制の集中統合化はいっそう加速していった。統一的管理が電網に集中していたのをさらに電源分野（特に水力発電の開発）にも広げようとする意図があったと思われる。実際、中国の電源、とりわけ水

---

25) 前掲《中国電力工業志》，56頁，746頁。

26) この西南電業管理局は1988年に廃止され、西南電網辦公室が成立した（前掲《我国電力管理体制的演変与分析》）。

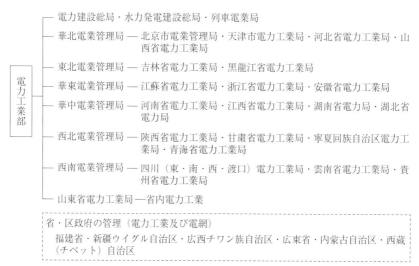

図1-5　第2次電力工業部による管理体制（1979—1982年）
出所：前掲《中国電力工業志》（748頁）に基づき、本文の記述に従って作成。
注：点線の枠内は、省・区政府の管理を受ける地方電力工業及び電網である。

力発電は、主として南部及び西部に偏重していたことから、1983年1月、地方
管理の状態に置かれていた福建省電力工業局を水利電力部の管轄下に置き、新
疆ウイグル自治区電力工業局も西北電業管理局の下に置いて、統一的に管理す
る体制を整えた。さらに、1984年9月、広西チワン族自治区の電力工業も水利
電力部の管理を受けるものとされ、自治区との二重管理・指導の下に置かれた。
同年12月には華南電網辦公室（広州）が設立され、計画的に雲南・貴州・広西・
広東の電網を相互に接続させて「西電東送」を実行し、南方一帯の電網の発展
を期することにした。このように、水利電力部による管理が強化されていった
とはいえ、なお広東省・内蒙古自治区・西蔵（チベット）の3省・区における
電力工業は地方政府による管理が継続されていた[27]。他方、中央軍事委員会は、
電力部門から分離されていた基本建設工程兵水電部隊を水利電力部の管理と指

27）この地方政府の指導と管理下に置かれた広東・内蒙古・西蔵の電力工業及び電網
　　については、前掲《中国電力工業志》，752-753頁を参照。この3省・区のほかに、
　　後には海南省も地方政府の管理下に置かれた（周昌鵬《中国電力産業政府管制研
　　究》経済科学出版社，2012年，90頁）。

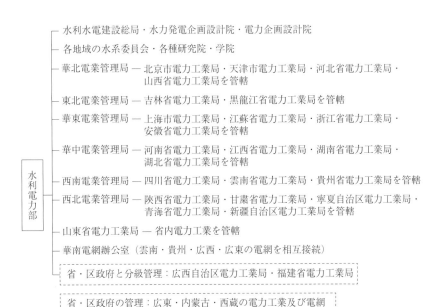

図1-6　第3次水利電力部の管理体制（1988年頃）
出所：前掲《中国电力工业志》（749頁）に基づき、本文の記述に従って作成。
注：上の点線の枠内は、省・区政府と分級管理される電力工業局であり、下の点線の枠内は、省・
　区政府が管理する電力工業及び電網である。

導の下に戻した。その他、各地域の水利系を管理するための委員会等の組織が
設置され、また研究所・学院等の施設も充実していった（図1-6参照）。

第2節　国家管理下時代の電力工業の発展（1949—1985年）

　中国の電力工業の発展過程は、第1節で論述した管理体制の変遷に対応して
段階区分を行うこともできるが、中国が新中国として成立した際、社会主義的
計画経済を実践することを決定したから、中国が確定した「計画経済」に則し
て、この電力工業における発展の成果を以下考察する[28]。一般的には、新中国

---

28)「計画経済」に基づく電力工業の発展過程は、管理体制の展開とほぼ対応してい
　　る。なお、中国の社会主義経済における「計画と制度」についての概観は、尾上悦
　　三「経済計画」（『アジア経済』、第8巻第12号、1967年12月）を参照。

における電力工業の発展について、次のように指摘されている。「1949年の発電設備容量は184.86万キロワット、発電量は43.1億キロワット/時であり、それぞれ世界的な位置からいえば、第21位と第25位であった。1990年には、発電設備容量は 1 億3789万キロワット、発電量は6213.18億キロワット/時になり、1949年に比べて、それぞれ74.6倍、144倍に増大し、世界的な位置はいずれも第 4 位になった」[29]。

　新中国になるまでの電力の分布はきわめて不均衡であり、すでに序章で指摘した通りであるが、総括的に示すと、発電設備の80％以上が上海・江蘇・山東・天津・北京・広東・遼寧・吉林・黒龍江等に集中し、内陸部における広大な農村地帯には電力が供給されることはなかった[30]。こうした発電設備の大部分は旧帝国主義諸国と国民党官僚資本家に握られ、発電規模も「水豊、豊満、鏡泊湖の三大中型水力発電所」を除いては、いずれも小さな発電所であった[31]。

1　経済回復期 (1949—1952年)

　1949年末、中国の発電設備の容量はたかだか184.9万キロワット、総発電量は43.1億キロワット/時にすぎなかった (表 1 - 1 参照)[32]。すでに第 1 節で指摘したように、中国の電力工業は、政府が重視する業種の 1 つとして発展し、その発展も比較的速かった。朝鮮戦争時、戦火は東北の鴨緑江近辺にも及び、さらにアメリカによる対中国「封鎖」と「禁輸」が実行されたが、電力工業における回復を押しとどめることはなかった。

　1950年 2 月17日、「全国第 1 次電力会議」(3 月 2 日まで) が開かれ、「1950年の基本方針と任務」を決議した。基本方針は、「発電・輸電の安全を保障し、二、三年内に工業生産が必要とする電源設備を重点地域に建設する準備に取り掛かる」というものであり、これに基づき、次のような計画が立案された[33]。

29) 前掲≪中国电力工业志≫，243頁。

30) ≪中国経済概況≫編写組≪中国経済概況≫新华出版社，1983年，72頁。

31) 前掲≪中国电力工业志≫，233頁。

32) これは、1941年の最高水準に比べて、73％にしか達しなかった (赵艺文编著≪新中国的工业≫统计出版社，1957年，44頁)。

表1-1　発電量及び発電設備容量の推移（1949—1985年）

年	発電量 (億キロワット/時)			発電設備容量 (万キロワット)			年間発電機使用時間 (時)		
	合計	火力 (%)	水力 (%)	合計	火力 (%)	水力 (%)	総合	火力	水力
経済回復期（69.8%/5.9%）									
1949	43	83.5	16.5	185	91.2	8.8	2320	2202	3752
1950	46	82.9	17.1	187	91.1	8.9	2450	2253	4285
1951	58	83.8	16.2	188	90.4	9.6	3080	2850	5208
1952	73	82.6	17.4	196	90.4	9.6	3800	3457	7000
「一・五」計画期（109.8%/85.7%）									
1953	92	83.3	16.7	223	85.3	14.7	4400	4181	5898
1954	110	80.1	19.8	248	84.3	15.7	4530	4235	6249
1955	123	80.8	19.1	284	83.4	16.6	4510	4377	5033
1956	166	79.1	20.9	347	76.9	13.1	4760	4913	5807
1957	193	75.1	24.9	414	78.0	22.0	4794	4659	5105
「二・五」計画期（66.5%/107.3%）									
1958	275	85.1	14.9	629	80.7	19.3	5518	5963	3871
1959	423	89.6	10.3	954	83.0	17.0	6076	6678	3407
1960	594	87.5	12.5	1192	83.7	16.3	5800	6080	4415
1961	481	84.6	15.4	1286	81.8	18.2	3822	3871	3566
1962	458	80.2	19.7	1304	81.8	18.2	3554	3490	3843
調整期（38.0%/13.1%）									
1963	490	82.3	17.7	1333	81.8	18.2	3736	3761	3625
1964	560	81.1	18.9	1406	80.9	19.1	4228	4250	4126
1965	676	84.6	15.4	1508	80.0	20.0	4920	5217	3728
「三・五」計画期（40.5%/37.3%）									
1966	825	84.7	15.3	1702	78.6	21.4	5350	5756	3832
1967	774	83.0	17.0	1799	78.7	21.3	4448	4694	3539
1968	716	83.9	16.1	1916	77.1	22.9	3972	4207	2862
1969	940	83.0	17.0	2104	76.0	24.0	4760	5163	3451
1970	1159	82.3	17.7	2337	73.8	26.2	5526	6100	3770
「四・五」計画期（41.5%/65.2%）									
1971	1384	81.9	18.1	2628	70.3	29.7	5810	6540	3795
1972	1525	81.0	18.9	2950	70.5	29.5	5746	6536	3700

1973	1668	76.7	23.3	3393	69.6	30.4	5530	6030	4305
1974	1689	75.5	24.5	3811	69.0	31.0	5010	5400	4050
1975	1958	75.7	24.3	4341	69.1	30.9	5179	5631	4147
「五・五」計画期（48.0%/39.7%）									
1976	2031	77.5	22.5	4715	68.9	31.1	4869	5413	3565
1977	2234	78.7	21.3	5145	69.4	30.6	4947	5522	3512
1978	2566	82.6	17.3	5712	69.8	30.2	5149	6018	2941
1979	2820	82.2	17.7	6302	69.7	30.3	5175	5956	3112
1980	3006	80.6	19.4	6587	69.2	30.8	5078	5775	3293
「六・五」計画期（35.8%/25.8%）									
1981	3093	78.8	21.2	6918	68.3	31.7	4599	5511	3520
1982	3277	77.3	22.6	7236	68.3	31.7	5007	5542	3780
1983	3514	75.4	24.6	7645	68.4	31.6	5010	5513	4104
1984	3770	77.0	23.0	8012	68.1	31.9	5190	5748	3960
1985	4107	77.5	22.5	8705	70.0	30.0	5308	5893	3853

出所：前掲《中国電力工业志》，58頁，270-272頁。
注：1．各計画期の後の（　）に示した数値は、発電量と発電設備容量のこの期間における増加率である。
　　2．発電設備容量の火力、水力の比率は、資料に基づき、算出した。
　　3．これまで、発電量、発電設備容量について、各年を通した数値を明示したものがないので、ここに取りまとめた（以下、同様）。

①各地域の工業発展の状況に合わせて、２～３年内に全国の電源設備を32万キロワットにする（東北水力発電14万キロワット・火力発電10万キロワット、華北火力発電３万キロワット、中南火力発電２万キロワット、西北火力発電2.9万キロワットをこの増加計画に含める）。②出力回復を31万キロワットとする。③発電設備使用時間を向上させる（当時、全国平均発電設備使用時間は2300時間、東北・華北・華東地域の平均使用時間は2170時間であった）。④電力単位当たり石炭消費率を向上させる（当時の東北・華北・華東地域の平均発電用石炭消費率は、１キロワット/時当たり833グラム、発電所消費率6.8％、輸配電損失（ロス）率19.85％であった）。⑤水力発電の建設については、国家が水力発電の建設を行えるような状態にはないので、まずは東北の豊満水力発電所の水力発電タービンの設置及び11万立方メー

33）前掲《中国电力工业志》，760-761頁。

トルの堤防調査工程と漏水問題の解決に当たる。福建省の古田溪水力発電は、政治的意義上から建設が必要であるが、土木工事の施工に着手し、国家は一部分の建設費を補助するにとどめ、水利部との経費の共同分担にする。

　こうした計画の実施に全力が注がれ、1949年の発電設備容量184.9万キロワットは1952年の196.4万キロワットへと増加し、発電量は43.1億キロワット/時から72.6億キロワット/時へと増大した。発電設備使用時間は3700時間に増え、石炭消費率・輸配電損失率・発電所消費率に顕著な改善が認められ、「30万キロワット余の出力増加」が達成された[34]。この1949—1952年の「回復期」に増加した出力増加量（30万キロワット以上）のうち、74％の22万キロワットが新たに付加された生産能力であったとされた[35]。しかし、発電設備容量の主要なものは、残旧設備の復元・改組によるものであったので[36]、この出力量の増加は、新設の発電設備によるものではなく、旧来の放置されていた発電設備の利用にあったと考えられる。そのため、この時期の発電量は、主として発電機の使用時間の延長（1949年の使用時間は2300時間、1952年は3800時間）によるものであったといえよう（表1-1を参照）。

　ところで、表1-2にみるように、1949年の工業用電力の消費は、全電力消費量の48.8％を占め、そのうち、重工業が54.9％を占めた[37]。1952年の電力消費用途は、63.6％が工業での消費（約50億キロワット/時）で、そのうち、重工

---

34) 前掲≪中国電力工業志≫，761頁，前掲≪新中国電力工業発展史略≫，7頁。多くの研究書では、先に紹介した「基本方針と任務」の記述に従い、これを発電設備の増加に基づく30万キロワットの増加としているが、表1-1にみるように発電設備においては、そのような増加は実現されていない。

35) 汪海波≪新中国工業経済史（1949.10-1957)≫経済管理出版社，1994年，287頁。

36) 前掲≪新中国電力工業発展史略≫，5頁。

37) 旧中国では、1904年に初めて工場用の電動機と外国商店のエレベーターに電力が消費され、その後、工場や砿・鉱山で電力が使用されていった。1933年の統計によれば、日本が侵略した東北3省・熱河、統計がない寧夏・青海・新疆を除いた発電量は5.91億キロワット/時で、そのうち、電燈用消費が32.9％、砿・鉱山・工業用電力が32.9％、発電所自家用及び損失・盗電などが34.2％を占めた。1935年、1936年には東北等を含めた全国の工業用電力消費は、59.1％、60.6％に増加したとされる（前掲≪中国電力工業志≫，399頁）。

業が56.7％を占めた。主要な工業では、紡織工業が26.2％、石炭鉱業16.8％、金属工業15.4％、化学工業8.3％、金属加工業7.7％であった[38]。次いで、大きな電力消費は14.7％になる送変電中におけるロス（損失）であった。住民生活用の電力消費は14.6％であり、発電所自家消費が5.8％を占め、交通運輸業の電力消費は0.8％、農村での電力消費は0.5％にすぎなかった（表1-2参照）[39]。

　1953年初期までの「回復期」において、500キロワット以上の発電設備を有する発電所は全国で283ヵ所、総発電設備容量は196.6万キロワット（500キロワット以下の私営小型発電所は150ヵ所以上あった）であった。これを所属別にみると、燃料工業部に所属するものは83ヵ所（29.3％）、発電設備容量136.6万キロワット（69.5％）であり、地方国営に所属するもの及び国営工業の自家発電は138ヵ所（48.8％）、発電設備容量36.5万キロワット（18.6％）であり、公私合営企業は19ヵ所（6.7％）、発電設備容量9万キロワット（4.6％）であり、私営企業は43ヵ所（15.2％）、発電設備容量14.5万キロワット（7.4％）であった[40]。電力工業については、燃料工業部が主導することで、ほぼ公権力が掌握していたということができる。

　こうした発電能力を各地区（電網）別にみると、表1-3のようである。すでに指摘したように、発電設備容量の85％近くは、工業が比較的発展していた東北・華北・華東地域に集中しており、中南・西南・西北との格差は大きかった。しかし、こうした工業の発展を支える電力供給についていえば、発電設備容量が「5万キロワットを超える大型蒸気タービンは全国でわずか5台、6.5万キロワットの水力タービンはわずか2台」しかなく、両者合わせて、総発電設備容量のわずか13％を占めるにすぎず、しかも発電設備の多くは20年以上を経過するものが52.5％に達しており、特に水力タービンは1936年から1944年の間に設置されたものであり、1950年以前に十分な点検や修繕も行われなかった

38）同上≪中国電力工業志≫，418頁，表7-2-8を参照。

39）前掲≪新中国工業経済史（1949.10-1957）≫，499頁も参照。

40）前掲≪新中国電力工業発展史略≫，6頁，前掲≪中国電力工業志≫，441頁。しかし、1953年末には、私営・公私合営の企業の比率はさらに低下し、92％の電力企業は国営であったとされる。

表1-2　部門別電力消費状況の推移（1949—1985年）　　　単位：億キロワット/時、（％）

年	社会総消費電力	農村用	工業用	交通運輸	住民生活	発電所用	輸配電ロス
経済回復期							
1949	49.0 (100.0)	0.2 (0.4)	23.9 (48.8/54.9)	0.2 (0.4)	10.3 (21.0)	3.3 (6.8)	11.1 (22.6)
1952	78.3 (100.0)	0.4 (0.5)	49.81 (63.6/56.7)	0.6 (0.8)	11.4 (14.6)	4.5 (5.8)	11.5 (14.7)
「一・五」計画期							
1953	95.8 (100.0)	0.4 (0.4)	63.0 (65.7/58.1)	0.5 (0.5)	13.9 (14.5)	5.6 (5.9)	12.5 (13.0)
1954	115.7 (100.0)	0.4 (0.4)	80.2 (69.4/60.3)	0.6 (0.5)	14.9 (12.9)	6.4 (5.5)	13.1 (11.3)
1955	129.9 (100.0)	0.5 (0.4)	91.0 (70.0/66.7)	0.5 (0.4)	14.5 (11.2)	7.5 (5.8)	15.9 (12.2)
1956	166.3 (100.0)	0.8 (0.5)	120.1 (72.2/67.7)	0.6 (0.4)	17.3 (10.4)	10.6 (6.4)	17.0 (10.2)
1957	193.9 (100.0)	1.1 (0.6)	136.1 (70.2/71.3)	0.7 (0.4)	26.2 (13.5)	12.3 (6.3)	17.5 (9.0)
「二・五」計画期							
1958	275.4 (100.0)	1.8 (0.7)	209.9 (76.2/77.6)	0.7 (0.3)	22.1 (8.0)	18.6 (6.7)	20.1 (7.3)
1959	423.3 (100.0)	3.0 (0.7)	326.2 (77.1/77.7)	1.2 (0.3)	29.6 (7.0)	34.1 (8.0)	29.3 (6.9)
1960	594.3 (100.0)	6.9 (1.2)	461.7 (77.7/83.2)	1.6 (0.3)	39.0 (6.6)	46.0 (7.7)	39.0 (6.6)
1961	476.5 (100.0)	9.6 (2.0)	352.6 (74.0/83.3)	1.9 (0.4)	37.2 (7.8)	41.6 (8.7)	33.6 (7.0)
1962	452.2 (100.0)	15.5 (3.4)	320.0 (70.8/82.1)	2.1 (0.5)	40.1 (8.9)	39.6 (8.8)	34.9 (7.7)
調整期							
1963	481.4 (100.0)	22.3 (4.6)	338.8 (70.4/81.0)	2.1 (0.4)	41.9 (8.7)	41.0 (8.5)	35.1 (7.3)
1964	551.9 (100.0)	27.1 (4.9)	394.4 (71.5/80.1)	2.4 (0.4)	45.5 (8.2)	43.7 (7.9)	38.8 (7.0)
1965	661.9 (100.0)	37.1 (5.6)	477.2 (72.1/80.0)	3.3 (0.5)	50.4 (7.6)	51.1 (7.7)	42.8 (6.5)
「三・五」計画期							
1966	814.8 (100.0)	54.6 (6.7)	589.3 (72.3/81.0)	4.0 (0.5)	52.0 (6.4)	59.2 (7.3)	55.7 (6.8)
1967	769.9 (100.0)	50.8 (6.6)	548.6 (71.2/81.0)	3.8 (0.5)	52.0 (6.8)	53.5 (6.9)	61.3 (8.0)

1968	713.7 (100.0)	46.5 (6.5)	502.4 (70.4/81.0)	3.4 (0.5)	53.5 (7.5)	48.6 (6.8)	59.3 (8.3)
1969	928.6 (100.0)	60.3 (6.5)	651.0 (70.1/81.0)	4.5 (0.5)	69.3 (7.5)	61.8 (6.6)	81.5 (8.8)
1970	1144.0 (100.0)	74.6 (6.5)	804.8 (70.4/81.0)	5.5 (0.5)	85.7 (7.5)	74.8 (6.5)	98.6 (8.6)
「四・五」計画期							
1971	1366.4 (100.0)	100.1 (7.3)	945.7 (69.2/81.8)	6.5 (0.5)	101.9 (7.5)	91.3 (6.7)	120.9 (8.8)
1972	1500.4 (100.0)	129.9 (8.7)	1017.8 (67.8/84.1)	7.1 (0.5)	81.2 (5.4)	107.1 (7.1)	124.6 (8.3)
1973	1611.4 (100.0)	158.2 (9.8)	1101.9 (68.4/84.0)	11.3 (0.7)	79.6 (4.9)	109.1 (6.8)	151.2 (9.4)
1974	1613.5 (100.0)	179.8 (11.1)	1078.6 (66.8/83.6)	11.7 (0.7)	87.0 (5.4)	107.8 (6.7)	148.6 (9.2)
1975	1853.7 (100.0)	208.8 (11.3)	1247.8 (67.3/83.7)	14.4 (0.8)	98.8 (5.3)	128.3 (6.9)	155.6 (8.4)
「五・五」計画期							
1976	1963.2 (100.0)	231.5 (11.8)	1289.7 (65.7/83.4)	18.5 (0.9)	107.9 (5.5)	134.7 (6.9)	181.0 (9.2)
1977	2170.1 (100.0)	248.3 (11.4)	1426.9 (65.8/83.5)	21.0 (1.0)	120.6 (5.6)	152.9 (7.0)	200.3 (9.2)
1978	2498.1 (100.0)	287.4 (11.5)	1660.9 (66.5/84.0)	22.8 (0.9)	131.3 (5.3)	178.6 (7.2)	217.1 (8.7)
1979	2762.1 (100.0)	324.9 (11.8)	1846.4 (66.8/83.7)	13.2 (0.5)	151.3 (5.5)	193.6 (7.0)	232.7 (8.4)
1980	2952.4 (100.0)	374.4 (12.7)	1961.3 (66.4/83.8)	14.7 (0.5)	166.0 (5.6)	203.6 (6.9)	234.3 (7.9)
「六・五」計画期							
1981	3045.8 (100.0)	415.6 (13.6)	1975.3 (64.9/82.1)	16.5 (0.5)	182.4 (6.0)	208.9 (6.9)	247.2 (8.1)
1982	3223.6 (100.0)	441.9 (13.7)	2093.3 (64.9/51.1)	18.1 (0.6)	199.7 (6.2)	216.7 (6.7)	253.9 (7.9)
1983	3466.0 (100.0)	475.3 (13.7)	2248.9 (64.9/80.4)	21.9 (0.6)	225.2 (6.5)	228.3 (6.6)	266.5 (7.7)
1984	3732.0 (100.0)	510.9 (13.7)	2402.2 (64.4/80.4)	25.4 (0.7)	257.6 (6.9)	246.8 (6.6)	289.2 (7.7)
1985	4051.3 (100.0)	573.3 (14.2)	2570.8 (63.5/79.7)	31.3 (0.8)	308.2 (7.6)	272.6 (6.7)	295.3 (7.3)

出所：前掲《中国電力工業志》，413頁，418-419頁。

注：1．工業用消費電力の比率のうち（/）の右側数値は、工業用電力消費に占める重工業の比率を
　　　表す。
　　2．この分類は、1986-1990年の電力消費分類に基づいて、1986年以前の分類が調整されている。
　　　原表の注を参照。

表1-3　各地区電網における状況（1952年）

地区	発電所数 個、（%）	発電設備容量 万キロワット、（%）	発電量 億キロワット/時、（%）
東北地区	51（18.0）	71.72（36.5）	35.5（45.4）
華北地区	49（17.3）	34.55（17.6）	12.2（15.5）
華東地区	78（27.6）	60.52（30.8）	22.2（28.4）
中南地区	57（20.1）	18.71（9.5）	4.6（5.9）
西南地区	37（13.1）	8.76（4.5）	3.1（3.9）
西北地区	11（3.9）	2.33（1.2）	0.7（0.9）
合計	283（100.0）	196.6（100.0）	78.3（100.0）

出所：前掲≪新中国电力工业发展史略≫，7頁。
注：表1-1と数値が異なるがそのままにした。

ことから、全般的な発電所の状況は、経済効率や技術水準はきわめて低位な状態にとどまっていた。その原因の多くは、ほとんどの設備が中・低圧の小型発電機にあったことにあるとされている[41]。

2　「一・五」計画期（1953―1957年）

こうしたなかで、「一・五」計画期が1953年から開始された。「一・五」計画の草案は、中共中央及び毛沢東主席の主導の下に編成され[42]、1953年3月の中国共産党の全国代表会議の討論を経て、さらに国務院での検討を踏まえて修正された後、1955年7月30日の「第1回全国人民代表会議第2次会議」において正式に決定された。この「計画」は、国家の社会主義工業化を実現し、逐次、農業及び手工業と資本主義工商業の社会主義改造を完成するものであるとされた。その際、李富春副総理は、その「報告」において、社会主義工業化の中心は「重工業の優先的発展」であるとした。実際、この「一・五」計画期の民用工業部門への総投資額250.26億元のうち重工業へは36.2%が割り当てられ、軽工業への割り当てはわずか6.4%にとどまり、その格差は約6倍であった[43]。

41）同上≪新中国电力工业发展史略≫，9頁。
42）これは、中共中央が1952年に提出した「過渡期における総路線と総任務」に基づいて制定されたものである。

そのため、この「一・五」計画期においては、軽工業の発展が低位にとどめられ、その後の調整を余儀なくされたとされている。後述するように、電力工業においてもこうした現象が生じていた。「一・五」計画期の工業への総投資額250.26億元のうち、29.78億元（11.9％）が電力工業（うち水力発電に5.23億元、火力発電に19.75億元、66％強）に投資された。この総額は、冶金工業（18.6％）、機械工業（15.4％）に次ぐ大きなものであった[44]。

　この期の電力工業に対する方針は、既述したような旧電力設備の補修・改善を通して、その潜在力を強化するとともに、計画的に発電所を建設して電力供給問題を根本的に解決することにあった。この「一・五」計画の「計画案」規定によれば、電力建設の方針は次のようであった。「工業発展、とりわけ新工業区建設の必要に適応させるよう電力工業を発展させるために、新しい発電所と現有の発電所の改修に努力しなければならない。第 1 次 5 ヵ年計画の期間は、火力発電所を主とし（熱力と電力を供給する熱供給兼用発電所を含む）、同時に既存の資源条件を利用して水力発電所の建設を進めるために、水力資源の調査を精力的に行い、水力発電を今後進展させていく条件を整える」というものであった[45]。つまり、発電所建設は、電力と熱供給を併せて生産する「熱電站」（熱供給兼用発電所、以下同様）を含む火力発電所を主とし、これに加えて水力発電所の建設を行うということであった。この熱力・電力及び電網の整備に関して、「計画案」によれば、この期間に電力工業が施工する総プロジェクトは599個、重点プロジェクトは107個、そのうち92個は発電所建設（発電設備容量376万キロワット）であり、残りの15個は輸配電及び変電所に関連するプロジェクトであった。この92個の発電所建設のうち、24個はソ連の援助によるものであり、この

43）前掲《中国工業史・現代巻》，241頁，表 2 - 6 参照。

44）同上《中国工業史・現代巻》，242頁，表 2 - 7 ，また前掲《新中国電力工業発展史略》，15頁。すべての工業への基本建設投資（中央各工業部以外を含む）は266.2億元が予定され、そのうち燃料工業部へ67.9億元（25.5％）、重工業部へ64.9億元（24.4％）、機械工業各部へ69.3億元（26.0％）が投資され、この 3 者で総額の75.9％を占めたと指摘している。いずれにせよ、電力工業が重視されていたことが理解される。

45）前掲《中国電力工业志》，761頁。

計画の基本的任務は、ソ連の援助によって中国が設計する156項目のプロジェクトに主要な力量を集中することにあった（表1-4参照）。この発電所を所属別にみると、69個は燃料工業部に所属するものであり、22個が地方政府に所属するものであり、1個は野外作業用の移動式発電設備（前述した「列車電站」）であった[46]。

　表1-4にみるように、計画が始まる1～2年前の1951—1952年にすでに建設が開始された発電所もあった。この期には電力供給能力を高めることが重視されたので、この計画では、既述したように、火力発電所の建設に力点が置かれ、92個のうち76個が火力発電所で、多くは工業地帯に近い電力使用地域あるいは燃料供給基地の近くに設立された。この「一・五」計画では、「熱電站」を含めた火力発電所の建設を主にすることで、同時に熱源を利用した発展を実現して、資源の有効利用を図ることにしていた。しかし、水力資源の利用は、燃料費（石炭）を節約できるほか、農業の発展に貢献する灌漑や洪水対策、さらに航運にも総合的な効果があるということから、今後の方針として、黄河及び長江の利用計画に基づく総合企画に取り組んだ。その後の水利電力部につながる構想がすでに浮上していたのである。実際、この期には、1万キロワット以上の水力発電所7個と小型水力発電所8個が建設された[47]。そのため、水力発電の比重は、表1-1にみるように、発電量において、1952年の17.4%から1957年の24.9%、発電設備容量において、9.6%から22.0%へと増加したのである。

　発電所の計画発電設備容量は406万キロワットとされたが、この計画期間に完成された主要な発電所は80個（ソ連援助によるもの9個）、発電設備容量は174万キロワットにとどまった。しかしながら、これに重点プロジェクト以外のも

46）前掲≪中国工業史・現代巻≫，246頁。この92個の発電所のほか、6個の自家発電所があったので、総計は98個である。このほかに、野外作業用の移動式発電設備が9個あった。だが、前掲≪新中国電力工業発展史略≫，19頁によれば、公私合営のものが9.14%、合作社経営のものが0.01%、私営のものが0.01%あったとされている。また、この期には、西蔵地域にも2個の発電所が設立された（前掲≪中国電力工業志≫，761頁）。

47）同上≪中国电力工业志≫，761頁。

表1-4　「一・五」計画期のソ連援助による24個の重点プロジェクト発電所の建設状況

項目名	建設地	開始年	完成年	投資額（万元）	新増加の生産能力（万キロワット）
阜新熱電站	阜新（遼寧）	1951	1958	7450	15
豊満水電站	豊満（吉林）	1951	1959	9634	42.25
撫順電站	撫順（遼寧）	1952	1957	8734	15
富拉尓基熱電站	富拉尓基（黒龍江）	1952	1955	6870	5
鄭州第二熱電站	鄭州（河南）	1952	1953	1971	1.2
重慶電站	重慶（四川）	1952	1954	3561	2.4
西安熱電站（1,2期）	西安（陝西）	1952	1957	6449	4.8
烏魯木斉熱電站	烏魯木斉（新疆）	1952	1959	3275	1.9
太原第一熱電站	太原（山西）	1953	1957	8871	7.4
個旧電站（1,2期）	個旧（雲南）	1954	1958	4534	2.8
太原第二熱電站	太原（山西）	1955	1958	6180	5
石家庄熱電站（1,2期）	石家庄（河北）	1955	1959	6872	4.9
包頭四道沙河熱電站	包頭（内蒙古）	1955	1958	6120	5
吉林熱電站	吉林（吉林）	1955	1958	11200	10
佳木斯紙廠熱電站	佳木斯（黒龍江）	1955	1957	2975	2.4
洛陽熱電站	洛陽（河南）	1955	1958	6797	7.5
青山熱電站	武漢（湖北）	1955	1959	8987	11.2
株洲熱電站	株洲（湖南）	1955	1957	2165	1.2
蘭州熱電站	蘭州（甘粛）	1955	1958	10850	10
北京熱電站	北京	1956	1959	9380	10
成都熱電站	成都（四川）	1956	1958	5033	5
三門峡水利枢紐	陝県（河南）	1956	1969	69324	110
鄠県熱電站（1,2期）	鄠県（陝西）	1956	1960	9188	10
包頭宋家壕熱電站	包頭（内蒙古）	1957	1960	5538	6.2

出所：前掲≪新中国工業経済史（1949.10-1957）≫，289頁，553-554頁。

のを含めると合計246.88万キロワット（うち，火力発電は74.6％の184.14万キロワット）に達したので[48]、この期間に発電供給力は飛躍的に増大し、表1-1にみたように、総発電量は、1957年には、193億キロワット/時と1952年の2.7倍に

---

48)　前掲≪中国工業史・現代巻≫，247頁。

達した。それだけではなく、火力を主体とした発電所建設のいくつかでは、大型高温高圧ボイラーを取り入れた熱供給併用方式が採用されたので、こうした「熱電站」は工場への電力供給のみならず、各工場や近辺の住民に対して大量の蒸気と熱水を供給した。このことは、企業が自前でボイラーを設置する費用を削減させ、「経営管理費及び燃料の消費」を節約することにつながった。また、この期には水力発電（16個）の伸長が著しく、「発電・洪水対策・河川運輸等の水力資源の総合的利用が促進された」[49]のである。

　この期の各電網地区別に発電所の新設・改修計画についてみると、華東電網地区では、17個の発電所の新設・改修が計画され、そのうち火力発電所は上海・南京を含む14個、水力発電所は安徽省の佛子嶺を含む3個であった。新設発電所は中型プロジェクトが主であり、重点プロジェクトのものはなかったが、これによって増加する発電能力は1952年比32％とされた。華北電網地区では、火力発電所13個、水力発電所1個（永定河の官庁水力発電所）の計14個の発電所の新設・改修が計画され、これによって1952年比85％の発電量の増加を見込んだ。東北電網地区では、9個の発電所（火力発電所8個、水力発電所1個）の新設・改修計画があり、豊満水力発電所の完成は1959年であったが、発電量の増加は、1952年比112％とされた。中南電網地区では、15個の発電所の新設・改修が計画され、そのうち火力発電所は鄭州・武漢を含む14個、水力発電所は1個であった。これによって発電量の増加を1952年比90％と見込んだ。西北電網地区の新設・改修の発電所は15個、そのうち火力発電所は西安・蘭州の13個、（このうち、蘭州熱電站の総投資額は1億元、1955年に施工し1958年完成、発電設備容量100万キロワット）、水力発電所は新疆の2個であり、発電量の増加は1952年比563％とした。西南電網地区では、14個の発電所が新設・改修が計画され、火力発電所は重慶のほか6個、水力発電所は四川省の獅子灘を含む8個であり、発電量1952年比138％の増加を見込んだ。このほか、内蒙古自治区において、呼和浩特（フフホト）の火力発電所を含む7個があり、1952年比264％の発電量増加が予定された。また、移動式列車発電設備5台の新設が計画された[50]。この計画を通

49）同上《中国工業史・現代巻》，247頁。

して、これまで電力供給が貧弱とされていた地域である中南電網地区・西北電網地区・西南電網地区に電力供給を図られたことが注目される。このような発電所の建設によって、全国の主要な経済地域において、大小さまざまな高圧電網が形成され、電力系統が形成され、電力供給地域は拡大していった。

「一・五」計画期において、発電量については、1956年にすでに計画を達成し、完成時の1957年には、193億キロワット/時に達し、159億キロワット/時の計画指標を21.6%超過した。発電設備容量では、増加計画205万キロワットを超過する218万キロワットに達した。このうちの撫順・阜新・豊満等のすでに完成した発電所（発電設備容量合計122.4万キロワット）を除くと、1953年に建設を開始した発電所の総発電設備容量は約95万キロワットであり、それらが1957年末までに生産を始めたが、このうちにはソ連の援助による吉林・青山などの発電所15個があった。また、「列車電站」11個、総発電設備容量3.52万キロワットもすでに稼働した[51]。

表1－2によって、この期の各部門の電力消費の状況をみると、電力総消費量の70%近くを占めるに至った工業用電力消費量は、1953年の63億キロワット/時から1957年の136億キロワット/時へと約2.2倍に増加したが、すでに指摘したように、軽工業の消費電力は26億キロワット/時から39億キロワット/時へと1.5倍に増大したにすぎなかった。これに対して、重工業の電力消費は37億キロワット/時から97億キロワット/時へと2.6倍に増加し[52]、その消費電力の工業用消費電力に占める比率は1952年の56.7%から1957年には71.3%へと上昇した。その他の分野での電力消費は、絶対的には増加したが、構成比率でいえば、農村の電力消費が微増しただけで、住民生活及び交通運輸の電力消費について

50）前掲≪中国工業史・現代巻≫，248頁，これは前掲≪新中国電力工業発展史略≫，18頁によったと思われるので（典拠は明示されていない）、数値の過ち（誤植等）は、≪新中国電力工業発展史略≫によって訂正した。また、≪新中国電力工業発展史略≫では、計画内容として報告されているが、刘国良は実際の増加数値としている。この期の計画は、計画案を上回る実績を記録したので、増加数値は達成されたが、それが計画通りであったかどうかは定かでない。

51）前掲≪中国電力工業志≫，762頁。

52）実数値については前掲≪中国電力工業志≫，418頁，表7－2－8を参照。

は、その構成比率を低下させた。送変電における電力消費（ロス）が構成比率を低下させたことは、輸配電技術の向上を意味した（このことは次の第3節で論じる）。その他、各項目の技術経済指標・労働生産性・コスト低減率等においても、計画を超える成果が実現されたと指摘される[53]。

3 「大躍進（1958—1960年）」（「二・五」計画期（1958—1962年））と「調整期」（1963—1965年）

　1956年9月27日、北京で開催された「中国共産党第7期全国代表大会第8回会議」において「二・五」計画が建議され、周恩来総理は「国民経済を発展させる第2次5ヵ年計画の建議に関する報告」を行った。この計画では、「一・五」計画を基礎にして、社会主義建設と社会主義改造の安定的な発展を図る計画が示された。それは、基本的な工業体系を整え、遅れた農業国を先進的社会主義工業国に改造していくことであった。電力工業では、この計画期において、発電量を400—430億キロワット/時というほぼ2倍の数値にすることを目標とした[54]。しかし、翌1957年に入って、党内において急速に「反右派」闘争が広まり、「左派」思想に基づく「大躍進」計画が台頭してきた。こうしたなかで、すでに指摘したように、「水主火従」（実際の水力発電量の比率は1957年に29%であった[55]）の電力工業の長期発展計画とこれに基づく水利電力部の設置が決定され、1958年から工業の「大躍進」（1958—1960年）が始まった。

　1958年5月の「中国共産党第8期全国代表大会第2回会議」は、毛沢東が提起した「大躍進」の方針を決定した[56]。この会議後、李富春は、国家計画委員会・経済委員会・財政部等を代表して、イギリス・アメリカに追いつき追い越

53）具体的な数値については、同上≪中国電力工業志≫，762頁を参照。前掲≪新中国電力工業発展史略≫，16頁によれば、「30年来のいくつかの5ヵ年計画を回顧してみると、唯一第1次5ヵ年計画のみが精密に練られており、指導思想もよく行き届いており、各分野のバランスもよく取られており、総合的な計画として完成していた」とされている。

54）同上≪新中国電力工業発展史略≫，57頁。

55）1949年の水力発電の発電量比は8.8%、1952年は17%であった。同上≪新中国電力工業発展史略≫，159頁参照。

すことを目標にした「第 2 次 5 ヵ年計画の要点」を提出し、現在の鉄鋼業を主とする主要工業の生産量から鑑みると、イギリスを追い越すのに 3 年はかからないので、「全国農業発展綱要」[57]を繰り上げ完成し、鉄鋼業の発展を基軸にした基本的に完備された工業体系を打ち立て、「5 年でイギリスを追い越し、10 年でアメリカに追いつく」方針を明示した[58]。

　鉄鋼業以外では、「機械工業と電力工業が重要な位置を与えられた」[59]。この期間、電力工業にも重点的投資が行われ、この 3 年間の基本建設投資は77.7億元に達した。達成目標は何度も引き上げられ[60]、最終的には、発電量3000億キロワット/時、発電設備容量7000万キロワットにされた。「大躍進」が開始されるまでの計画では、電力工業は159個の建設プロジェクトを行うことになっていた。そのうち、発電所建設プロジェクトは115個（水力発電所は30個、火力発電

56）中共中央党史研究室≪中共党史大事年表≫人民出版社，1981年，123-124頁。この「大躍進」の方針をめぐる経過及び評価については、本書が参照した各書を参照されたい。この≪中共党史大事年表≫が指摘する次のような評価がほぼ一般的であるといっていいであろう。「この総路線は多くの人民大衆の中国の遅れた経済・文化の状態を改変したいという普遍的な願望を反映したものであったが、経済発展の客観的法則を軽視することになった。……毛沢東の意見に基づいて、（先の）「8 大第 1 回会議」が国内の主要矛盾はすでに変化したとする正確な分析を軽率にも改変してしまった。そして、当面の中国社会の主要矛盾は依然無産階級と資産階級の矛盾、社会主義の道と資本主義の道の矛盾であると認識し、階級闘争の拡大に理論的根拠を提供した。会議は、……短期間のうちに主要工業品に生産量において、イギリスに追いつき追い越すことを人民に呼び掛け、……「大躍進」の高潮が引き起こされた」としている。

57）1960年 4 月に決定された中国農業を発展させるための計画であり、規定されている穀物の標準年産量は 1 畝（ムー）当たり華北で400キログラム、華中で500キログラム、華南で800キログラムとし、これを突破することを目指した。

58）前掲≪中国工業史・現代巻≫，345頁。

59）汪海波、董志凱等著≪新中国工業経済史（1958-1965）≫経済管理出版社，1995年，19頁。予定された発電量は、1962年までの 5 年間に14倍から17倍にするとされ、銑鉄・鉄鋼に匹敵するほどの拡大計画であった（前掲≪中国工業史・現代巻≫，345頁）。

60）正式に提出された計画は、1957年12月、1958年 2 月、3 月、6 月、8 月と 5 回にも上った（前掲≪中国電力工業志≫，762頁）。

所は85個)、送変電所建設は44個であった。この火力発電所のうち、前期からの継続的なプロジェクトは35個、新たに着手するものは50個であった(このうち、拡張的なもの51個、新建設34個)。また、水力発電所では、前期からの継続的なプロジェクトが14個、新たに着手するものは16個であった (このうち、拡張的なもの2個、新建設28個)[61]。ところが、「大躍進」が始まるや、この計画案は拡大され続け、3年間で元の計画指標をはるかに超過する計画目標が打ち出されたのである。

すでに指摘したように、「一・五」計画期の基本建設投資は29.8億元であったから、投資規模は約2.6倍に達し、新技術による新製品とされた500万キロワットの火力発電設備と22万ボルト級の高圧送変電設備、1.2万キロワットの「双水内冷気輪発電機」、7.25万キロワットの「混流式水輪発電機」、1.25万キロワットの「水流直撃式発電機」等を完成するとされた[62]。しかし、表1-1にみるように、発電量は、1958年の275億キロワット/時から、1959年の423億キロワット/時、1960年の594億キロワット/時へと、毎年40─50%の増加率を記録したが、計画で予定された発電量をはるかに下回る1957年比2.5倍を実現したにすぎなかった。発電設備容量においても、同様の拡大テンポでその発展が実現されたが、輸電・変電・配電の設備との間に構造的なアンバランスが生じ、設備拡大を十分に活用させることはできなかった。この時には、高速度の発展を一方的に追求することが求められ、「簡易発電、先簡后全 (まずは発電、最初簡単にしてその後完備していく)」[63]を実践したため、いくつかの分野では全面的な効率の発揮を実現することができず、長期にわたって財力・物力を投入して補充を行わなければならないという事態に陥ってしまった。そのため、「全面的な大躍進」の展開とともに、「電力は客観的には不足状態に陥っていった」[64]。こ

---

61) 前掲≪中国电力工业志≫、762-763頁。

62) 前掲≪新中国工業経済史 (1958-1965)≫、20頁。但し、これらは標準的な規格で厳格に製作されたものではなかったので、これらが実際に使用されるには多くの改善作業が必要であったとされている。

63) 前掲≪中国电力工业志≫、53頁。

64) 前掲≪新中国電力工業発展史略≫、96頁、111頁、また前掲≪新中国工業経済史 (1958-1965)≫、23頁。

の「大躍進」について、≪中国電力工業志≫は、次のように指摘している。「この期間、『高速度』であることが一方的に追究され、電力工業の建設・生産作業は重大な損失を蒙った。例えば、建設に関しては、基本建設の規程に従わず、工事の秩序や手順は守られず、『三辺（測量調査・設計・施行）』が偏奇して実施され、それぞれが早期に完成することのみを目的としたため、建設にバランスを欠き、工事が遅れ、建設箇所が重複するなどの弊害が頻出した」[65]。

　ところで、1962年までに増加達成された発電量約460億キロワット/時の89％は、水利電力部による発電量であった。このうち、工業用として70.8％が用いられたが、1958年の「大躍進」の号令を反映して、当初3年間は、76.2％から77.7％という高水準にまで引き上げられた。とりわけ重工業への傾斜が著しく、80％台を維持するまでになった（表1-2参照）。しかし、調整期を経て72.1％にまで調整されたが、工業用電力消費とりわけ重工業偏重が特に著しく改められたとはいえない状態にとどまった。こうしたなかで、後述するように、農村での電力消費が大きな伸長をみせた[66]。1957年の農村での消費は0.6％を占めるにすぎなかったが、1962年には3.4％を占めるまでに増大した。しかし、その分、住民生活へのしわ寄せが増大した（住民生活用の電力消費は1957年の13.5％から1962年の8.9％へと減少した）。これと並んで、これまで電力基盤が薄弱とされていた西南・西北・中南の各地域の基盤強化が進展した。発電設備容量では、西南地域は4.7倍、中南地域は3.4倍、西北地域は3.2倍に増大した[67]。こうした変化は、「中国の各種資源を合理的に開発・利用すること、集団経済を堅固

65)　前掲≪中国電力工業志≫，12頁。そのため、火力発電所及び水力発電所では、工事が盲目的に手掛けられ、工事の遅れが生じたとされている。また、できるだけ早く完成するということが目的にされ、設備の整合性が無視され、発電所の正常な運行を妨げることになったとしている。

66)　前掲≪新中国工業経済史（1949.10-1957)≫，499頁，また前掲≪新中国電力工業発展史略≫，59頁では、本表と異なる工業用消費比率の高い数値を挙げ、「工業とりわけ重工業偏重」を指摘しているが、その分、農村消費が低いままの数値で示されているので、この時の農村における人民公社制の発展によってもたらされた「社隊企業」の発展をいかに評価するかという問題に関わるものと思われる。この評価については保留しておくが、農村での電力消費は無視できないものと考えている。

67)　前掲≪中国電力工業志≫，763頁。

にして農業の技術改造を実現するということ」[68]に大きな影響を与えることになった。

　こうしたなか、この期のもう1つの特徴として挙げられることは、「一・五」計画期と比べて、電力消費量の大きな各工業部、とりわけ第一機械工業部と電気機械製造部との連携が進展し、発電設備やこれに関連する設備の供給を受けるための相互協力が進展したことであった。また、鉄道部との協議を踏まえて、水力発電所から鉄道電化に必要な専用線建設や変電所建設を共同で行った。さらに、各部の工場が自家発電設備を設置する際、また地方電力工業が発電設備を増設する場合にも、一定の援助を行った[69]。こうした他工業との連携は、突如もたらされた中・ソ間の不安定な関係を是正するのに大いに役立った。1960年7月、ソ連は突然中国との経済・貿易関係の協力を断絶すると宣言した。これまで、ソ連は技術設備の供給国であったが、技術導入に関して、西側の先進技術の導入を検討させることになっただけではなく[70]、国内でそれらを賄うという「調整」を強いられることになったが、電力工業に関しても、こうした各工業部門との連携を通して、大型発電機等の国産化を進展させた[71]。

　「大躍進」がもたらした問題は、1961年に入ってはっきりしてきた。中央による統一計画と総合的均衡への努力は何の意味もなくなり、中央の指揮権を離れた基本建設が実施され、重複建設・盲目生産等の弊害が目立っていった。こうしたなかで、「大躍進」に対する調整過程が進行した。全般的に生産目標を10—20％削減することを決定し、「国営企業工作条例（「工業70条」）」（1961年9月）が発出され[72]、いわゆる「八字方針（調整・堅固・充実・向上）」を貫徹する

68）同上《中国電力工業志》，763頁。

69）前掲《新中国電力工業発展史略》，68–71頁。

70）1963–1966年まで、蓄積外貨の91％を用いて、日本・アメリカ・フランス・イタリア・連邦ドイツ・オーストリア・スイス・オランダ等から、後述するような「調整期」に対応して、各種の機械が導入された（前掲《新中国工業経済史（1958–1965）》，131–133頁参照）。

71）この「二・五」計画期の新増設備のうち、国産設備が55％を占め、「一・五」計画期に比べ19倍であったとされる（前掲《新中国電力工業発展史略》，126頁，前掲《中国電力工業志》，54頁参照）。

ことが求められ、電力工業も体制を整えて、基本建設期間の短縮・品質向上・コスト削減など困難な作業を強いられた。特に工業及び農業間のアンバランスを是正するために、工業部門における基本建設投資を削減した[73]。同時に、工業の農業支援を奨励し、「重工業は何よりも農業生産に関連する農業機械・農具・化学肥料・農薬等の工業との関係を緊密にして、積極的に農業の生産手段の供給を増加させなければならない」[74]とされた。「大躍進」における問題は、軽工業とりわけ農業支援工業における電力の供給不足にあったので、優先的にこうした工業への電力供給が行われた[75]。しかし、表1-1にみるように、1961-1962年までの2年間、発電設備容量に微増の展開をみたとはいえ、発電量では22％近くもの減少を余儀なくされた。この期間、水力発電建設工事は停滞・延期するものが続出したが、その発電設備容量は全建設中の発電設備容量の80％にも上った[76]。

　1963-1965年までの3年間は「調整期」であった。1964年2月、「中央工交長期企画会議」の席上において提出された次の「三・五」計画では、その中心任務は次のようなものであった。1つは、高い標準を求めず、基本的に人民の衣食問題を解決することに邁進することであり、2つは、国防を重視し、通常の武器問題を解決して戦端を開くことであった。しかし、アメリカによるベトナム戦争の拡大により、戦備体制の形成にも力を注がなければならなかったた

72）この条例の主要な内容について、前掲≪新中国工業経済史（1958-1965）≫，170-178頁参照。これに基づいて、電力工業では、「電力工業生産企業の経済責任に関する条例」（1964年）がだされた。これの内容について、前掲≪新中国電力工業発展史略≫，141-155頁参照。

73）しかし、こうした方針はなかなか徹底されず、計画目標の引き下げを実現することはきわめて厳しかったと指摘されている（前掲≪新中国工業経済史（1958-1965）≫，101頁以降参照）。

74）同上≪新中国工業経済史（1958-1965）≫，119頁。

75）こうした任務から、化学肥料・農薬工業を中心に食糧問題を解決（1970年までに一人当たり平均食糧300キログラムを実現）する企画が立てられ、5億ムーの安定的高産量農田を中心とする農業発展計画が立案された（前掲≪中国工業史・現代巻≫，442頁）。

76）前掲≪新中国工業経済史（1966-1978）≫，434頁。

め、十分な調整政策を実施することは困難であった。調整は1965年まで継続され、こうしたなかで、前節でみたように、下放された権限の中央への「回収」が進展していった。電力工業でのこの期の調整任務は順調に進展し、高水準の生産規模の追求は是正され、コストの削減が実現された。1965年には、発電設備容量は、1508万キロワット（うち、火力発電は1205万キロワット、水力発電は301万キロワット）に増加し、発電量は676億キロワット/時（火力発電は572億キロワット/時、水力発電は104億キロワット/時）に増加した（表1-1参照）。

　ところで、「大躍進」のなか、電力工業は一定程度の発展を実現した。しかし、この期の「大躍進」という生産拡大の大衆運動が簇生させたとされる小規模工場による「粗製乱造」状態と同様な事態が電力工業においても発生した。「大衆の手になる、全民的造電」のスローガンの下で「大いに自家発電を興し、自ら使用する電力は自ら調達しよう」ということが叫ばれ、小規模な発電所が雨後の筍のように各地に簇生した。こうした発電所は、電力不足の解消に少しは役立ったとしても、経済効果という点では大きな問題を有していた。それらは、「生命力もなく、持続性もなかった」とされる[77]。しかし、こうしたなかで、電力工業にとって重要な注目すべき発展があった。それは、農田水利建設の発展と結びついて生じた小水力発電所の発展であり、「巨大な生命力を有した新事物」であった[78]。

　国家が行う大中型の水力発電所の建設のほかに、地方では、「一・五」計画期から、徐々に各地方において、大衆の手になる小水力発電が発展していた。例えば、浙江省勤県大皎郷では、1953年から1956年までの間に3ヵ所の小水力発電所が55キロワットの発電設備を備え、全県1428戸6000人に電燈を供給した

77) 前掲≪中国电力工业志≫，270頁。
78) 前掲≪新中国电力工业发展史略≫，115頁。1963年、国家が提供した「農電（農業用電力供給）」への投資は、2.4億元に上り、過去のどの年よりも多額であっただけではなく、「当年の電力工業の基本建設投資2.5億元と比較してみても」（同上≪中国电力工业志≫，13頁）、農電の突出した状況をみて取ることができる。電線架設についても、1965年の3000-10000ボルトの架線距離は1962年に比して2.18倍、変圧器容量は2.12倍に増大した。
79) 同上≪新中国电力工业发展史略≫，115頁。

だけではなく、農産品加工における電化をも実現した。福建省でのこうした発展も顕著であった[79]。「大躍進」において発展した小水力発電所の多くは人民公社の経営になるものであったが、比較的大きなものは地方国営のものもあった。こうした小発電所が、農村部の生活や副業的な小工場を支えていた。

　表1-2にみるように、農業用に供せられた発電量は、1949年には、0.2億キロワット/時、全体のわずか0.4％を占めるにすぎなかったが、「一・五」計画期には0.6％にまで伸び、それが着実に増大して、「二・五」計画期が終わる1962年には3.4％、「三・五」計画期の1970年には6.5％にまで増大した。その後もこの比率は一貫して増大し続けている[80]。農村での電力消費が急速に拡大した時期は、「二・五」計画期であった。年平均増大率は70.4％に達し、表1-5にみるように、排水灌漑用としての電力消費が急速に進展した。1966年の排水灌漑用電力消費は農業用電力の62.4％を占め、その後漸次低落したとはいえ、50％以上の水準にあった。副業加工用は22—25％水準を維持し、これに郷鎮工業用を加えると、農村工業が消費する電力の比率は農業用電力消費全体の3分の1以上に達するまでになった。特に中央は農業技術の改善・農業の電化を重視し、1963年に2.4億元の農村電業投資を行ったが、そのうち基本建設投資が1.57億元、農村電網改善投資が0.46億元であった。こうした多額の農村電化投資はこれまでなかったことであり、この年の電力工業の基本建設投資が2.5億元であったことからみて、農村における電化を加速したことは改めていうまでもない[81]。統計上における連続性が保証されるわけではないが、1973年の小型電力工業の発電量は152.9億キロワット/時とされ、1978年には、それが324.2億キロワット/時と約2倍に増加し、全発電量に占める比率は、9.2％から12.6％に達したとされる（表1-1と比較するとほぼ対応している）[82]。こうした農村電化を支える

80）農村の電力工業における本格的な改革が始まる頃（1990年）には、「全国の95.77％の郷と88.06％の農村が電力の供給を受け入れるようになり、82.62％の農家が電力供給の恩恵に浴した。いくつかの富裕な農村では、普遍的にテレビ、洗濯機、冷蔵庫、電気炊飯器を使用できるまでになっていた」（前掲≪中国電力工業志≫，412頁）と指摘されている。また、本書の第2章第3節で、その内容について多少論じた。

81）前掲≪新中国電力工業発展史略≫，124頁，140頁，158頁。

82）前掲≪新中国工業経済史（1966-1978）≫，327頁，表12-4、12-5参照。

表1-5　農業用電力消費の内訳（1）　　　　　　　　　　　　単位：億キロワット/時、（%）

年	農村用総計	用途別			
		排水灌漑用	副業加工用	郷鎮工業用	照明用
1958	1.8 (100.0)	0.7 (37.7)	0.4 (23.3)	0.4 (20.6)	0.3 (15.0)
1962	15.5 (100.0)	8.5 (54.5)	3.9 (24.9)	0.4 (2.7)	2.8 (17.9)
1966	54.6 (100.0)	34.1 (62.4)	12.1 (22.1)	1.5 (2.7)	7.0 (12.7)
1970	74.6 (100.0)	40.7 (54.6)	17.6 (23.6)	5.1 (6.8)	11.2 (15.1)
1975	208.8 (100.0)	104.8 (50.1)	52.3 (25.0)	23.9 (11.4)	24.2 (11.6)

出所：表1-2、及び前掲《中国电力工业志》，414-415頁。

小規模な発電機工場も簇生した。1968年から1973年までの6年間にこうした発電機工場の生産は6倍に増大した（交流発電機460万キロワットから2717万キロワット）。1974年には、年産量5000キロワット以上の発電機工場は全国で578個、全職工数18.8万人、そのうち1000人以上の工場は40個、300─1000人の工場は130個、300人以下の工場408個であったとされる。年産量5000キロワット以下の発電機工場はそれ以上の数であったという。また、年産量5000キロワット以上の発電機工場の職工一人当たり労働生産性は8100元であった[83]。

　こうしたなかで、次節で検討するように、輸配電能力の拡大によって発電設備能力の向上を図る方途が準備されていったのである。

　4　「文化大革命」期（「三・五」計画期、及び「四・五」計画期、1966─1975年）
　「大躍進」後の調整期を経て、中国経済にも安定的な傾向がみられはじめたが、これも1966年から始まった10年間の「文化大革命」によって中断されることになった。
　「三・五」計画案は、1964年5月中旬から6月中旬に北京で開かれた中共中

83）同上《新中国工业经济史（1966-1978）》，315頁参照。

央の工作会議で提出された。この計画は、社会主義建設の総路線と毛沢東の「戦争に備え、災害凶作に備える」の戦略方針に基づき、国防建設を第一に置き、内陸に向けて工業配置を改変することを重点とした。この際、「三線建設」の方針が確認され、加えて物価調整に主力を置き、広大な人民とりわけ農民にとって利点があるように、農業の生産手段及び生活用品の価格の引き下げを行うことが討論の中心をなした[84]。この「三・五」計画における電力工業の発展方針は、①「三線建設」を綱とし、各業種の必要に的確に応じるが、まず何よりも国防及び基礎工業の電力需要に対応する、②積極的に「戦争に備える」に応じて、「分散・隠蔽（隠しておく）・進洞（洞のなかに入る）」の原則に基づき新発電所を建設する、③積極的に農業を支援し、次の5ヵ年計画期間内に基本的に「農業の電化（耕地面積の70％の電化を達成）」を実現する、④技術革新と技術革命とりわけ「設計の革命と設備の革命」を大いに推進し、1960年代の世界的先進レベルを乗り越える、⑤総合利用と多種経営を大いに展開する、であった[85]。こ

84）国務院副総理兼国家計画委員会主任の李富春は、「三・五計画（1966-1970年）の初歩の構想」においてこの計画の基本的任務を次の3点にあるとした。①大いに農業を発展させて、人民の衣・食・用（日用品）の問題を解決する。②国防建設を強化し、先端技術の開発に努力する。③農業支援と国防強化のバランスを図り、……生産拡大を実現して、中国の経済建設をさらに自力更生の基礎上に打ち立てる。これに対して、世界戦略を考慮していた毛沢東は、アメリカのベトナム侵略の攻勢から、国防強化方針を優先させるべきであると指示した（前掲≪新中国工業経済史（1966-1978）≫，41-45頁）ことから、「三線」強化方針が明確になっていった。中国における国防を前提（原則）とした工業生産能力の配置については、「一・五」計画においてすでに考慮されていた。電力工業の地区分布でいえば、「内陸（三線地区）」における発電量が徐々に拡大し、1965年には全国発電量の15.3％に達した（前掲≪中国電力工業志≫，13頁）。その後、「三・五」計画期及び「四・五」計画期の軍事戦略の転換（対ソ戦略）に基づき、「三線」区分が明確になってきた。工業が比較的発展していた沿海地域は「一線」に区分し、一部の資源を戦略後方としての「三線」地域（西南三線＝四川・貴州・雲南・湖南西部と西北三線＝陝西・寧夏・甘粛・青海・河南西部・山西西部）に移し、この「三線」地域に一定規模と水準の軍事工業を主とする「重型工業生産体系」を配置した。この「一線」地域と「三線」地域の中間が「二線」地域とされた。1965-1975年、この「三線」には、基本建設投資の半分ないし半分以上が注入された（前掲≪新中国工業経済史（1966-1978）≫，5-7頁，249頁以下参照）。

の段階において、明確に「農業の電化計画」が盛り込まれ、電力消費について
いえば、他の産業分野に比べて、農業分野での電力消費を拡大する計画が盛り
込まれた[86]。その後、「三・五」計画は、しだいに国防計画を首位に置いて工
業の戦略的「三線」配置を実現するものに転換していった[87]。

　1965年10月に国家計画委員会が発表した「草案」によれば、全国基本建設投
資の10％近くを電力工業に投資して、1970年には、発電量を1100億キロワット
/時、発電設備容量を2490万キロワット（増加分990万キロワットのうち、水力発電
270万キロワット、火力発電720万キロワット）にするという計画であった。このた
めの発電所建設では、111個（水力27個、火力84個）の建設が予定された。表1-
1にみるように、「文化大革命」の混乱にあっても、この計画が基本的に実現
されるという発展がもたらされた。しかし、この「文化大革命」期における工
業発展においては、「何らの成果ももたらさなかった」という評価がある。そ
うした評価には２つの意義が含まれている。１つは、「文化大革命」は中国の
正常な工業発展を阻害したということ、もう１つは、この時期ある程度の工業
発展がみられ、一定の成績が上げられたとしても、それらは、到達すべきであ
った、かつ到達できた目標に比べると、取るに足りないものであったということ、
である[88]。とりわけ、こうした影響は、「四・五」計画期に著しかったとされ
ている。

　「四・五」計画では、さらに高い目標が掲げられた。とりわけ重工業におけ
る高い目標設定に則した重工業の生産追究が図られ、電力工業においても、「翻

85）前掲《中国電力工業志》，764頁，前掲《新中国電力工業発展史略》，176頁。

86）同上《新中国電力工業発展史略》，175頁。例えば、石炭業での電力消費は1965
　　年に比べて2.1-2.3倍、石油工業、鉄鋼工業では２倍、有色金属工業では2.8倍、化
　　学工業では2.7倍であったのに対して、農業用では3.2倍とされ、国防先端業種の3.3
　　倍に次ぐものであった。

87）この期に、防衛上の観点から、いわゆる「山・散・洞」の方針（具体的には、火
　　力発電所を山洞のなかに建設すること）が出され、山奥の狭隘な地に発電所を建設
　　したため、大きな浪費を強いられることになった。こうして、「三線」用の発電量
　　と発電設備容量の比重が増大し、発電量は12.8％から19.1％へ、発電設備容量は
　　15.4％から21.7％に拡大した（前掲《中国電力工業志》，55頁，764頁）。

88）前掲《新中国工業経済史（1966-1978）》，19頁以下参照。

9

一番（倍増）」計画が盛り込まれた。1970年3月、全国計画会議は、「階級闘争を綱とし、『戦争に備える』に力を入れ、国民経済の新飛躍を促進する」というスローガンを提出し、「大三線戦略後方の建設に力量を集中する」ことを要求した。この精神に基づいて、電力工業のこの期の計画目標をより高いものに確定したのである（1975年の全国発電量は2000—2200億キロワット/時、発電設備容量4800万キロワット）。したがって、その計画目標のうちの半数以上が「三線」における増加に回された[89]。そのため、「全国33個の10万キロワット以上の電網において、その約半分が停電に陥るという事態」[90]が発生した。この間、火力発電の燃料が石炭から重油に変更されたが、これは大慶油田の発展によってもたらされた。重油と石炭の混在状態にあった火力発電所が徐々に増加していくなかで、1970年、国家計画委員会は火力発電所の重油転換を提唱し、燃料を重油に依存する発電所が設立されていったが、世界的なオイル・ショックに直面して、再度、石炭への転換が行われた。こうした事態の変転は、多くの損失を電力工業にもたらしたとされる[91]。

表1-2によって、「三・五」計画期及び「四・五」計画期の各部門における電力消費状況をみてみよう。「四・五」計画期の1971年に初めて工業用電力消費が70％を切ることになったが、重工業の比率には大きな変化が生じず、むしろ傾向的には増加しており、軽工業の比率が減少した。農村での電力消費比率が引き続き一貫して増大を続け、1974年には初めて10％台を超えた。こうしたなかで、住民生活は相変わらず犠牲を強いられていた。

ところで、すでに第1節で指摘したように、電力工業の管理権限が下部組織に移譲され、多くの水利庁（局）は合併して水利電力部の庁（局）になり、軍事管理委員会の指導の下に入り、その下部組織としての専業的な處・科・室は

89）前掲≪中国電力工業志≫，14頁，764-765頁。

90）前掲≪新中国電力工業発展史略≫，200頁。全国の電網43個のうち、30個が電力の緊縮した状態にあったとされる（前掲≪新中国工業経済史(1966-1978)≫，94頁）。また、発電設備容量10万キロワット以上の39の電網中、24個でさまざまな停電が生じたとされた（前掲≪中国電力工業志≫，765頁）。

91）同上≪新中国電力工業発展史略≫，225頁。

廃止され、専門に電力業務を行える人材の多くが削減された。工・農業生産が回復して電力使用量が増加してくると、この弊害が極度に表出した。電力供給や省を跨ぐ電網管理における混乱が生じ、設備の堅守や修理がうまくいかず、電力の安全・補修水準は低下し、事故が多発した[92]。

　その後、「四・五」計画の後半期（1974—1975年）には、計画が見直され、目標値の削減処置が採られた（「修正草案」）。電力工業では、5〜13.6%の削減が実施され、多くの電網では電力の供給を実現できなかった。この期間に順調な発電量が実現されたとはいえ（表1-1参照）、電力不足を解消できなかったのである。

5　「五・五」計画期（1976—1980年）

　「五・五」計画が策定された頃は、いまだ「左派」思想の影響をとどめ、比較的高い目標が設定されていた。1975年7月、国務院は「電力工業をよりいっそう速く発展させることに関する通知」を発出して、電力供給不足問題を早急に解決することを求めた。この背景には、「6月の全国一日平均発電量が5.5億キロワット/時に達し、国家計画の最高水準を超過していたのに、多くの地域では厳しい停電状態に置かれていた。とりわけ東北・京津唐・華北・中原等の電網においては、発電能力を超える負荷が強いられ、経常的に低周波・低電圧の輸配電を余儀なくされ、無計画的に電力供給制限を迫られるなど、生産の正常な運営が妨げられていた」[93]という事情があった。そのため、この「通知」が求めた具体的な措置は、①発電所の建設を優先させ、効率的な発電設備の生産を加速させること、②水火発電所の同時進行と大中小発電所の同時進行を実現するため、資源利用や燃料構成の調整を行うと同時に、大衆に依拠した中小水力発電所の建設を促し、各地の分散した電力需要を充足させること、③計画的な電力使用及び節電を厳格に執行して電力浪費をなくすこと、④電網の安全

---

92) 前掲≪新中国电力工业发展史略≫，229-230頁。例えば、湖南省では電網の突然の瓦解が生じ、37日間に及ぶ停電が発生し、武漢鉄鋼廠を中心に3500万元の損失を蒙った。こうした事故を経験として、安全管理の回復が図られた。

93) 前掲≪中国电力工业志≫，765頁。

を確保し、電力供給の質を向上させること、⑤電網の統一管理を強化すること、であった[94]。

　こうして、編成された「5ヵ年計画案」における電力工業の指標は次のようであった。1980年の発電量は3000―3100億キロワット/時とし、発電設備容量は2600万キロワット増設して6900万キロワットとする。発電所については、水力発電所を20個（総規模1769―1799万キロワット、うち現在建設中の7つの烏江渡・魯布革・安康・龍羊峡・葛洲壩・大化・白山が705万キロワット、新設13個に1064―1094万キロワットを振り分ける）、火力発電基地8個の19発電所（総規模2055万キロワット）、原子力発電所を建設するということであった[95]。

　1976年に「四人組」が打倒され、「文化大革命10年の内乱」が収束し、中国経済は新たな発展の時期を迎えた。工業全体の生産拡大が見込まれ、工業生産は急速な上昇を示しはじめた。しかし、「五・五」計画の結果は、表1－1にみるように、かろうじて発電量3000億キロワット/時を達成したにすぎず、発電設備容量では目標値に達しなかった。発電量が発電設備容量よりも速いテンポで増大したことによって、電力供給はいっそう緊迫し、電力需給の矛盾を解決できなかった。電力工業は国民経済全般の発展に対応できるような調整を実現できなかったのである。

　こうしたなか、この計画をめぐって大きな問題が生じていた。「五・五」計画の特徴は次の「六・五」計画と一緒に提案されたことにあった[96]。つまり、10年計画（「1976―1985年国民経済発展の十年計画綱要」、1975年10月25日）の前半部と後半部として提出されたのである。このことは、これまでの計画経済にいつも付いて回っていた論争をいっそう激化した形で噴出させた。10年という長期間の均衡が実現されれば十分なのか、それとも短期的な均衡なくしてそれが可能であるのかといった議論であった[97]。電力工業は、長期的な発展目標をほぼ達成してきたが、他の工業の発展スピードとの対応を長期的にどのように図る

94）同上《中国電力工業志》，765-766頁。

95）同上《中国電力工業志》，766頁。

96）前掲《新中国工業経済史（1966-1978）》，134頁。

97）同上《新中国工業経済史（1966-1978）》，136-137頁参照。

のかということについての自覚はある意味では欠けていた。そのため、1977—1978年の急速な工業の回復が実現された時、「多くの工場は石炭・電力不足から操業困難に陥り、いつもいくつかの工場では操業停止、あるいは操業短縮の状態にあった」とされた[98]。1978年12月に召集された「中国共産党第11期3中全会」は「文化大革命」における「左傾向思想」に囚われた方策を糾弾し、建設の重点を「社会主義現代化」に移行することを決定した。電力工業もこれによって、新しい方針を打ち出さなければならなくなっていたのである。こうしたなかで、1979年12月、国家計画委員会は、中央政治局に対して「経済計画の総括報告に関する要点」を提出し、次の計画経済期における生産目標を提示した。「五・五」計画期の後半3年には、農業及び燃料・動力・原材料に重点を置き、農業生産の増加率を5％、工業の生産増加率を10％に維持し[99]、次の「六・五」計画の準備を整えるとした。電力工業と他の工業、ひいては国民経済全体の発展との比例的発展を意識的に追求しなければならなくなったのである[100]。

6 「六・五」計画期 (1981—1985年)

この「六・五」計画の「総括報告に関する要点」によれば、鉄鋼・原油の増産を新水準に引き上げるため、基本建設の規模を画定するとして、工業分野における120項目の建設企画を立てたが、そのうちの30項目は大発電所の建設であった[101]。しかし、これらの計画目標はあまりにも高すぎたことから、1981—1983年に「調整」されて縮減された。当初、発電量は1985年に4800—5000億キ

---

98) 同上≪新中国工業経済史（1966-1978)≫．147頁。このため、国務院は、1978年に入って、燃料・電力の供給制限措置を採らざるをえなかった。こうした工業発展の雰囲気は、「四人組」の逮捕に関連したものであった。また、1973年以降計画された外国技術導入による工業生産が1977-1978年頃から生産を開始しはじめていたことも影響した。電力工業でも、天津の北大港発電所、河北唐山の唐山陡河発電所、内蒙古の元宝山発電所がイタリア・日本・フランス・スイスから発電機を輸入した（同上≪新中国工業経済史（1966-1978)≫．386-387頁の表14-2参照）。

99) 前掲≪中国工業史・現代巻≫．593頁。

100) 1979年に国務院が承認した「電力工業の基本任務」では、「電力工業を国民経済各部門の比例間関係と協調させること」が強調された（前掲≪中国電力工業志≫．766頁）。

ロワット/時を達成するとしていたが、これを3620億キロワット/時に引き下げ
た。このうち、水力発電は700億キロワット/時とされ、水力発電の開発は引き
続き黄河上中流域において大型のダムを建設するとし、東北・華東・広東地域
では、小型の水力発電所を建設するとした。火力発電所については、石炭資源
の豊富な山西・内蒙古東四盟・両淮及び渭北等の地域に主として建設し、石炭
開発と結合させるため、まず炭坑発電所を建設し、その後、逐次それらを統合
して火力発電基地にするとした。石炭資源に欠け、電力使用が比較的大きな遼
寧・上海・江蘇・浙江・広東・四川等の地域では、燃料輸送の条件を鑑みて建
設に取り掛かる。加えて、30万キロワットの原子力発電所を建設するとした[102]。
この結果、表 1-1 にみるように、発電量では、計画を13％以上も上回る4107
億キロワット/時の発電量が実現された。発電設備容量は8705万キロワットに
達し、これも計画を大幅に上回った。

　表 1-2 によって、この「五・五」計画期及び「六・五」計画期における各
部門における電力消費状況をみると、この期においても、農業用電力消費の伸
びが著しく、「五・五」計画期には12％台に達し、「六・五」計画期には14％台
にまで上昇し、軽工業の電力消費を上回るまでになった（軽工業の全電力消費に
占める比率は1985年12.9％）。 交通運輸や住民生活の電力消費もようやく増大し、
電力消費構造の調整が進展したことを表現している。工業に偏重していた電力
消費は調整され、63％台にまで減少し、そのうちの重工業が占める電力消費も
80％を切るまでになった。

　この時期に著しく上昇した農業用電力消費の状況を表 1-6 でみると、すで
に指摘したように、これまで顕著な伸びを示していた排水灌漑用電力消費はそ
の比率を低下させ、「郷鎮工業」用の電力消費が急速に拡大し、その比率を高
めた。特に1981年 1 月 3 日、国務院が国家農業委員会に転送した「積極的に郷

101）前掲《中国工業史・現代巻》，593頁。その他の項目としては、10個の大油田基
　　地、10個の大鉄鋼基地、8 個の大石炭基地、9 個の大有色金属基地、10個の大化繊
　　生産基地、10個の大石油化学工場基地、10個の大化学肥料工場基地の建設のほか、
　　10個の鉄道幹線の建設と秦皇島・連雲港・上海・天津・黄埔の港湾拡張であった。
102）前掲《中国電力工業志》，766-767頁。

表1-6　農村用電力消費の内訳（2）　　　　　　　　単位：億キロワット/時、（%）

年	農村用総計	用途別			
		排水灌漑用	副業加工用	郷鎮工業用	生活用
1976	231.5 (100.0)	107.8 (46.6)	66.2 (28.6)	30.1 (13.0)	25.1 (10.8)
1978	287.4 (100.0)	145.8 (50.7)	98.5 (34.3)	17.8 (6.2)	25.3 (8.8)
1980	374.4 (100.0)	165.4 (44.2)	96.7 (25.8)	54.3 (14.5)	58.0 (15.5)
1982	457.1 (100.0)	153.4 (33.6)	103.3 (22.6)	100.4 (22.0)	80.1 (17.5)
1984	535.0 (100.0)	146.0 (27.3)	112.4 (21.0)	151.6 (28.3)	100.9 (18.9)
1985	603.0 (100.0)	132.9 (22.0)	122.3 (20.3)	195.4 (32.4)	125.3 (20.8)

出所：前掲《中国电力工业志》、496頁。
注：1982年以降の用途別の数値は、「農村電口」の統計によって作成されたものを採用した（原表注
　　参照）。したがって、数値はこれまでのものと異なる。その他の用途は省略した。

村の多種経営を発展させることに関する報告」において、「食料生産をないが
しろにせずに、郷村の多種経営を積極的発展させることこそ、農村経済を繁栄
させる戦略である」とする「指示」が大きな影響力を発揮した[103]。農村におけ
る「改革開放」政策が郷鎮企業の発展をもたらしたことの反映がこうした電力
消費の動向に表れている。1985年には、郷鎮工業用電力消費は、農村での電力
消費のうちの32.4%にも達し、副業加工用と郷鎮工業用の電力消費で、農村で
の電力消費の半分を超えるまでになったのである。中国における農業電化とは、
農村における工業生産の発展を意味した[104]。排水灌漑事業についても、新たな
進展が生まれていた。建国以来、電力による「農田水利建設や排水灌漑事業」
が展開され、それによって確実に農業生産の増産を保障してきたが、いまや農
村における工業の発展に支えられながら、さらに「荒山・砂漠等の開墾」に電
力を用いて揚水灌漑する方式へと発展している[105]。

103）同上《中国电力工业志》、497頁。

104）同上《中国电力工业志》、497頁。

表 1 - 7　1980年の各地区電網の状況

地区	発電量 億キロワット/時（％）	水力発電の比重 （％）
東北地区	540.0（18.1）	9.4
華北地区	535.6（17.8）	2.5
華東地区	838.2（27.9）	10.8
中南地区	575.9（19.2）	35.2
西南地区	266.8（8.8）	45.0
西北地区	249.9（8.3）	42.3
合計	3006.3（100.0）	19.4

出所：前掲≪新中国电力工业发展史略≫，301頁。

　こうした動向に対応しつつ、この頃から電力工業では、「生産指向型」から「生産経営型」への転換が開始され、体制化改革への歩みを加速していったということができる[106]。

　ところで、1952年頃には、全国の発電量の85％前後を東北・華北・華東の地域の電網が占めていたが（表1-3参照）、表1-7にみるように、1980年には、上記3地域は64％に低下し、中南・西南・西北の地位が向上した。しかも、この地域は水力発電によって、その発電量を拡大していたのである。いまだ西南・西北地域の展開は遅れているが、全国的な電網の発展によって、地域的格差が縮小していることをみて取ることができる。

　最後に、これまでの中国電力工業の発展を総括しておこう。下記の表1-8にみるように、建国の回復期を経て、約30年の期間に、発電所数においては約14倍、発電設備容量では34倍、発電量では41倍の発展を実現した。全国における500キロワット以上の水力発電の発電設備容量は、1949年には16.3万キロワットでしかなかったが、1981年には1824.9万キロワットと112倍にまで増大した。水力資源の利用という観点からいえば、水力発電能力はいまだ3％ほどしか開発されておらず、大きな可能性が残されているとされる[107]。水力による発電量

105）同上≪中国电力工业志≫，497頁，こうしたことの事例紹介は、同書を参照。
106）同上≪中国电力工业志≫，17頁。
107）前掲≪新中国电力工业发展史略≫，392頁。

表1-8　中国における地区別電力発電状況

地区	発電所数 個（%）		発電設備容量 万キロワット（%）		発電量 億キロワット/時（%）	
	1952年	1982年	1952年	1982年	1952年	1982年
全国	283 (100.0)	3842 (100.0)	196.6 (100.0)	6620.0 (100.0)	78.3 (100.0)	3218.5 (100.0)
東北地区	51 (18.0)	250 (6.5)	71.7 (36.5)	1023.7 (15.5)	35.5 (45.4)	560.1 (17.4)
華北地区	49 (17.3)	258 (6.7)	34.6 (17.6)	1066.4 (16.1)	12.2 (15.5)	574.0 (17.8)
華東地区	78 (27.6)	1013 (26.4)	60.5 (30.8)	1746.0 (26.4)	22.2 (28.4)	904.8 (28.1)
中南地区	57 (20.1)	1240 (32.3)	18.7 (9.5)	1435.8 (21.7)	4.6 (5.9)	636.3 (19.8)
西南地区	37 (13.1)	756 (19.7)	8.8 (4.5)	717.5 (10.8)	3.1 (3.9)	282.2 (8.8)
西北地区	11 (3.9)	325 (8.5)	2.3 (1.2)	621.6 (9.4)	0.7 (0.9)	261.1 (8.1)

出所：前掲≪新中国电力工业发展史略≫，393页。
注：1982年の発電設備容量には、列車局の9.0万キロワットを含む。

については、1949年には7.1億キロワット/時にすぎなかったが、1981年には612.9億キロワット/時と86倍に増大した。

　こうした発展のなかで、地域的電力分布についても大いに改善された。建国初期、電力供給そのものの能力が限定的であり、それは主に旧中国の租界等の外国人居住地及び沿岸地域に形成された工業地帯や大都市、さらにまた日本が侵略占領した東北区の旧工業地域に集中していたが、解放後、中南区・西南区・西北区における電力供給がしだいに増大していった。電力供給の観点からみれば、新中国が成立して3年間の経済回復期に、抗日戦争や解放戦争によって破壊された電力供給設備の修復が行われ、回復過程にある各産業の電力需要に対応してきた。こうしたなかで、政府は、発電所の建設を積極的に進め、社会の電力需要に沿うように電力工業の発展を推進してきた。全国発電設備容量は1949年の185万キロワットから、1952年には197万キロワットに増加し、1982年には6620万キロワットへと1949年比36倍に増大した。

　しかしながら、こうした増大も経済発展が必要とする電力需要を満足させるにはいまだ十分な電力供給ではなかった。電力の供給不足は電力工業が解決しなければならない最大の問題であった。ある地域では、企業に対する電力供給に「開五停二」あるいは「開四停三」といった方法を採らなければならなかった[108]。また、農業用灌漑のための電力供給がピークに達する時には、工場への電力供給を停止して措置する必要もあった。さらに住民生活に必要な電力については、各地区に分区して停電を強いる場合も少なくはなかった。「1975年の大まかな統計によれば、全国の各電網はいずれも電力供給不足に陥っており、全国的な停電状態が生じていた」とされている[109]。当時、全国的に発電設備容量で500万キロワットほどが不足しているとされ、不足電力量は200億キロワット/時とされたが、実際は、これを上回る不足状態にあった[110]。停電に関する統計が初めて整備された1975年の数値によれば、全国の発電設備容量10万キロワット以上の39の電網のうち、24の電網で停電状態が生じ、とりわけ東北・京津唐・華東の「三大電網」における停電が厳しかった。全国の停電が500万キロワットの際、この「三大電網」の停電は400万キロワットを上回っていた。1979年5月に国務院から電力工業部に発出された「『調整・改革・整頓・向上』の方針を貫徹することに関する実施方策」は、次のように指摘した。「全国的な電力不足はすでに十数年に及んでいる。当面の全国における発電設備容量の不足は1000万キロワット以上に達し、電力量の不足は400億キロワット/時以上になる。電力の供給不足から、工業生産の能力は約20％もの減少を余儀なくされており、さらにいくつかの工場建設ができないでいる。多くの地域の農業用灌漑用の電力もこの電力不足の解決を望んでいる。電力工業とその他工業とのこうしたアンバランスは、すでに当面の国民経済における突出した矛盾になっている」[111]。中国の電力工業がこうした問題を解決するには、電力工業の体制改革が必要とされたのである。

---

108)「開五停二」とは、1週間のうち、5日間は通電するが、残る2日間は停電するといった事態を指す。以下同様である。
109) 前掲《中国電力工業志》，422頁。
110) 同上《中国电力工业志》，422页。

第3節　輸配電網の整備と営業活動

1　電圧の統一と電網の建設

すでに序章で指摘したように、電力工業における電網管理は帝国主義列強と軍閥の支配下に置かれ、解放前まで、統一的な電圧で結ばれた都市間電網はほとんどなく、一部の都市電網では2200ボルトないし3300ボルトの電圧が採用され、都市への供給を主とする個別的発電所への輸配電は低電圧の配電体制であった[112]。旧中国において、唯一統一的な電網を構築した日本占領下の東北地方でも、当初は4400ボルトと6600ボルトの電圧の輸配電線が建設され、その後、15.4万ボルトと22万ボルトの電圧に昇圧されたが、その距離は22万ボルトの輸配電線で765キロメール、15.4万ボルトで832キロメートルしかなかった。同様に、日本占領の影響下にあった京津唐（北京・天津・唐山）電網でも、7700ボルトの輸配電線は420キロメートルの距離しかなかった[113]。こうした東北、京津唐、それに上海を除くと、中国のどの地域でも、均一の電網を構築することができなかった[114]。1949年末、中国全国における3.5万ボルト以上の輸配電線はわずか6475キロメートル、変電容量は34.6億ボルト/アンペアしかなかった[115]。大規模な統一的な電網の建設は、新中国になってから開始された。

　新中国における経済の回復と発展は電力に対する需要拡大を意味した。合理的な電力供給を実現するためには、旧中国における半植民地的な電網状況を改変しなければならなかった。電力工業の管理担当部門はまず電圧標準化と輸配

111）同上≪中国電力工業志≫，423頁。なお、代表的な北京地区及び上海地区の停電状況の具体的な事例について、同書，423-424頁を参照。

112）同上≪中国電力工業志≫，150頁。それでも、1908年には、雲南省の石龍壩ダムから34キロメートル離れた昆明市の変電所まで2万2000ボルトの電圧で送電された。戦前期の各地方における電網の展開について、劉宇峰≪又踏层峰望眼开中国电网发展历程≫，載≪国家电网≫，2006年第9期、及び张彬等主编≪当代中国的电力工业≫当代中国出版社，1994年，第4編第16章以下の各省の該当箇所を参照。

113）前掲≪新中国电力工业发展史略≫，337頁。

114）前掲≪当代中国的电力工业≫，14頁，同上≪新中国电力工业发展史略≫，337頁。

115）前掲≪又踏层峰望眼开中国电网发展历程≫。後注126のように、この時の変圧器容量は33億ボルト/アンペアとされるが、ここでは文献のままにした。

電線網の技術的改善（電圧の昇級）に取り組んだ。1952年、7700ボルトの京津唐電網の電圧昇級計画に基づき、中国独自の設計施工技術によって、分段ごとに11万ボルトへの変更を実施した。東北地方においても、旧来の15.4万ボルトの輸配電線をそれぞれ11万ボルトと22万ボルトの電圧線に改変する計画が立てられた。これとほぼ同じ頃、山西省太原第一熱電廠から陽泉馬家坪、北京南苑を経て天津白廟への輸配電線が11万ボルトに昇級された。こうした22万ボルトと11万ボルトという2つの輸配電電圧への統一化は、22万ボルト、3万5000ボルト、1万ボルトという輸配電における電圧系列を創造し、階層的に電圧を減少させ、電網接続を簡便化させ、輸配電の安全運営のための有利な条件を提出した[116]。1954年、「電力工業技術管理暫定法規」が公布され、6000ボルト、1万ボルト、3.5万ボルト、11万ボルト、22万ボルトの輸配電が標準電圧に定められた。一般的にいって、3.5万ボルト電圧の電網は市・県の間を結ぶ架線であり、11万ボルト電圧の電網は市・地域間の架線であり、22万ボルト電圧の電網は省・市・自治区間の架線であり、33万ボルトと50万ボルト電圧の電網は数省間を結ぶ架線であった。こうして、1957年までに、元からあった供電・配電網に対する整頓と改修工事が行われ、また同時に、都市において孤立状態にあった発電所をまとめて供電区を作り、これまで種々さまざまな電圧を国家標準にしていった[117]。

　通常、電網は小から大へと発展していく。初期の電網は、低電圧・小輸配電能力・短輸配電距離・発電所を中心にして四方に枝状に伸びていくといった特徴を有し、したがって電力供給範囲も1つの市・県・都市の主要街道に限定された小電網であった。しかし、電力需要の進展とともに、発電所も増え、電力使用者（消費者）も増えるにつれて、電網の電圧も高まり、供電範囲は拡大し

---

116)　前掲≪当代中国的电力工业≫によれば、1960-1970年代に省を跨ぐ主幹線は22万ボルトに統一された（113頁）。その後、1980年代に22万ボルト工程が完成され、50万ボルト輸配電線も構築されはじめた（219-220頁参照）。なお、中国においては、高圧電網とは11万ボルトと22万ボルトの電網を指し、超高圧電網とは33万ボルト、50万ボルト、75万ボルトの電網、特別高圧電網とは100万ボルト以上の電網を指す（前掲≪新中国电力工业发展史略≫、337頁）。

117)　同上≪当代中国的电力工业≫、324頁。

ていった。市・県・街といった範囲を超え、その境界を超える地域的な電網が形成されていった。こうして、大容量の発電所が出現してくると、遠距離輪配電の優位性が認められ、分散的な地域的電網を省や自治区を跨ぐ範囲にまで拡大した大電網が出現したのである。こうした大電網（広域電網）は、すでに本章第1節で示したように、「改革」が始まる1985年頃に整理・再編され、1990年までに「跨省電網（省を跨ぐ電網）」として、東北地区電網（内蒙古東部を含む）・華北地区電網（内蒙古西部を含む）・華東地区電網・華中地区電網・西南地区電網（四川・貴州・雲南を含む）・西北地区電網及び華南電網（広東・広西）が構築された。このほかに、「省・区電網」として、山東電網・福建電網・海南電網の3つの電網のほか、新疆・西蔵にはウルムチ及びラサを中心とする地方的電網（「孤立電網」）が存在した[118]。

このような電網の構築化につながっていくプロセスについて、期間別・地区別にその動向を指摘しておこう[119]。

①「一・五」計画期から「二・五」計画期、調整期にかけてのほぼ10年間（1953—1965年）、各地区電網において高電圧電網が整備されていった。

東北地区電網（東北3省）では、1953年7月、中国が独力で建設した最初の豊満から撫順を経て李石寨に至る22万ボルト高圧線が完成し、その後、15.4万ボルト架線は逐次22万ボルトに改造されていった。

華北地区電網（北京・天津・河北・山西）では、1954年に北京（南苑）―天津（白廟）間に11万ボルトの電線が架設され（実際運営は7.7万ボルト）、1955年12月には、北京の東北郊外と官庁水力発電所（官庁ダム）を結ぶ105キロメートルに及ぶ11万ボルトの輪配電線の工事が完成した。1955年、山西省の太原―楡次（晋

---

118) 前掲《中国电力工业志》，154–156頁，361頁以下，「孤立電網」については、同書，363–365頁、「省区電網」については、同書，365–370頁、「跨省電網」については、同書，370–377頁を参照。なお、上記の西南及び華南の電網については連携が弱く、いまだ統一的な電力調達の組織が形成されていない。このことについて、本書第2章第1節4を参照。

119) 以下の記述については、前掲《当代中国的电力工业》，前掲《新中国电力工业发展史略》，前掲《中国电力工业志》を主に利用しながら、本書が利用した他の参考文献にもよった（前注116、118をも参照）。

中）─陽泉間に11万ボルト電線が架設され、1958年初めには、京津唐電網で11万ボルトの供電が行われた。1960年、京津唐電網が北京─天津─唐山─保定─承徳─秦皇島─張家口間に拡張された。

華東地区電網（上海・江蘇・浙江・安徽）では、1953年、常州─栖霞山の11万ボルト電線が架設され、南京・常州・無錫が1つの地域電網を形成した。その後、南京─馬鞍山─銅陵間に11万ボルト電線が架設され、蘇南地域をカバーする省を跨ぐ電網が完成した。安徽では、1956年、佛子嶺水力発電所の建設が始まり、佛子嶺─六安─合肥間に11万ボルト電線が架設された。上海では、1957年、望亭発電所の建設により、望亭─上海西郊外に11万ボルト電線が架設され、1959年、望亭─上海西郊─呉涇─蘊藻─閔行間に22万ボルト電網が完成した。

華中地区電網（河南・江西・湖南・湖北）では、河南の鄭州─洛陽間に11万ボルト電線が架設され、鄭洛電網の形成が開始された。江西では、1957年に上猶江発電所─贛州変電所間に11万ボルト電線が架設され、贛南電網が形成された。湖北では、1951年、武昌─大冶間に6.6万ボルト電線が架設、1952年、武漢三鎮に6.6万ボルト電線が架設、1956年までに黄石発電所を中心とした6.6万ボルトの武漢冶電網が整備された。1957年、青山火力発電所から大冶鉄鉱までの湖北で最初の11万ボルト電線が架設され、武漢と黄石の地域電網が形成された。

西南地区電網（四川・雲南・貴州）では、四川では、1956年、長寿水力発電所─重慶間に11万ボルト電線が架設され、重慶地域電網が形成された。雲南では、1957年、開遠─個旧間に11万ボルト電線が架設され、滇南地域電網が形成された。1958年、礼河発電所と宣威火力発電所が設立され、礼河─宣威間に11万ボルト電線が架設された。

西北地区電網（陝西・甘粛・寧夏・青海・新疆）では、陝西では、西安─戸県と西安─銅川の2本の11万ボルト電線が架設され、襃園変電所を中心とする戸県─西安─銅川を結ぶ11万ボルト地域電網が形成された。甘粛では、1957年、西固火力発電所の設立後、西固─永登セメント工場（蘭州）間に11万ボルト電線が架設され、11万ボルトの蘭州地域電網が形成された。

②「三・五」計画期から「四・五」計画期までの10年間（1966─1975年）は、「文化大革命」期を含むが、電網の発展がみられた。多くの電網では省内及び

省を跨ぐ輸配電線がほぼ22万ボルトで連携され、西北電網では、最高33万ボルト電圧線が架設された。

　東北地区電網では、煩雑な電圧・複雑な電網の整理が進展し、1973年までに15.4万ボルトと22万ボルト電線に統一され、さらに地区内の22万・35万・44万ボルトの電網を66万ボルトに統一する改造が進展した。

　華北地区電網では、京津唐電網が1970年代初めまでに11万ボルト電網を完備した。1971年、北京高井発電所—天津白廟間に22万ボルト電線が架設され、その後も電網の発展が継続し、1975年、京津唐3市間に22万ボルト電網が完成した。

　華東地区では、1967年には市街地を取り囲む22万ボルト電網が完成した。江蘇では、1970年、22万ボルトの諫壁—泰州間に長江を越える電線が架設され、1977年、南通—泰州間、1979年、徐州—淮陰、及び淮陰—泰州間に電線が架設され、江蘇22万ボルト電網が完成した。浙江では、1960年、新安江—杭州—上海間に22万ボルト電線が架設され、浙江省と上海望亭を結ぶ22万ボルトの華東東部地域電網が完成した。安徽では、1972年、淮南—合肥間に22万ボルトの電線が架設され、1973年、長江を越える電線が架設され、安徽省が華東地区の主要電網に組み込まれた。1978年、江蘇—徐州の22万ボルト架線もこの華東地区の主要電網に結合され、この地区の東側（浙江・上海・江蘇）と西側（江蘇・安徽）を結ぶ22万ボルト電網が完成し、華東3省1市を結ぶ電網の形成が始まった。

　華中地区電網では、1960年、河南の洛陽—上街間に22万ボルト電線が架設され、1970年、丹江口—南陽—平頂山間に22万ボルト架線が完成した。江西では、1973年、拓林—南昌斗門間に22万ボルト電線が架設された。湖北では、1960年、武昌西湾—漢陽沌口間の長江を跨ぐ22万ボルト電線、1969年、丹江口—武漢間に22万ボルト電線が架設された。湖南では、1969年、拓渓—湘潭間に22万ボルト電線が架設された。1970年、湖南・湖北をつなぐ22万ボルト架線が完成し、華中4省が22万ボルト架線で結合した。

　西南地区電網では、1970年、四川の宜賓—襄嘴に初めて22万ボルト電線が架設され、1972年、豆壩—重慶間に22万ボルト電線が架設され、初めて四川の主

要電網が連結した。雲南では、1966年、初めて22万ボルト電線が宣威―礼河―昆明を結び、雲南東部地域電網が形成された。貴州では、いまだ11万ボルト電線が省内を結んでいた。

　西北地区電網では、1971年、陝西の閻良―湯峪、代王―閻良、石泉―洋県―周至―棗園間に22万ボルト電線が架設された。甘粛省では、1969年、劉家峡―龔家湾間に22万ボルト電線が架設され、1971年、劉家峡―紅湾、1976年、建設坪―寧遠堡間に22万ボルト電線が架設された。青海省では、1971年、西寧―紅湾―劉家峡間に22万ボルト電線が架設され、西寧地域電網と甘粛地域電網が連結された。1972年、中国初の33万ボルト電線が劉家峡―関中に架設され、陝甘青地域電網が形成された。

　③「五・五」計画期から「六・五」計画期までの10年間、各電網大区では、22万ボルト電網の建設が加速されただけでなく、東北・華北・華東・華中の4大電網で単機容量が20―30万キロワットの大容量火力発電所が相次いで建設されたことから、さらに高圧の電力送電が求められ、50万ボルト電線の架設が進展した。この期間に50万ボルト電線は総延長2539キロメートルに達した。

　東北地区電網では、1985年、東北地域で初めての元宝山―錦州―遼陽―海城間の50万ボルト高圧架線が完成し、東北3省を結ぶ遼陽―ハルビン間電網の重要な骨幹をなした。

　華北地区電網では、1980年代初め、北京高井発電所から南苑・老君堂・通州・東北郊外を経て清河に至る22万ボルト電網が形成された。天津でも、北郊・上古林・港西等に5個の変電所が設置され、22万ボルトで結合される電網が形成され、京津唐地区において22万ボルト電網が完成した。1976―1978年、河北の石家庄電網と邯鄲電網がつながり、22万ボルトの石邯電網が完成し、1980年、秦皇島・張家口・保定等の地域でも22万ボルト電線が架設され、これらが高碑店で京津唐電網と連結した。山西でも、1970年代初め、娘子関発電所―楡次変電所―平遥変電所―霍県発電所間に22万ボルト電線が架設され、山西地域電網が形成され、この電網が許営で京津唐電網と連結され（1981年）、華北電網が整備された。1985年、大同―北京房山間に50万ボルト電線が架設され（山西地域電網と連携）、これが天津北郊にまで延伸された（1986年）。

華東地区電網では、1979年以降、継続して電網建設が進展し、滁県―南京(南京熱電廠)、諌壁―常州―湖州―蕭山、及び海寧―廡湖―徐州―淮陰などの新設の22万ボルト電線が架設され、基本的に省を跨ぐ22万ボルト電網が完成した。1985年、発電設備容量、発電量において、「省を跨ぐ電網」の最大なものとなった。

　華中地区電網では、1979年、河南省・湖北省・湖南省・江西省を網羅する22万ボルトの電網が形成された。1981年、華中地域で初めての50万ボルト架線が平頂山―武昌を結び、1982―1983年には、葛洲壩―双河、及び葛洲壩―武昌鳳凰山が結ばれた。1984年、武昌鳳凰山と湖南の岳陽巴陵がつながった。

　西南地区電網では、貴州では、11万ボルトの架線が主であったが、1980年、貴陽―遵義に22万ボルト電線が架設され、省全体に22万ボルト電網が建設された。

　西北地区電網では、1980年以降、11万ボルト架線の22万ボルト架線への切り替え、さらに33万ボルト電線の架設が進められ、全国で最高級の陝西省・甘粛省・青海省に及ぶ電網が形成され、1980年代中期、西北電網が整備された。

　その他、以上のような主要な大区電網とは別の省内電網を主とする地域電網においても顕著な発展がみられた。「大躍進」の期間、全国では、地域ごとあるいは省ごとに、大小さまざまな(例えば、3.5万ボルト、11万ボルト、22万ボルトなど)電網が形成され、各発電所や変電所を結ぶ電線網が張り巡らされ電力供給範囲が拡大し、主要な経済区内の動力提供の基礎が固められた[120]。しかし、この「大躍進」の期間、電力供給に対する地域主義が台頭し、省を越える電網の拡大よりも、地域の均衡発展を優先するという「左思想」の影響を受け、電網の発展に対する誤った政策が採られた。発電所設立においても、すでに指摘したように、小規模な発電設備装置(6000キロワット規模を主軸に5万キロワットを超えないものを採用した小規模発電)に特化するという意見が大勢を占め、発電所自身の輸配電線を架設するのみで、大電網の形成を否定した[121]。その後、この過程を乗り越えて、地域においても、規模の大きい効率的な発電所建設が

---

120)　以上の電網整備について、前注118を参照。

121)　前掲《新中国电力工业发展史略》，342頁。

相次ぎ、電網建設が進展した。各地域の主要な発展は次のようであった。

　山東省では、1957年、済南・淄博（神頭）・洪山の3個の発電所（総計11台の総容量5万キロワットの発電機）を統合する淄博（神頭）―済南の11万ボルト線路が完成され、魯中電網が形成された。福建省では、1956年に古田溪水力発電所の第1期工事の着工に合わせて、古田―福州間に11万ボルト電線が架設され、閩北電網が形成された。1959年、南平―三明間に22万ボルト線路が完成された。1985年になって、福州―古田―南平―三明―永安―漳平―漳州―厦門―泉州―莆田間に22万ボルト電線が架設され、主要環状電網が連結された。

　華南地域の広東省では、1958年、流溪河水力発電所―広州間に11万ボルト電線が完成した。1963年、広州―新豊江間に22万ボルト電線が架設され、河源開閉所と棠下変電所が稼働し、珠江三角洲23の市・県を網羅する珠江電網が形成された。1965年、韶関電網と贛南電網（江西省）が連結され、1967年、珠江電網と韶関電網が連結された。1974年、珠（江）韶（関）電網―湛（江）茂（名）電網が連結し、1975年に梅県がこれに参加し、1980年には汕頭地区も参加して、広州地域電網になった。広西省では、1960年、金城江―大廠間に11万ボルト輸配電線が完成した。その後、22万ボルト電線が西津―南寧（1964年）、西津―柳州（1966年）に架設され、南柳電網が形成され、1970年、この電網の供給範囲は河池・桂林・玉林・欽州地域にまで拡大して、広西電網形成の基礎になった。

　こうして、1978年の統計によれば、全国の都市電網において、3.5万ボルト、11万ボルト輸配電線は総距離で60％を占め、変圧器で80％を占めるまでになり、ほぼ地域内での電圧・電網の統一が完成した。1949年から1985年までの全国3.5万ボルト以上の高電圧電線の総延長距離を表1-9に示した。これによれば、1957年から11万ボルト電線の架設が開始され、約20年間、この11万ボルトの輸配電線を主体に、従来からの3.5―6.6万ボルトの輸配電線の電網を通して電力を供給する体制を維持してきたが、総送電線の総距離数が20万キロメートルを超える頃（1970年代中頃）から22万ボルト輸配電線がしだいに主力になっていった。輸配電線の総距離数も、1972年以降、急速に延長距離が延び、1972年の13万キロメートルは、1976年に20万キロメートル、1980年には27万キロメートル、1984年には34万キロメートルにまでになり、これとともに、1980年以降、50万

表1-9　各計画期の3.5万ボルト以上の輸配電線延長距離　　　　　　　　単位：キロメートル

年	総輸配電線総距離	内 訳					
		3.5-6.6万ボルト	11万ボルト	15.4万ボルト	22万ボルト	33万ボルト	50万ボルト
経済回復期							
1949	6475	—	340	832	765	—	—
1952	8391	—	331	804	902	—	—
「一・五」計画期							
1953	9634		402	1109	1026		
1957	15620	—	2751	1228	1655	—	—
「二・五」計画期 ～ 「三・五」計画期							
1958	22689		5114	1222	1758		
1962	46189	—	12895	750	3165	—	—
1970	64585	—	15994	971	3410	—	—
「四・五」計画期							
1972	137961	—	38609	795	10172	534	—
1975	186188	121870	48689	894	14201	534	
「五・五」計画期							
1976	201904	131460	52193	911	16806	534	
1980	266843	172177	64874	462	28464	866	
「六・五」計画期							
1981	283996	181457	69429	463	30808	926	754
1985	346682	212081	84468	260	46056	1278	2539

出所：前掲≪中国电力工业志≫，158頁，325-326頁。
注：1949-1972年の各欄にある「―」は原表で数値が与えられていないことを表す。1975-1980年の空
　　欄は0を示す。

ボルト電線の架設が急速に拡大していった。

2　電力供給体制

　新中国の成立後、すでに指摘したように、少数の小さな私営電力企業を除い
て、大部分は国営企業となり、中央政府及び地方政府の指導を受けて、計画経
済の管理体制下に組み入れられた。1952年の統計によれば、発電設備容量500
キロワット以下の小私営電力企業は150個以上、500キロワット以上の私営電力

企業は43個で、総発電設備容量は14.5万キロワットであった。これに公私合営企業19個、総発電設備容量 9 万キロワットを合算すると、企業数212個以上、総発電設備容量24万キロワットになり、1952年の総発電設備容量196万キロワットの12％を占めた。しかし、1953年末にはその比率は 8 ％に減少し、総発電設備の92％が国営企業のものであった[122]。

　こうした国営電力企業の営業活動を管理・指導した専門部署は、燃料工業部の「計画司電力處」であった。各大区の電業管理局も、「業務處」あるいは「業務科」を設けて、これを管理する体制を整えた。1955年に電力工業部が成立して「用電監察處（電力消費監察処）」が設置されてこれに当たったが、1958年に水利電力部になって、この「用電監察處」は「生産司」という部署に吸収され（「用電處」になる）、この水利電力部「生産司」が発電・供電（販売）・用電（電力を使用して消費すること、以下、用電は電力消費とした）を統一的に管理する部署になった。以後、1990年頃までこの体制は変わらなかった。

　すでに指摘したように、1958年以降、電力の管理体制の地方への移譲が進展するなかで、各地の電業（管理）局には、電力供給を業務とする企業が設置されていった。この企業は、通称「供電局」と呼ばれ[123]、「営業許可書」（あるいは「法人営業許可書」）を取得して[124]、営業を行った。この「供電局」は、元の電業局に所属していた「線路管理所（科）」と「営業所（科）」が合併して成立したものであった。この電力供給（販売）企業である「供電局」の業務は、直接、電力使用あるいは消費者と接触して便宜を図るものであったので、きわめて公共的性格が強く、地方政府の電力管理機能を担うものでもあり、地方政府もこの「供電局」を政府機能の直接的表現であるとみなしていた。例えば、電

122）前掲≪中国电力工业志≫，441頁。

123）一部の少数の「供電局（企業）」は、発電所を兼営するものもあったが、それはなお「電業局」と呼ばれていた（同上≪中国电力工业志≫，343頁参照）。

124）しかし、大多数の電業（管理）局（省・自治区・直轄市の電業（管理）局ないし地方によっては電力工業局）は独立経営の大企業とされたが、法人としての「営業証明書」を取得しなかった。その後、1980年代に入って、省（市・自治区）電力公司に改名した場合であっても、依然として電業（管理）局の看板を掲げて、引き続き「政企合一」の管理体制を布いていた（同上≪中国电力工业志≫，439頁）。

力供給が滞る場合には、停電処置などを講じるなど、国家が電力の供給と使用（消費）に計画分配を実施したが、こうした具体的な業務については、この「電業局」が全責任を負って実行した。そのため、この「供電局」は、地方政府の管理看板を掲げた「三電辦公室（管内の工・農業生産に対する電力の計画分配の事務所、大衆への電力供給を担う事務所、電力節約などを担う業務事務所）」であるとされた[125]。これが典型的な「政企合一機構（政府と企業が一体となった機構）」とされた。しかし、「改革」が始まる1980年代、電力工業における「政企分離」の体制改革が進展するなかで、この「供電局」は「供電公司（会社）」という企業看板を掲げるようになっていったが、その「改革」の進展は、次の第２章で明らかにするように、1990年代に入ってからであった。この「供電局」の規模は、主に供電量の数量（それに伴う業務の繁閑）及び送変電（輸配電）設備の数量によって、特級・大型・中型・小型の４つに等級化されていた。1988年の「企業区分」によれば、特級企業は、年販売量電力が100億キロワット/時以上、送電距離2000キロメートル以上であり、大型企業は大１型（年販売量電力40億キロワット/時以上、送電距離1500キロメートル以上）と大２型（年販売量電力が20億キロワット/時以上、送電距離1000キロメートル以上）に分けられ、中型企業も中１型（年販売量電力が10―20億キロワット/時、送電距離500―1000キロメートル）と中２型（年販売量電力が5―10億キロワット/時、送電距離200―500キロメートル）に分けられ、小型企業は、年販売量電力が5億キロワット/時以下、送電距離200キロメートル以下であった。

　ところで、電力供給範囲の拡大に伴い、変電所の建設も進展した。一般に変電所とは、２万ボルト以上の変電所をいう。超高電圧変電所は発電所と都市の需要者や大工業の電力使用者に対する結節点をなす。超高圧変電所は、22万ボルト・33万ボルト・50万ボルトの３つであり、このうち中心となるのは22万ボルトを降圧する変電所であり、1985年の総容量は5668億ボルト/アンペアであり、1949年の33億ボルト/アンペアの172倍に増大した[126]。22万ボルトの変電所

125）同上《中国電力工業志》，343-344頁参照。
126）同上《中国電力工業志》，160頁。変圧器容量の変遷については、同書，334-335頁の表5-1-10を参照。

は、一般的には、12億ボルト／アンペアの容量の変圧器2台からなっており、1970年代に急速な進展をみせている[127]。

　都市への電力供給は、一般的には、三層構造からなる。1985年頃までに、瀋陽・北京・天津・上海・武漢等の大都市では、こうした電力供給の電網体制ができていた。第一層は、都市を囲む22万ボルトの電網であり、この環節に先に指摘した12億ボルト／アンペアの容量の変圧器2台を設置して電力供給を行った。第二層は、3.5万ボルトから11万ボルトの高電圧の電網であり、11万ボルトの電網環節上に2〜3ヵ所の変電所が設けられ、そこでの単台の変圧器の容量は6.3万ボルト／アンペアを超えないものであった。第三層は、1万ボルトと380・220ボルトの低電圧の電網であり、1万ボルトの架線は通常放射形電線からなり、始端の電柱には「油入開閉器」が設置され、分支線にはドロップアウト遮断器（中国語では、「跌開」式絶電器）が設けられた。こうした低電圧の電力供給のため、大都市には「小区配電室」や「油入開閉所」が設けられ、変圧器容量50—100万ボルト／アンペアの単台変圧器が設置された。また、200—400ボルトを輸配電する1万ボルトの地下電線ケーブルが空中架線に代わって逐次敷設されていった[128]。街燈においては、1970年代から、各都市では、自動式外界光照変化開閉燈が設置されるようになった。この街燈の管理は市公用局が編成して、市供電局に委託され、その経費は市政府が支弁した[129]。

3　営業活動と電力価格

　いうまでもなく、電力工業の特徴の1つは、生産と消費の過程において、産品の「備蓄（在庫）」ができないということにある。生産と消費の均衡をいつも維持しておかなければならないのである。このため、電力供給を調整する機構が必要とされる。この「調整機構」は、各発電所に対し、電力生産の数量と時間を指示し、輸電・変電・配電の部署に対して、合理的な配分を指示しなければならない。この「調整機構」は、中央に「国家電力調達通信局（北京）」

---

127) 同上《中国電力工業志》，160頁の表2-2-2を参照。

128) 同上《中国電力工業志》，323頁。

129) 同上《中国電力工業志》，324頁。

を置いて、各県（市）・地区（市）・省（市、区）に「電網調達所」を設置し、省を跨ぐ場合は、「跨省大電網調達所」を設置して、この機能（役割）を果たさせた[130]。

　すでに指摘したように、電力管理の統一的体制が整うのは、燃料工業部が成立し、「一・五」計画が開始されようとする時期であった。この頃になってようやく、電力価格の全国的統一が実施された。1952年11月27日―12月2日、燃料工業部主催の「全国供用電会議（電力の供給及び消費）」が北京で開催された。この会議において、燃料工業部は、各地各部局からの意見を聴取し、全国規模の範囲において、統一的に電力価格を調整する方式を決定した[131]。これ以降、以下のような方法が実施された。①統一的電力価格制度の導入と調整であった。全国統一して、電力価格を3分類（ア．照明用電力価格、イ．非工業電力価格、ハ．工業用電力価格）に分けた。工業用電力価格はさらに一般的工業の電力消費と大工業の電力消費に分け、大工業の電力消費には「両部制」（基本価格＋使用価格）を導入した。その後、大工業の範囲を逐次縮小し工業の電力負担を減少させていった。②工業優待価格を導入して工業の発展を促進した。特に電解アルミ生産など電力多消費産業にこれを実施した。③1960年代になって農業を基礎とする国民経済という方針が打ち出され、農業優待価格の導入も図られた[132]。④初期、工業用電力価格は効率の調整にとどまっていたが[133]、以下にみるように、地域格差の調整も実施されるようになった。

　電力価格は、「関内（長城より内側）」よりも東北が低く、1960年代になって、こうした地域的な電力価格の格差縮小を図る調整が逐次行われていった。例えば、東北地区では、当初から水力発電所を電源としていた（1949年には発電量の

130）この「調達」は中国語で「調度」と表記される。電網の範囲内において、電力を調達するという意味である。

131）前掲《中国電力工業志》、453頁。

132）同上《中国電力工業志》、453-456頁。

133）この「効率」に基づく料金の低減率は、一般的工業の場合には0.75％、電解・冶煉・電熱等の工業で電力を多く消費する設備を全体の35％以上を有する場合には0.80％を適用するとしたが、1958年と1961年に、これを0.80％と0.85％に引き上げた（同上《中国電力工業志》、454頁）。

表 1 -10　各計画期の電力価格の水準　　　　　　　　　単位：1000キロワット/時当たり元

時期	関内	指数	東北	指数	全国	指数
「一・五」計画期平均料金	98.0	100.0	33.7	100.0	64.2	100.0
「二・五」計画期平均料金	92.7	94.6	40.9	121.5	74.3	115.9
調整期平均料金	83.9	85.6	46.7	138.7	71.8	111.9
「三・五」計画期平均料金	73.8	75.3	47.0	139.7	66.5	103.6
「四・五」計画期平均料金	71.5	73.0	47.4	140.9	66.0	102.8
「五・五」計画期平均料金	70.3	71.7	48.4	143.8	65.9	102.8
「六・五」計画期平均料金	70.0	72.5	55.1	163.7	67.8	105.7

出所：前掲≪中国电力工业志≫，455頁。

54％を占めた）ため、東北人民政府の発電コストに根拠を置いた従来方式の電力価格計算では、「関内」より安い価格体系になった。その後、東北地区においても火力発電所が主体になり（1958年には水力発電所による発電量比率は15％に低下した）、発電コストも増大し、この地区の多くの発電所は赤字に陥り、同時に、電力不足状態も続いていたので、1960—1961年にこの地区の電力価格を20—50％引き上げて、「関内」との調整を図った。表 1 -10にみるように、東北地区の料金は相対的に低位にあるが、その差は縮小しており、全国的にみれば、電力価格には大きな変化はなかった。

　ところで、1952年 8 月、燃料工業部は「電気事業の盗電処理の暫定規則」を公布し、各地はこの規定に基づく「実施細則」あるいは「盗電通報を奨励する辦法」を制定して、盗電を防いだ。1953年、当時の政務院は燃料工業部が起草した「全国電力供給・消費暫定規則」（≪全国供用电暂行规则≫）を正式に認可して、全国的に試行を開始した。これは初めての全国統一の電力の供給・消費規則であった。これに基づいて、各地の電力管理部門は、地域の実情に合わせた「実施細則」あるいは「営業管理制度ないし辦法」を制定して、営業を正規の軌道に乗せた[134]。当初、特に軍関係の部署では、支払い拒否や電力料金滞納の事態が生じていた。そのため、電力企業の多くは、軍管理企業や軍派遣代表

---

134) 同上≪中国电力工业志≫，441頁参照。

部などに人員を派遣して、こうした事態に対処していた。こうしたなか、各地の電力企業の営業規則は厳格に守られ、執行状況もうまくいくようになった。電力の供給と消費が同時に電力計（メーター）で計算され、電力料金は、消費後、一般的には、当月に支払われた。当時の料金回収率は80％に上ったといわれている[135]。1953年の「三反」・「五反」運動を経て、回収率はしだいに向上し、故意に滞納しようとするものは少なくなっていった。

　しかし、「大躍進」の渦中の1958年、各地の営業部門は、「鉄道・電力工業こそ糧食・鉄鋼・機械の『三元帥』の指揮にまっ先に従うべき」という「大躍進の御旗」にひれ伏し、「暴風驟雨」のように申請されてくる電力使用願いに対して、「緊急電力供給」を行わなければならなかった[136]。さらに、規則制度を破壊しようとする「極左思想」の影響を受け、「先に電力を消費してから手続きを採るということが、最終的には手続きを採らないで電力を消費する」ということにまで発展し、電力の営業は混乱状態に陥った。電力工業の発展とともに新規電力消費者も増加し、使用量は増大していったが、それとともに料金滞納も増加し、電力計を設置しない使用者も増え、記録の残らない電力消費が増大していった。こうした事態は、「調整期」における各種「小土法」の工場の整理によってさらに加速され、電力料金の回収率は急激に低下した。こうした混乱は1963年にようやく収まった[137]。

　水利電力部は、こうしたなか「調整・堅固・充実・向上」の「八字方針」に基づいて、「全国電力供給・消費暫定規則」の改定に着手し、1963年9月、国家経済委員会の批准を経て、新しい「全国電力供給・消費規則」が公布された[138]。特にこの規則では、規則違反による電力使用に対する対処方法が明記され、これに基づいて、水利電力部の名義において、「営業工作制度」・「電力費用管理辦法」・「電力消費監察条例」・「工業製品の電力消費制度の手引き」等の実施細則に関する制度を定めた。こうしてようやく、電力の営業が正常な状態に回復

135）同上《中国電力工業志》，445頁。
136）同上《中国電力工業志》，441-442頁。
137）同上《中国電力工業志》，445頁。
138）同上《中国電力工業志》，442頁。

した。料金回収率は、大躍進後の60％から80％前後に回復し、1965年には95％台にまで達した[139]。

　しかしながら、その状態も長くは続かなかった。「調整期」を経た1965年、国営企業としての電力工業の政治（優先）の性格が問われることになった。工・農業生産の回復とともに、また新たな政治主義運動（「文化大革命」）が現れ、政治至上主義の観点から、「全国電力供給・消費規則」が批判の矢面に立たされ、「業務至上主義は政治優先主義をないがしろにする『管（管理）・卡（統制）・圧（押さえつけ）』の典型」と批判され、改定を余儀なくされた[140]。1966年5月、水利電力部は、国家経済委員会の批准を経て、改めて「全国電力供給・消費規則」を公布した。ここでは、特に政治優先主義が強調され、電力消費者に対する「管・卡・罰・停（止める）」に関連する「規定条文」が取り消された。例えば、電力料金滞納金の徴取規定や盗電の罰金規定が削除され、さらに規則違反に対する供給停止規定や電力消費に関する監察規定等が削除された。こうした改正が行われたにも関わらず、「消費者側と電力企業側との権利と義務に関する利益間関係が存在する」として、「文化大革命」の初期に、さらにいっそう極左思想からの批判と打撃を受け、水利電力部は第3次の「改定」を余儀なくされた[141]。1972年7月、国家経済委員会の批准を経て、第3次改定の「全国電力供給・消費規則（試行）」が公布された。この「改定」では、業務における政治至上主義との矛盾を避けるため、徹底した条文内容の原則的記述と簡素化が図られたので、実際にこれを執行することはきわめて困難とされた[142]。このため、電力消費者の滞納金は1976年までに2.9億元にまで達し、水利電力部の国家への上納利潤の滞納金は、歴史的記録となる5.6億元にも上ったとされる[143]。この間、各種各工商業企業の管理制度が破壊され、とりわけ財務管理は混乱に陥り、各企業の電力料金滞納状態が頻発した。農業では、「農民が田を

139）同上《中国电力工业志》，442页、445页。

140）同上《中国电力工业志》，442页。

141）同上《中国电力工业志》，442页。

142）同上《中国电力工业志》，442页。

143）同上《中国电力工业志》，442页。

耕し、国家がお金を出す」という思想が蔓延し、農村における支払い拒否が続出した。農村の電力料金支払い拒否額は、1976年には2.91億元にも達し、国家財政状況を圧迫した[144]。

　「四人組」が打倒されて「文化大革命」はようやく終結した。電力工業では、事態の収拾を図るなかで、秩序回復とともに営業活動の健全性を保つために、制度の整備に着手した。水利電力部は、多方面からの意見を聴取し、数次の会議を重ねて、ついに1983年8月、国家経済委員会の批准を経て、第4次改定の「全国電力供給・消費規則」（全11章87条）及び「電力消費監察条例」（全20条）を同時に公布した。各地の電業管理部門は、これに則り、各地の事情を勘案して、「実施細則」・「営業報告制度」・「電費電価管理制度」等を制定した[145]。これによって、電力の営業業務は正常な状態を回復し、電力管理の強化に役立つようになった。しかし、「改革開放」政策が進展し、経済管理体制そのものの「改革」が提起され、計画経済から市場経済への転換が明確になるにつれて、従来の規則が市場経済体制の要求と齟齬をきたすようになってきた。とりわけ経済発展の比較的速い「沿海開放地域」において、改定の要求が出てきたし、さらに農村における電化の普及や電力の自家発電や独自の電力発電会社の出現などによる電力価格の多様化政策の必要性が生じるようになって、「全国電力供給・消費規則」の見直し作業が開始された。この作業は1985年から水利電力部で着手されはじめたが、この成果や内容については、次章の課題として、取り上げることになる。

　国家は、電力工業が公共事業的性格を帯びていることから、これに対して優遇的な措置を採り、農業及びいくつかの大量に電力を消費する工業、例えば、電解アルミ工業・アセチレン工業・合成アンモニア工業・電炉鉄合金工業等11種の工業に対して、「特別割引価格」を実行してきた[146]。しかしながら、「1953年から1982年まで、全国的な電力価格水準は変わらずに安定的に推移してきた」[147]からこそ、次項にみるように、コストの上昇や税金の増額が生じると、

144）同上《中国电力工业志》，445页。
145）同上《中国电力工业志》，442页。
146）同上《中国电力工业志》，455-456页。

それが電力企業の利潤を圧迫していったのである。

4　財務（資金）の管理

　以上みてきたように、電力工業では、1950年代から1980年代初めまで、計画的生産体制を実現することを目標にして、1952年に政務院財政経済委員会が制定した「国民経済計画編成辦法」に則して、国家計画委員会が策定する「年度計画草案及び5ヵ年計画草案」に基づいて[148]、「統収統支（統一的収支）」を実行し、電力主管部による「下達」と「上部報告」を基軸にする「計画体制」を維持してきた。

　電力工業における「計画」は、大きく分けると、①国家計画と②補助計画からなっていた。前者の国家計画には、生産計画・コスト計画・物資供給計画・労働賃金計画・財務計画等があり、後者の補助計画には、技術組織措置計画・検査修理計画・人材養成計画・施行作業計画等があった[149]。計画的に電力工業を発展させるための資金は、国家の財政支出によって賄われた。特に1955年に電力工業部が設立された後、電力企業の公共的性格が考慮され、電力の基本建設投資は、中央の財政資金で賄われることになった。財務管理が中央財政と地方財政とに移動した場合であっても、電力の基本建設については、国家の財政資金による支出か国家からの借入金に依存した[150]。この国家資金を用いて、すでにみたように、提示された「計画経済」の指標を目標として達成する営業活動が実行され、その結果得られる電力工業のすべての収入（利潤）は、国家に「上納」された。

　表1-11は、各期間別の国家投資の実態である。行政的管理体制が中央から地方に移譲されても、調整期と「三・五」計画期に落ち込みはあったものの、国家資金の電力工業への投資に基本的な変化はみられなかった。総投資の約7

147）同上≪中国電力工业志≫，792頁。
148）国家計画委員会は1952年に成立し、国民経済の計画的発展のための「計画草案」を作成した。
149）前掲≪中国電力工业志≫，756頁。
150）同上≪中国電力工业志≫，772頁。

表 1-11　各計画期の電力工業基本建設の各時期別状況　　　　　　　　　　単位：億元、（％）

時期	投資額合計	発電工程への投資			送変電	その他
		総計	水電	火電		
回復期 （1950-1952年）	2.6 (100.0)	1.9 (71.5)	—	—	—	—
「一・五」計画期 （1953-1957年）	33.8 (100.0)	25.00 (74.0)	(15.5)	(58.5)	(11.3)	(14.7)
「二・五」計画期 （1958-1962年）	88.6 (100.0)	73.5 (82.9)	(28.0)	(54.9)	(10.3)	(6.8)
調整期 （1963-1965年）	21.6 (100.0)	16.8 (77.6)	—	—	—	—
「三・五」計画期 （1966-1970年）	68.3 (100.0)	46.5 (68.2)	(28.2)	(40.0)	(16.3)	(15.5)
「四・五」計画期 （1971-1975年）	121.6 (100.0)	98.1 (80.7)	(35.0)	(45.7)	(15.3)	(4.0)
「五・五」計画期 （1976-1980年）	203.7 (100.0)	159.5 (78.3)	(33.6)	(44.9)	(16.2)	(5.3)
「六・五」計画期 （1981-1985年）	300.0 (100.0)	212.0 (70.7)	(28.3)	(41.4)	(21.9)	(8.4)

出所：前掲《中国电力工业志》，777-778页。
注：「―」は原表で数値が与えられていないことを示す。

―8割は発電建設に用いられており、その多くは火力発電を主体にした。次章でみるように、送変電への投資に力点が置かれるのは、1980年代からであった。電力工業への投資の7―8割は固定資産投資であったから、電力工業の資金において固定資産は圧倒的な地位にあった。一般的には、資金のなかの96％ほどを占めたとされるので、「電力企業経営者は固定資産の利用率を十分に発揮させることができれば、比較的高い経済利益を確保することができる」[151]とされた。この固定資産の減価償却費率は、「建国以来一貫して3％強であり、全国工業企業の平均の減価償却費率よりも低い」[152]状態にあった。しかも、1957年まで、こうした減価償却費はすべて国家に上納され、国家予算のなかに組み入

───────────────

151）同上《中国电力工业志》，782页。
152）同上《中国电力工业志》，786页。具体的数値は，同書の783页の表14-3-7を参照。

れられて措置されたので、個別企業の状況が考慮されることはほとんどなかった。したがって、電力工業は、この減価償却費によって固定資産の更新や改造、また技術革新などの諸措置を主体的に採ることはできなかった。そのため、発電・供電設備の能力向上や設備潜在力の向上を図り、エネルギーを節約し、作業の安全性を高めるには、特別な専用基金が与えらなければならなかった。

　すでに指摘したように、1958年に電力工業企業の管理権限が地方に移譲されることになり、多くの中央所属の電力工業企業（発電所・電業局・供電局など）は、省・直轄市・自治区政府に「下放（移譲）」され、省に所属する地方国営企業となった。そのため、固定資産の更新等に関する資金は利潤を留保して支出できるようにし、減価償却費の上納も不要にする措置が採られ、さらに不足する場合は、主管部が集中的に管理する利潤留保基金から支出することも認められた。しかし、1962年には、また、中央への電力工業の帰属が進展し、1965年において、省の所属にとどまっていた電力工業企業は、江西・福建・湖北・湖南・広西・青海・新疆・西蔵等の8省・自治区の電業局に所属する企業だけになった。その際、利潤留保基金からの支出方法が廃止され、再度、国家財政から「更新改造資金」として供与することになった。ところが、「文化大革命」の期間、再び電力工業企業の「下放」が開始され、1971年頃には、省・自治区の電力工業局に所属する電力工業企業は増加して、18省・自治区に上った[153]。こうしたなかで、「更新改造基金」制度は廃止されることになり、代わって企業が独自に減価償却費を積み立てて留保する制度に改められた[154]。その後、この減価償却費の留保制度は、留保比率（企業には40—50％の留保が認められた）に変更があったが、継続された。1980年になって、再び中央への吸収が開始された。しかし、この時、国家への減価償却費の上納は電力工業部に上納する制度に改められ、電力工業部がこれを各電業管理局や企業に配分することができるようになった。

153）同上≪中国電力工業志≫，771頁。
154）この時、国家財政からの資金供与のうちの一部を更新改造資金とすることが認められ、それとの代替に減価償却費の60％は国家に上納することになった(同上≪中国電力工業志≫，785頁)。

表1-12 各計画期の電力工業企業の利潤と税金 単位：億元

年次	利潤	税金	利税総額	資金利税率	生産額利税率	参考（1）	参考（2）
「一・五」計画期平均	2.9	0.1	3.1	11.2%	46.0%	34.6%	24.5%
「二・五」計画期平均	14.5	1.3	15.8	21.7%	60.8%	—	—
調整期平均	17.5	2.2	19.7	16.0%	51.4%	25.3%	29.5%
「三・五」計画期平均	19.0	7.3	26.3	18.1%	48.5%	25.9%	26.5%
「四・五」計画期平均	31.7	13.0	44.7	19.7%	47.3%	25.6%	24.8%
「五・五」計画期平均	44.7	19.4	64.1	17.9%	44.5%	22.9%	23.6%
「六・五」計画期平均	50.5	32.3	82.8	15.0%	41.0%	23.7%	23.0%

出所：前掲≪中国电力工业志≫，792-794页。
注：1．元表の計算間違いは訂正した。平均値は、四捨五入のため不一致がある。
　　2．資金利税率＝（利潤＋税金）÷総資産額（固定資産＋流動資産）×100％であり、この比率は、企業の資金に対する経済利益、及び国家財政に対する企業の貢献度を表す。生産額利税率＝（利潤額＋税金）÷総工業生産額×100％であり、この比率は、総生産額に占める利益の割合を表す。
　　3．参考（1）は、「国有工業企業主要財務分析指標」（国家統計局工業交通統計司編≪中国工業交通能源50年统计资料汇编（1949-1999）≫中国统计出版社，54頁、294-295頁の説明参照）における国有企業の資金利税率の数値であり、参考（2）は、同上の生産額利税率の数値である。
　　4．「—」は原表で数値が与えられていないことを示す。

　他方、流動資金については、1958年になって、必要な流動定額の流動資金の20％を銀行からの利子付き借入金で賄うことになり、1959年には、すべての流動資金は銀行借入金（月利0.6％）に依存することになったが[155]、1961年に、再度、1958年方式（財政からの80％供与と20％の銀行借入金）に戻された。

　最後に、以上のような財務管理体制において、電力工業がどのような経済利益及び国家への上納効果を上げたかをみてみる。表1-12は電力企業の利潤と税金を「計画期」ごとにまとめたものである。電力企業は国有企業であるから、この利潤と税金（利税総額）はすべて国家に上納された。この国家に上納された「一・五」計画期（平均）の利税総額は3億元であり、「六・五」計画期（平均）の利税総額は83億元に達し、約30年間に約28倍に増大した。動向からいえば、「二・五」計画期、「大躍進」の時期とその「調整期」を含む1960年代中頃

155）1952年以来、電力企業の必要とする「定額流動資金」は財政資金から供与され、これを超えるもの及び「非定額」のものは利子付き資金の融通を人民銀行が行った。

まで、利税総額の増加率はそれほど大きくなかったが、「三・五」計画期から「六・五」計画期までの20年間、5年ごとにほぼ20億元の増大を実現した（増加率でいえば、73％から42％、29％と減少するが）。こうした動向を資金利税率（利用資金に対する利潤率）及び生産額利税率（販売額に対する利潤率）についてみてみると、前者の資金利税率は、利税総額が増大した1965—1985年間、17—18％であったが、1970年以降むしろ減少傾向にあり、「六・五」計画期には15％にとどまった。多くの資金を投入しても利益はあまり上がらなかったということである。これに対して、生産額利税率は、「二・五」計画期に61％、「調整期」には51％ときわめて高い比率を示しており、最小値を示した「六・五」計画期においても、それは41％に達していた。生産額が拡大していたことの証拠であろう。

　しかし、こうした電力工業の利税総額の動向が他の国有企業に比較して特別な地位にあったかどうかを確定することはできないので、「参考」（1）、（2）として表示した国有工業企業における資金利税率及び生産額利税率の数値と比較してみると、投入された単位当たり資金がもたらす数値（資金利税率）では、他の工業部門が1960年代中頃から22—23％を維持しているのに対して、電力工業のそれは17—18％であった。このことは、大きな設備投資や更新改造に巨額資金が投入され、資金が固定化されていることを表現している。これは経済効率の問題ではない。電力工業が有する産業的性格によるものである。これに対して、生産額利税率では、電力工業は他の工業部門の倍ほどの利益を上げている。この生産額利税率は、電力工業企業の電力販売額とほぼ対応しているとみなしてよいので、計画的な基本建設や更新・改造が実現されているならば、電力価格が低位なまま安定的に推移しても、電力生産の拡大つまり販売収益の増大が、国家財政に対して大きな貢献度をもたらしただけではなく、社会生活に対する貢献度も大きかったといえるのである。こうしたなかで、電力工業が「改革」を迫られる要因はいかなるものであったか、次章において検討されるべき課題である。

第2章 「改革開放」期の電力工業の展開

第1節 電力工業における初期の「改革」(1985—1995年)

　中国では、1980年代、社会主義経済の管理方式を従来の国家統制を主体とする計画経済から転換するための「改革開放」政策が実行された[1]。この「改革」は、さまざまな分野において種々の方式が採用されたが、工業においては「企業自主権の拡大」[2]という改革と「基本建設投資の改革」が大きな地位を占めた。電力工業における「改革」では、特に後者の「改革」が推し進められた。この「改革」は「集資辦電」[3]と称される。電力工業における初期改革として実行された「集資辦電」の歴史的意義（意味と重要性）を検討する。この「改革」の進展が次の「改革」を準備するといった関連性が電力工業の発展に認められるからである。

1　社会主義経済の管理体制の「改革」の進展

　1978年12月、中国共産党「第11期中央委員会第3回全体会議」(「三中全会」)は、「改革開放」政策、とりわけ国有企業の「改革」を推進することを決定し、

---

1 ）こうした「改革開放」政策によって展開された中国の企業改革について、とりあえず、三木毅『中国経済政策史』光明社、1996年、(403-404頁、463-466頁)、林毅夫・蔡昉・李周（関志雄［監訳］、李粹蓉［訳］）『中国の国有企業改革』日本評論社、1999年、及び西川博史「国有企業改革の経緯と概観」（西川博史・谷源洋・凌星光編著『中国の中小企業改革の現状と課題』日本図書センター、2003年）参照。なお、中国の「改革開放」政策はいまも継続しているとされる（蔡昉（西川博史訳）『中国の経済改革と発展の展望』現代史料出版、2020年、293頁以下参照）。中国のこうした改革には、社会主義経済の初期からの歴史があり、現在の「改革」の内容についても、各分野においてさまざまであり、その重要性などについて、統一的な評価が確定されているとはいえない。そのため、ここでは、改革に「　」を付した。

1979年4月の「工作会議」において、この「改革」を「八字方針（調整・改革・整頓・向上）」として提示した[4]。これによれば、この3〜5年間の国民経済の調整期に、工業と農業、重工業と軽工業の比例関係を調整し、経済管理体制を改革し、企業を整頓し、企業の生産水準、管理水準と技術水準を向上させる方針であるということであった。

2）「企業自主権の拡大」は、1979年7月3日の「社隊企業を発展させる若干の問題に関する規定」（国務院）、さらに同年7月13日の「国営工業企業経営管理自主権の拡大に関する若干の規定」（国務院）に基づき、まず北京、天津、上海の8企業において「試行」され、以後、その「試行」が逐次推進されていった。1984年5月6日、「国営工業企業自主権のいっそうの拡大に関する暫定規定」（国務院）によって「企業自主権拡大」の工作（活動）は全国的に展開され、1984年10月20日、「経済体制の改革に関する決定」（国務院）の発布となって定着した。「企業自主権」の内容は、生産計画経営決定権・価格決定権・生産物自主販売権・物資買上選択権・輸出入権・投資決定権・留保資金支配権・資産処理権・合併買収権・労働雇用権・人事管理権・賃金形式の選択と奨励基金分配権・内部組織機構設置権・費用徴収拒否権の14項目の経営自主権を企業に付与することであり、国家と企業の関係を調整することであった。「企業自主権の拡大」はさらに経済計画・基本建設・財政・物資配分・外国貿易等における地方政府の権限拡大のほか、地方政府に地方の事情に合わせて経済を発展させる役割を担わせることも含めて説明されることが多いが、「改革」を論じる場合、それぞれ区分して、個々の項目の意義を明確にすべきである。

3）「集資辦電」とは、国家予算外の資金を自ら収集して（「集資」）、発電事業を行うこと（「辦電」）である（≪中国電力規劃≫編写組≪中国電力規劃・綜合巻（上冊）≫中国水利水電出版社，2007年，139頁，参照）。本書では、発電を行う事業（発電事業）について、「辦電」という中国語を用いることがあり、また、電力建設とは発電所建設のことである。以下、詳しく検討するように、「集資辦電」は、発電市場を開放し、電力価格に市場決定メカニズムを導入し、「電力工業の体制改革」をいっそう推進するという重要な意義を有していた（国家電監会研究室課題組≪我国電力管理体制的演変与分析≫，載≪電業政策研究≫，2008年第4期，参照）。「集資辦電」によって建設された発電所は、建設後、省・市の電力工業局に委託管理された。

4）この会議は、1979年4月5日から28日まで北京で開催され、「調整・改革・整頓・向上」の「八字方針」（この3〜5年間に国民経済を調整し、経済管理体制を改革し、企業を整頓し、企業の管理水準と技術水準を向上させるという方針）が提案され、「文化大革命（「プロ文革」）」及び近2年間の経済工作における失策を是正するとともに、これまで長期にわたって存在した「極左傾向」の過ちからくる影響を清算する必要があると強調された。

　中国社会主義経済の管理体制の「改革」について、一般的には、次のように考えられた。社会主義計画経済では、上からの行政的指令が絶対であり、それが企業経営を窒息させ、効率的な生産を無視させ、職員・労働者（この両者を合わせて、中国語では「職工」という）の生産に対する積極性を殺いでしまった。そこで、末端の生産単位たる企業に経営の自主権を付与する（「企業自主権の拡大」という）のが最も重要な「改革」であり、これによって中国は本格的に計画経済の管理体制の「改革」に取り組むことができる。こうした見解は、中国の研究者に多くみられ[5]、一面正鵠を射ているといえるが、この期の中国の「改革」が生産から消費、財政から家計（労賃）に至る社会主義経済の管理体制全般に関わるものであることを十分に示唆していないと考える。「企業自主権の拡大」に集約される種々の政策措置は、先の「八字方針」のうちの「改革」に属するものであり、末端の生産単位たる企業に生産・経営に関する必要な自主権や利潤の留保権を与え、企業収入と職員・労働者の賃金の高低を国家に対する貢献の大小と直接関連させるということが主たるものであった。だが、この「八字方針」は、「調整」を先行的に実現し、「調整」を中心にして「改革」に備えるとされた[6]。この「調整」は、①「農業・軽工業・重工業」における比例関係の厳重な失調状況を改善し、②「蓄積と消費」の合理的比例関係を保持し、③燃料・動力・原材料工業と加工業の比例失調を是正することであった[7]。そのため、この「調整」機能を果たしてきた「基本建設投資」の計画経済におけるあり方が変更されることになった。

　こうした今回の「改革」には、これまで約20年間（1956年の社会主義改造の完了から1976年に「四人組」が打倒され、「プロ文革」が終結するまで）に試行された、数次の社会主義経済の管理体制の改革でみられなかった重要な意義が2つあっ

5）董輔礽主編≪中華人民共和国経済史・下巻≫経済科学出版社，1999年，62頁，64頁，67-68頁、及び前掲『中国の国有企業改革』、3頁、12頁、53-54頁などを参照。
6）同上≪中華人民共和国経済史・下巻≫，23頁以下参照。
7）ここでは、主に「調整と改革」について論述したが、「整頓と向上」を含めた4項目の内容については、華国鋒≪1979年政府工作報告≫，載≪新華月報≫，1979年第6号を参照。

た。その１は、この「改革」がこれまでのような「中央」と「地方」のいずれ
に行政的裁量権を持たせるべきかといった「集権」か「下放」かの「改革」と
性格を大きく異にし、これまで問題にされなかった末端の生産単位たる企業に
経営権限を与える「改革」であり、これが「下からの改革」として要求された
ことである。その２は、社会主義計画経済は生産手段の公有制を基礎に国家主
導の「基本建設投資」によって国民経済を発展させる「計画的生産体制」であ
るから、この計画上に生じた「調整」課題（生産及び投資に関する比例的発展の
問題）は、国家による「上からの改革」として実行されなければならないとい
うことにあった。なぜなら、「社会主義は公有制を基礎とするものであり、基
本的生産手段は国家及び集団が所有するからこそ、公有制というのであり、私
有制とは根本的に異なる」[8]からである。

　また、当時の国有企業改革の議論には、次のような２つの主張があった。１
つは、国有企業の経営メカニズムの改革には「企業請負制あるいは経営請負制」
を採用すべきであるとする主張であった。企業（経営）請負制とは、所有制を
変更せず、企業が経営を請負という形で国家と企業の「責任・権限・利益」を
定める経営管理方式であり、一般的には、まず企業の「利潤請負指標」を定め、
ノルマが達成されれば、それを超える分に関して、企業に利潤留保を認めると
いう方法であった。もう１つは、発達した西側諸国の市場メカニズムの経験を
参考にした「国有企業の株式化」を推進するという主張であった。株式化を通
して資本の所有権を多様化することによって「政企合一（行政と企業経営の一致）」
の弊害を根本的に取り除き、かつ生産要素の合理的な流動とリストラを推進す
ることができるとした。これは、株式制企業制度がその特有な方式によって、
所有権（中国では国家）と経営権（工場等の経営責任部署）を分離し、さらに資本
市場を中心とする高度な資金動員メカニズムを実現しようとするもので、この
制度は、社会主義の全人民所有制と相容れることができると考えられた。

　この２つの「改革」構想をめぐって激しい論争が展開されていたが、当初、
広く推進されていったのは「企業請負制」であった。企業（経営）請負制の下

8）中共中央文献編輯委員会編≪鄧小平文选（第二卷、第三卷）≫人民出版社，1993
年，第二卷，133页，167页，第三卷，91页，142页を参照。

で進められた「企業自主権の拡大」は、さらにその権限を拡大して「拡権譲利」とも呼ばれるようになり、企業の活性化や生産効率、インセンティブメカニズムの改善に大いに役立った。とはいえ、実際、企業それ自身が市場において独立した経営主体になることはきわめて困難であった。というのは、国有企業を請け負ってはみたものの、「企業自主権の拡大」では経営上の有効な効果を発揮できず、請負者に大きなメリットをもたらさなかった。それは、最終的に国有企業であるという「国家予算の拘束性」があったからであり、企業の固定資産（生産手段全般）が国家資金で賄われる国有財産である限り、請負経営の範囲にはおのずから限界が画されていたからである[9]。そうしたことから、「調整」期間が終わる1980年代中頃には、この限界を突破する手段として、後者の方法が採用されるようになり、それが「基本建設投資の改革」の流れと合流しつつ、社会主義経済における計画体制全般を「改革」の対象にしていったのである[10]。

　「上からの改革」としての「基本建設投資の改革」は、これまで国家財政資金を企業等へ投資（国家支出）（中国語で「撥款」といい、これによって企業は固定資産を無償で受け取り、返済義務はなかった[11]）して、拡大再生産（固定資産の増加）

9）劇錦文《改革開放40年国有企業所有権改革探索及其成效》，載《改革》，No.292，No. 6，2018年第6期を参照。

10）先に指摘した（前注2参照）「経済体制の改革に関する決定」（国務院、1984年10月）は、改革の中心環節に企業活力の増強を位置づけながら、それを核とする計画体制の改革を進めていた。1984年10月4日、国務院は、国家計画委員会の「計画体制の改善に関する若干の暫定規定」を認可し、1985年からこの改革を試行するとした（前掲『中国経済政策史』、441頁以下参照）。ここで、基本建設融資は基本建設貸出に編入され、「外資及び外資利用計画」に基づき、エネルギー開発は国家金融機関と外国政府の貸出を利用するとされた。

11）中国社会主義経済の基本建設投資は、社会主義経済の拡大再生産を基本的に担うものであり、生産手段の公有制の下で、国家が計画的に実行し、この国家支出の社会的意義に対して責任を持つべきものであるとされた。建国以来、基本建設投資は国家財政の資金を拡大再生産のための固定資産の増加に無償交付することで行われてきた（馬洪主編《現代中国経済事典》中国社会科学出版社，1982年，395-416頁参照）。電力工業におけるこの基本建設投資の意義について、劉世錦、冯飛主編《中国電力改革与可持続発展》経済管理出版社，2003年，139-140頁，沈剣飛《中国電力行業市場改革研究》新華出版社，2005年，68頁を参照。

を実現してきたが、この方式を銀行貸付に転換することであった（中国語で「撥改貸」といい、この措置によって企業は固定資産を有償で使用し、利息を負担することになった）。それまで、基本建設資金の多くは国家予算で賄われ、一部は地方政府・部門・企業及び事業体の「調達資金」[12]からなっていたが、国務院は、1979年8月、国民経済の発展の必要に適応させるため、国家計画委員会・国家建設委員会・財政部の「基本建設投資の銀行貸付方法を試行することに関する報告」及び「基本建設投資の銀行貸付を試行する条例」に同意し、各省・市・自治区の革命委員会、国務院各「部委」の直属機関に対して、このことをよく検討するようにと指示した[13]。

　この「報告」によれば、基本建設に銀行貸付を利用することを「試行」する意義は、①経済手段と経済組織の役割を拡大し、各組織に経済責任・法律責任を自覚させる、②生産の発展、利益の増加などの投資効果を高め、それを企業

---

12) 中国の社会的資金には、国家予算に組み込まれた「予算内資金」のほか、国家予算に組み込まれない「予算外資金」があり、この「予算外資金」は、「部委（国務院に直属する政府機関（省庁）である部と委員会を指す）」・地方政府・国有や集団所有の企業・事業等が自ら調達し、管理・使用できる資金であり、「調達資金」と称された。この詳細な実態分析は困難であるとされたが、地方財政では、予算外の特別資金（例えば、商工付加税・工商所得税付加・都市公用事業費付加・農業税付加など各種付加税のほか、都市不動産税・都市公営住宅家賃などの公共料金）であり、「部委」では、利潤留保・大修理基金・賃金付加などであった。「部委」や地方財政における前年度収支剰余金・予備費・予算超過収入など規定に基づいて調達された資金もこのうちに含まれる。末端組織の企業・事業の調達資金がどのようなものか、詳細はよくわからないとされるが、企業奨励金・労働者福利基金・生産発展資金・飲食サービス企業の利潤留成金・基本建設企業の収入からの留保金・自己収支を行う事業体の業務収入等であった（アジア経済研究所『中国経済発展の統計的研究』アジア経済研究所、1960年、111-112頁参照、南部稔『中国の国家財政の研究』神戸商科大学研究叢書、1981年、156頁以下を参照、前掲≪現代中国経済事典≫，395頁以下参照、国家統計局≪中国統計年鑑1993≫中国統計出版社，1993年，207頁以下の指標解釈の項も参照）。

13) 国務院が認可・下達した「国家計画委員会、国家建設委員会、財政部の基本建設投資における銀行貸付金の試行の報告に関する通知」（≪国務院批転国家計委、国家建委、財政部关于基本建設投資試行貸款办法報告的通知≫国発［1979］214号，1979年8月28日）を参照。なお、この貸付資金の管理は建設銀行が行った。

及び職員・労働者の利益と直接結合させる、③企業自主権をいっそう拡大させることにあるとされた。この「改革」は各地域・各部門で「試行」されたが、経済効率を高めるのに大きな成果がみられたとして、1984年12月、国務院は「国家予算内の基本建設投資のすべてを撥款から銀行貸付に変更する暫定規定」を発出し、1985年には「撥改貸」を全面的に実行した[14]。こうして、1980年以降、予算内の「撥款」は徐々に銀行貸付に転換され、「企業自主権の拡大」とともに増大する予算外の「調達資金」が新たな拡大再生産の投資資金となっていった。さらに国家は、地方経済の発展に対して地方（政府）の積極性を発揮させるため、地方政府・部門・末端の生産単位たる企業に対し、より多くの資金を基本建設に用いることを許可・奨励するとした[15]。

こうした基本建設投資の管理方法の「改革」は、基本建設事業における「長・散・乱」の調整（長い基本建設期間の短縮、規模の圧縮、経済力量を超過して追求された基本建設の整理）だけではなく、社会主義経済の管理体制に重大な影響を及ぼした。第1に、銀行貸付が計画的に基本建設資金を立て替え払いし、確実な回収を通して、基本建設事業に豊富な財力を付け加えた。第2に、銀行貸付による固定資産の形成は、企業が負担して取得した企業財産であり、企業が自ら裁量権を有する資産の創出は企業に「損益自己責任」の自覚を持たせ、企業収入を職員・労働者の利益と結びつけて彼らの積極性を引き出し、さらに自己資産・資金を増加させようとするインセンティブを高め、企業自主権を拡大させた。第3に、基本建設資金の供給源を変化させ、国家資金を基本建設から分離・解放すると同時に、拡大再生産過程における資金源の多様化・豊富化をもたらした[16]。

こうして、「上からの改革」と「下からの改革」が融合して国家と企業の関

---

14) この時の「撥改貸」では、銀行貸付の完済を優先させるとして、借入を返済する期間、規定に基づき国家へ上納すべき減価償却金・利潤・固定資産税等をすべて借款単位（企業）に留保させ、さらに確実に規約通り返済した単位には、発展基金や職工福利資金の留成を優遇するなどして、非効率的な基本建設を排除していった。

15) この背景には、中央と地方の財政関係に重大な変化が生じ、財政における「請負制」の実施が地方政府の収入を拡大させたという事情が存した。

16) 张国干、吴载章≪略論基本建設投資貸款≫，載≪財経科学≫，1980年第2期参照。

係を新たに規定する大きな「改革」の流れが形成され、それが「利改税」制（利潤上納から税徴収への転換）へと進展していった。この「利改税」は、1980年にすでに「自主経営・以税代利（納税を以て利潤上納に充てる）・損益自己責任」という形で「試行」され、効果が確認された後、全国的に推進された。1983年4月、国務院は、財政部の「利改税工作会議報告」を批准し、「国営企業において所得税を徴収することに関する規定」を作成し、「国営企業の利改税を試行することに関する方法」を決定した[17]。これは、①財政収入を企業利潤の増大と結合させ、②国家と企業の分配関係を税収方式で確定し、③企業の銀行借入金は所得税納入前に償還する、④企業の所属関係にある部門・地方を法律関係で規制し、その行政的関与を減少させることを目的とした。

　1983年末、「利改税」を実行した工業・交通・商業の企業数は10万7145に上り、国有企業の利潤の92.7％を占めた。これら企業の1983年の総利潤は633億元（前年比11％増）で、この利潤の60％強が国家に、30％強が企業に分配された[18]。こうして、「企業は、規則に基づいて納税した後、自主的に生産経営活動を行い、国有企業はこれまでの『条条・塊塊』[19]といった束縛から解放された」だけではなく[20]、1984年5月の国務院の「国営企業の自主権をいっそう拡大することに関する暫定規定」により、さらに「10条の企業拘束」からも解放された[21]。

　これまで、ここでは国営企業という呼称を用いてきた（1982年の憲法改正において明記された）が、1980年代中頃から国有企業という呼称が使われるように

17）武力主編≪中華人民共和国経済史（下冊）≫中国経済出版社，1999年，870頁を参照。この内容は、①大・中型国営企業は、まず利潤の55％を所得税として納付し、税引き後の利潤のうち、一部は以前の利潤留保率を参考にした査定率で企業留保を認可し、残余は調節税等によって上納する、②小型国営企業は、8級制累進課税(10～55％)で所得税を納付し、残余は企業留保金とする、③利益のない企業は、国家が補填する、④企業留保金として、新製品試作基金・生産発展基金・予備基金のほか、職工（職員・労働者）に関する福利基金・奨励基金を設置するが、前3項の生産に関わる基金は、留保金の60％を超えてはならない、であった。その後、国務院は、「第二利改税」（1984年10月1日）を実行し、調節税等とした上納部分を10種の税納に統一し、残りは企業利潤として企業の自由裁量に任せた。

18）呂政、黄速建主編≪中国国有企業改革30年研究≫経済管理出版社，2008年，31頁。

なってきた。これまで指摘したような国営企業の「改革」が進展していくと、所有権と経営権の分離や国家の企業経営への直接関与の除去などの「改革」の方向が国営企業という呼称と矛盾し合うことが自覚されるようになり、しだいに国有企業という呼称が一般化されはじめていた。1986年4月に公布された「民法通則」において、全人民所有制の企業を国有企業と呼称するとされ、国有企業の呼称が法的に確定された。その後、1993年3月の「第8期全国人民大会第1回会議」において憲法の改正（3月29日公布施行）が行われ、国営企業という呼称は国有企業に改称すると憲法に明記された[22]。

2 「集資辦電」方式の導入による「改革」

1980年代に入り、体制転換を目的にした上述した種々の「改革開放」政策によって中国経済は急速に発展しはじめた。図2-1にみるように、1980年代、10％を超える経済成長率を実現した。そのため、電力需給は非常に緊迫し、各地において、停電が頻発する状況がみられた。前章でみたように、すでに「改革」前から、各地域において電力不足状態が頻発していたが、特に「改革」の進展とともに、それが顕著になっていった。例えば、「六・五」計画期（1981―1985年）には、電力工業における基本建設投資が調整削減されたため、1980

19）「条条管理」とは、権限の中央集中を特徴とする垂直的管理方式であり、中央各「部委」の指揮権が所属企業に至るまで貫徹し、ある部門の所属企業は、たとえその必要性が現実的なものであっても、生産物・副産物あるいは原料・資金等の調達余裕分を他の部門の所属企業に回すことはなかった。「塊塊管理」とは、権限の地方移譲を特徴とする横断的管理方式であり、資源及び地理的条件において生産が有利なものであっても、自己の地方的な需要ないしは「計画指標」を満足させるだけで、それらの資源・生産物等を条件の不利な地方に回すことはなかった(周振超≪当代中国政府"条块关系"研究≫天津人民出版社，2009年，32-33頁，57-58頁を参照)。
20）前掲≪中国国有企業改革30年研究≫，29頁。
21）企業拘束「10条」から解放されて企業が取得した権限は、①生産経営計画権・②製品販売権・③製品価格制定権・④物資選択購入権・⑤資金自己使用権・⑥資産処置権・⑦機構設置権・⑧人事労働管理権・⑨対外的業務実施権・⑩連合経営権であった（前掲≪中華人民共和国経済史（下册）≫，870-872頁）。
22）前掲「国有企業改革の経緯と概観」，29頁参照。

単位：%

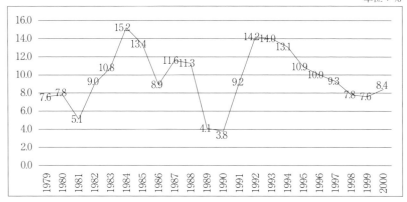

図2-1　中国の経済成長率（1979—2000年）
出所：中国国家統計局編≪2003年中国統計年鑑≫中国統計出版社，2003年，58頁。

年と1981年の発電設備容量の増加率はわずか4.5％と5.0％にとどまり（前章表
1-1参照）、これに影響されて、1980年の発電量増加率は6.6％、1981年のそれ
は2.9％にすぎなかった。「六・五」計画期の経済成長率は、年平均10.8％であっ
たので、電力の発電量は相当遅れていたといえる[23]。1984年の調査によれば、
全国の電力不足量は450〜500億キロワット/時であり、発電設備容量の不足量
は1200万から1400万キロワットであったとされる[24]。さらに、当時において、
いまだ16個の「無電県」があり、1億人近くの農民は電気を使っていないとさ
れていた[25]。こうしたことが、電力工業が「電力体制改革」を行わなければな
らない重要な1要因であった。しかも、中央財政は、収入面において縮小が継
続され、財政赤字が恒常化していた[26]。長期的な中央財政の投資に依存してい

23）1985年の発電量は4107億キロワット/時を実現した。年率6.4％の増加を完成し、
　　計画指標の3.8％を超過し、ようやく電力に回復の兆しがみえた。
24）前掲≪中国電力規划・綜合巻（上冊）≫，82-83頁。また、前掲≪中国電力行業市
　　場改革研究≫，68頁によれば、「1986年になるまで、全国の発電設備容量では1400-
　　1500万キロワットが不足し、発電量においては、600-700億キロワット/時が不足し、
　　全国にはまだ35％の農家が電力供給を受けていない」とされる。
25）王信茂≪中国電力工業的発展与対外合作≫，載≪華北電力大学学報（社会科学
　　版）≫，1996年第4期。

た電力工業に対する投資規模はしだいに減少していった。そのため、長期的な電力不足と電力産業の効率低下を改善するには、多くの投資資金と投資者を吸引し、電力工業の規模を拡大するということがこの時期の主要な任務とされた。

　当時、中国の電力工業は、「改革開放」政策の進展を前にして、次のような問題解決に迫られていたといわれている[27]。（1）相対的な電力不足を補うには、長期的な投資回収メカニズムを設定し、資源配置の市場性を高め、電力投資を激励する必要があること、（2）政府には有効な管理制度や管理手段が欠け、伝統的な行政管理ではもはや増大する電力需要に対応できず、電力需給のバランスを維持できないということ、（3）政府は依然として行政手段によって直接電力工業を管理し、市場が発する情報に無関心であるため、コスト高や低効率を余儀なくされていること、（4）中国の電力資源は電力消費地域と比較的離れており、両者を結ぶ省を跨ぐ電網は行政区分で分断されていることから、各省間に大きな管理の障壁が存在していること、であった。すでに電力の統一管理の方針を決定していた電力工業部は、この問題解決に乗り出すことになった。

　電力工業部は、1980年に「電力工業の十年企画の報告大綱」を発表して、「部門（政府機関の事業部門）と地方（政府）、部門と部門が相互に協力して、『聯合辦電・集資辦電・外資利用辦電』などの方法を用い、電力建設資金の不足を解決する」という構想を提示した[28]。こうしたなか、「企業自主権の拡大」[29]や基本建設投資における「撥改貸」が推進されていった[30]が、こうした「改革」を

26）呉暁林「中国内陸開発と電力産業の発展（下）―貴州省の電源開発を中心に」（法政大学『法政大学小金井論集』2008年3月）。

27）前掲《中国電力改革与可持続発展》，総論，1頁参照。

28）王信茂《我国電力投資体制改革30年回顧》，載《電力技術経済》，2008年12月，第20巻第6期。

29）電力企業でも、1979年には、四川省電力局と華北電業管理局（京津唐電網）において「企業自主権の拡大」に基づく「利潤留保の試行」が開始され、それが電力工業全般に推進され、1983年の「利改税」を経て、電力工業の各分野で全面的に実施され、留保利潤は職工福利基金・職工奨励基金・企業基金等を形成した（张彬等主編《当代中国的電力工業》当代中国出版社，1994年，413-416頁）。

通して電力不足を解決する方途はなかなかみいだせなかった[31]。この時の電力工業の主たる目的は、電力投資の増加によって発電能力を増大させることにあったから、国有企業一般に適用される「放権譲利」の拡大による「企業自主権」の獲得よりも、投資権限の拡大による電源開発に関する権限を獲得し、これを統一管理して経済発展の要請に対応することが何よりも重要であった[32]。

そのため、1983年9月、水利電力部は「中国共産党水電部党組の電力投資比率の増加に関する報告」を中央政府に提出し、当時の厳しい電力不足状況に鑑み、発電所建設に対する国家予算の投資増加を要求した[33]。これを受けた中央政府は、直ちに次のような「重要な指示」を発出した[34]。すなわち、電力工業

---

30) 電力工業では、1980年にはすでに20個の電力建設項目に「撥改貸」が「試行」された（貸付期間15年以内、利息3％）、電力工業部は独自の「電力工業基本建設資金借入試行辦法」を制定し、具体的な借入金規模・期間・返済金確保・元利金返済法などを定めた（前掲≪当代中国的电力工业≫，420頁）。このほか、固定資産の減価償却金、流動資金における「改革」も実施された（同上≪当代中国的电力工业≫，416-418頁）。

31) この背景には、次のような事態があった。この頃から、国務院は、国家収入の増大を保障するため所得税以外の税率水準を引き上げ、固定資産規模の拡大を抑えるため、特に基本建設投資の銀行利率を引き上げた。こうした措置のため、資本集約的な電力工業の電源建設コストは嵩み、電源開発を積極的に進めるような状況にはなかった。さらに加えて、石炭価格及びその運送費について引上げ調整が行われ、多くを石炭燃料に依存する火力発電所は、コスト高・税金高から、「改革」の恩恵を受けるどころではなく、「電力企業の資金利潤率はすでに1979年の12.5％から1985年の6.3％に半減し、銀行利率より低く、電力企業に（基本建設資金の）返済能力を失わせた」とされる（同上≪当代中国的电力工业≫，422-423頁）。

32) 例えば、1984年12月3-8日の水利電力部が主催した「電力体制改革座談会」において（https://m.sohu.com/a/149845389_774014）、電力工業の改革の主たる目標は電力不足の解決にあり、電力工業が得るべき「自主権」は基本建設計画における資金範囲を超えた自主的な発展を実現する権限を取得することであるとされた。そのために、電力建設における「国家独占」の状態を打破し、各方面の電力工業への参入を積極性に動員することが必要であるとした。

33) 前掲≪中国电力规划・综合卷（下册）≫，707頁。ここでは、電力工業の基本建設投資比率9％を15％前後に拡大することが要求された。

34) ≪中央领导同志対加快电力工业发展问题的重要指示≫（同上≪中国电力规划・综合卷（下册）≫，710頁を参照）。

の発展を加速させるには、(国家の)電力部門だけの「辦電」という伝統的なやり方から脱出しなければならない。各地域・各部門・各単位の「辦電」に対する積極性を動員して、国家・企業・集団・個人が一緒になって大・中・小型の電力建設に全力を挙げて取り組むこと、これが電力工業の加速的発展の根本条件である。そのため、以下の政策的措置を採る。①電力建設資金の調達ルートを拡大させる。国家としては優先的に電力建設資金の確保を保障したいが、財政には限りがあり、電力工業の必要を満足させることはできない。そのため、「特恵策」を制定して地方・企業及び部門（特に鉱山、運輸などの事業部門）が電力事業に参入することを積極的に支持し、奨励する。とりわけ工場が余熱や余圧を用いて発電する場合には、工場にその使用権を保障し、利益が得られるようにする。「辦電」の電力は電網（国家）が統一的に買い取るが、広域電網と省電網の双方の利益に配慮する。さらに、こうした「辦電」には、外国資金を利用することも認可するとした。②石炭が豊富な地域では「煤電聯営（石炭と電力の連合経営）」を推し進める。③機械工業部門は電力設備の生産を保障し、電力建設の拡大を支持する。不足部分は輸入の拡大を図る。

　こうした動きを受け、水利電力部は、1984年5月7日、「電力建設資金を調達することに関する暫定規定」[35]を発出し、「『集資辦電』を発展させ、エネルギー資源を合理的に開発・利用し、電網の経済的及び社会的効果と利益を向上させ、電力不足状態を改変して、各地の工・農業生産及び人民生活が必要とする電力の緊迫状況を解決する」とした。この規定によれば、①国家が統一的に発電所建設を行ってきたことを改め、中央各部門（政府機関）・地方政府・国営及び集団所有制の企業・事業が積極的に発電事業に参入し、投資比重に応じて利益を享受する。②銀行の貸付金はこの資金に含めない。③地方政府の資金は、国家が定めた「超収留用（年度計画の収入を越えた留保資金）」であること。④企業・事業の場合、国家の規定に基づく予算外資金を資金提供者の同意があれば、電管局あるいは省の電網建設に用いることができる。⑤地方で収集された資金については、地方政府が収集・返済の統一的責任を負う（資金管理は建設銀行が

---

35)　《水利电力部关于筹集电力建设资金的暂行规定》[84]水电财字第41号（前掲《中国电力规划・综合卷（下册）》，797頁）。

行う）。⑥享受すべき利益については、投資者は電力使用の割当指標を享受することにする。このほか、投資プロジェクトによっては、利潤の分配を受けるが、その方法には「還本付息方式」（優先的に元金償還と利息を返済する方式）と「投資比率に応じた利潤分配」方式の2方法があり、投資者の協議に基づいて決定する。「還本付息方式」では、返済が完了すると同時に「集資辦電」に基づく一切の権益関係は消失する。

　1984年12月には、「外資を利用して電力建設を加速する問題についての会議紀要」が公開され、李鵬（国務院副総理）は、国家計画委員会、水利電力部、中国銀行、経済貿易部、石油節約辦公室等の関係者に対して、胡耀邦（中央委員会総書記）は電力不足が経済発展の足枷になることを心配していること、また、国務院総理の趙紫陽が特別に電力建設に取り組まなければならないと指示していることを伝え、この会議で外資を利用して電力建設を加速させることを研究したいとした[36]。会議では、具体的な措置として次のことが討議された。①火力発電の建設費の55—60％は設備費用であるが、これを外資の借入で賄う。②発電所建設材料は、地方政府資金・石油燃料節約基金・外資で調達可能とする。③外資＋国内資金の利用では、「還本付息方式」という確実な外貨確保の条件を提示し、発電所の利益を電力建設に再投資する。④外資利用の第1期の目標は発電設備容量500万キロワット（単体設備35—60万キロワット級を設置）とし、3年後には成果を確実にする[37]。

　次いで、1985年5月23日、国務院は、国家経済委員会・国家計画委員会・水利電力部・国家物価局が1985年4月に制定した「集資辦電を奨励し、多種の電力価格制を実行することに関する暫定規定」を承認し、積極的に「辦電」を推進するとした[38]。この規定の目的は、電源開発の加速・電力工業の活性化・発電分野における経済的管理方法の実施であった。「集資辦電」は「誰もが投資でき、誰もが電力を利用でき、誰もが利益を得ることができる」政策であり、

36）同上《中国电力規划・総合巻（下册）》，806-808頁。

37）当時、商談進行中の地域は、大連・南通・福州・広東沙角・湖南石門（あるいは岳陽）などの発電所で、商談準備中の地域は、山東徳州・上海等のプロジェクトである。

次の 2 つの方式で行われるとした。1 つは、資金を収集して発電所の新増築(発電機設置も可)を行うもの[39]、もう 1 つは、「用電権(電力使用権あるいは消費権)」の購入であった(この販売収入を発電所建設等に転用する)。前者の場合、①投資者が発電所(あるいは発電機)の財産権を投資比率に応じて所有する方式のもの(長期的に利潤供与を受ける)と、電網に財産権を譲渡し、電網が一定期間に利潤から「還本付息方式」(優先的に元金償還と利息を返済する方式)を実施するものとがあった。いずれの方式であろうと、電力使用権(あるいは消費権)を20年間享受できるとした。②投資者は、発電所(あるいは発電機)について、連合経営公司でも、独立経営公司でも、これを成立させて経営できる。電網と供電及び電力使用権について経営契約してもよいし、経営管理を電網に委託してもよい。後者の場合、①各電網は当年増加した発電設備容量の10%を販売用電力分として留保することができる。②投資者の電力使用権の行使は、国家が定める電力価格に基づいて20年間実施される。

他方、発電事業における電力価格の多様化については、電網が燃料費等の引上げによる発電コストの上昇分を電力価格に転嫁することが基本的に認められ[40]、また電力需要時間の多寡や豊水期・渇水期の調整についても電力価格で調整することが認められた。さらに、中外合資の「辦電」企業あるいは外資利

---

38) 《国務院批転国家経委等部門<関于鼓励集資辦電和実行多種電価的暫行規定>的通知》(《中華人民共和国国務院公報》,1985年,第17号(総号469))。これとほぼ時を同じくして、「水電部党組」は、1985年 5 月、「集資辦電を奨励する暫定規定」を付した「電力工業体制を根本的に改革することに関する建議」を中央政府に送った。具体的な建議は、①燃料等その他価格の上昇に合わせて電力価格を調整する、②低税率・税種目の減少を図る、③基本建設資金の銀行利率を引き下げる、④減価償却費率を引き上げる、⑤「集資辦電」を積極的に推進するであった(《中共水電部党組関于根本改革電力工業体制的建議》,前掲《中国電力規劃・綜合巻(下冊)》,711頁を参照)。

39)「集資辦電」には「株式制」が採用されたと思われるが(国務院は、1986年12月、「企業改革を深化させて企業活力を増強することに関する若干の規定」を発布して、「各地において、少数の条件のある全人民所有制大中型企業を選択し、株式制を行ってもよい」とした)、電力工業がその対象になったかは、今後の研究課題としておく。

用の「辦電」企業は、「還本付息」の期間、発電量のすべてを市場調整に任せることが許可され、コスト＋税金＋合理的利潤に基づいて、電力販売価格を決めることができるようになった[41]。また、「集資辦電」の利潤については、発電所側が70％、電力供給機関が30％を取得し、それぞれが税金を納めるとした。

　この「規定」によって、「集資辦電」の発電所には、設備・建設材料のほか、使用燃料についても「協議価格（政府が決めた価格ではなく需要者、供給者が協議して決める価格）」が認められ、外資導入の「集資辦電」には、市場における価格変動も認められた。これまで、電力価格は低く抑えられ[42]、国家投資以外の電力投資が容易に利益を享受できる状況にはなかったが、経費を賄う電力価格の設定と需給調節による電力価格の決定を認めたことにより、電力供給増を目的とした「集資辦電」に利益が保証され、また「集資辦電」の電力を代理販売する電網部門にも、この増加部分として一定の手数料を法定電力価格に付加す

40）水利電力部は、1985年7月、「電力使用価格を引き上げて石炭価格の引き上げ分とその運送料の引き上げ分を電力使用者が納付することに関する実施細則」（≪关于通过用电加价收取煤炭加价和运输加价款的实施细则≫）を発出し、石炭価格及びその輸送費の引き上げ分（火力発電の最大経費は燃料たる石炭代金であったが、他方、石炭業の改革において、石炭販売価格の弾力化が進展し、石炭価格は引き上げられていた）を電力価格の引き上げによってカバーすることができるとした（前掲≪我国电力投资体制改革30年回顾≫参照）。しかし、「集資辦電」による電力価格引き上げは電網管理部門の利益削減を意味する。電力管理部門が電源開発を促進すればするほど管理部門の利潤を減少させた。そのため、従前の配電価格の引き上げが要求された。これが、以下にみるような電力建設資金という「2分銭政策」であり、人民生活に影響を及ぼさないように工業用の電力価格を1キロワット/時、0.02元引き上げ、地方政府がこの資金を徴収して「集資辦電」に投入するという政策が打ち出された。

41）「還本付息方式」電力価格の承認は、「集資辦電」による発電所に対して、優先的に元本償還や利息支払いを保障して、いっそうの電源開発を促進しようとしたものであった。この「電力価格の弾力化」については、後述する。

42）この事例として紹介される東北地域の電力価格について、文华维≪电改激荡30年（上）：省为实体的旨幕与是非≫，载≪南方能源观察≫，2018年。一般的な状況について、前掲≪当代中国的电力工业≫，197頁を参照。こうした現状に対して、対応した電力価格の調整に関する「官制」の動向について、周启鹏≪中国电力产业政府管制研究≫経済科学出版社，2012年，101-104頁を参照。

ることが認可された。このことは、ある意味では、市場動向に対応させて電力価格を変動させる方式の導入を試みるものであった。利益が得られないプロジェクトには資金は集まらないし、その実施そのものが保障されないからである。

　「集資辦電」という新たな「電力プロジェクト」が実施されることによって、これまでの国家が設定してきた「単一な電力価格モデル」は打破され、「市場の規律」に基づく「電力価格設定」システムが導入されることになった。このことは、これまでの国家管理を支えてきた国家電力事業の「国有方式による垂直的一体化（発電・輸電・配電・売電の一体化）の独占的経営」と「統収統支（収支の統一）」といった経営方式に変更を迫るものであり、従来式の国家主導の電力供給・配給体制そのものを大きく編成替えする重要な意義を有した[43]。

　以上のような電力における初期の改革政策に基づき、以下のようないくつかの「集資辦電」に関する「試行」が実施され、その積み重ねの上に新たな電力供給体制が形成されていった[44]。

（1）地方政府との「聯合辦電」

　第1は、地方政府の資金と中央（水利電力部）の資金を結合して、発電事業に取り組む「聯合辦電」であった。1981年12月、経済の急成長及び地域内電力需要の急増に迫られていた山東省煙台市は、中央機関と地方政府が共同して資金を投資し（水利電力部の投資は30％、煙台市の投資は70％）、龍口発電所（発電設備2台総容量10万キロワット、総投資金額2.04億元）の工事を始めた[45]。中央の投資は国家予算、地方の投資は、地方国有企業・郷鎮企業・生産大隊（社隊企業）といった地域内の電力使用者に株式を割り当てる方式を採用した。これは、電力工業の発展史上における嚆矢とされ、このことによって、電力部門における国家の独占的地位が打破されただけではなく、中央と地方が相互に提携するという初めての画期的な企画が実現されたと評価されている。その後、水利電力

43）従来型の経営は、「競争制度の欠落」を特色としていたので、市場メカニズムを導入することによって、効率を上げる必要性があると強調された（前掲≪中国電力改革与可持続発展≫．総論．1頁）。

部は、「水利電力部の電力建設資金の調達に関する暫定規定」を発出して[46]、中央の電力部門による、中央各部門・地方政府・国営企業（国有企業）及び事業、集体企業及び事業からの電力建設資金の調達を容易にし、電力使用者、投資者双方ともに十分な利益を享受できるよう具体的規定を整備し、「聯合辦電」

---

44) この「集資辦電」に関する研究動向についていえば、日本語文献では、田島俊雄編著『現代中国の電力産業 「不足の経済」と産業組織』（昭和堂、2008年）に所収された王京濱「山東省からみた中国電力産業の需要依存型発展」、田島俊雄「華北における広域電力ネットワークの形成」、門闖「農村部の電気事情」、堀井伸浩「電力体制改革の経済的評価」、また呉暁林（本章注26）など、中国語文献では、刘世锦、冯飞主編（本章注11）、王信茂（本章注28）などの研究がある。日本語、中国語いずれの文献の研究においても、「集資辦電」について、それが電力工業の投資体制にとって重要であったとされているが、田島前掲書所収の諸論文では、その説明・内容にそれぞれの研究者の見解で異なるところがあり、この「集資辦電」がどのような経緯で、いつ、いかなる形で実施されるようになったかは指摘されていない。さらにこの時期の電力工業の「改革」との関連性についても明示的ではない。また、「集資辦電」が中国電力工業「改革」の1つとして指摘されるが、その内容（資金調達の方法、効果など）がなぜ「改革」の一環に位置するのか十分に検討されていない。中国語文献の研究では、「集資辦電」を国有企業の投資体制の「改革」に関する最も重要な措置として論じているが、「集資辦電」の実施による電力工業における投資体制の変化の意義、及びその後に続く電力工業における「改革」との関連性については積極的に言及されていない。その後の「改革」がこの「集資辦電」と関係なしに論じられている。本書では、中国電力工業における「集資辦電」という「改革」の背景・内容・効果・影響を探究しつつ、中国の社会主義経済全般の「改革開放」政策の一環にこれが位置していることを明らかにし、その歴史的意義を指摘する。

45) 煙台市の北東に位置する龍口地域の電力供給が遅れていたことから、省政府は分散的に小型発電所の設置を企画したが、水利電力部は当地の炭鉱を利用して大型発電所（20万キロワット）の建設を提案し、周辺の多くの市・県が共同してこの事業に当たらなければならないとした。この案を受け入れた市・県は水利電力部・省政府の投資を要請した（前掲≪電改激荡30年（上）：省为实体的启幕与是非≫，徐宁≪集资办电——一次成功的电力改革≫，載≪国家电网≫，2016年第10期，参照）。

46) これは国家計画委員会・国家経済委員会・財政部・人民銀行・建設銀行が公布した「国内合資による建設に関する暫定辦法」（≪关于试行国内合资建设暂行办法≫，1982年10月）を補充する規定であるとされた（前掲≪中国电力规划・综合卷（下册）≫，796-798頁を参照）。

をいっそう推進していった。このモデルはその後全国に普及し、「火力発電プロジェクト（例えば、東北 3 省と電力部門の通遼発電所、上海閔行・浙江台州・河北邢台・江蘇諫壁などにおける発電所建設）」、「水力発電プロジェクト（例えば、雲南漫湾など）」、「輸配電プロジェクト（例えば、葛洲壩─常徳─株洲間における50万ボルト架線プロジェクト）」にまで拡大していった[47]。

（2）「以煤代油」の特別基金による「辦電」

　第 2 は、「特別基金（回転基金）」を利用した電力建設であった。1981年春、国務院は「以煤代油（石油燃料を石炭燃料に転換する）」[48]という政策を打ち出し、石油燃焼量と等値熱量の石炭を算出し、この石油と石炭の値段の差額を収入とする「特別基金」を設置して、これによって発電所建設を推進しようとした。この仕組みは次のようであった。まず、石油火力発電所に販売した100万トンの原油の販売利益を回転資金として「特別基金」を設置し、これを元の石油火力発電所に石炭火力発電所の建設資金として与え、新設された石炭を燃料とする発電所によって節約された利益（原油代金マイナス石炭代金）をこの回転基金に組み入れて、石炭による発電所建設を推進するというものであった。この政策は、石油火力発電所を石炭火力発電所に代替することと外貨獲得という二重の目的を有していた[49]。水利電力部がこの基金を積極的に利用する規定を制定

47）　前掲≪中国電力規劃・綜合巻（上冊）≫，83頁。また、前掲≪我国電力投資体制改革30年回顧≫参照。

48）　1970年代、中国では大型油田が相次ぎ発見された。石油生産量は著しく増加したが、当時、石油加工及び外国輸出貿易に関する知識に欠けていたから、大量の原油を直接燃料として燃やす使用方法が採られた。1980年をピークとして、全国で4000万トン以上の原油が燃料として消費された（当年の石油消費量の半分を占めた）。当時の国際市場の原油価格によって計算すれば、石炭燃焼と比べ、50億ドルを無駄にしたとされる（崔志強≪圧縮焼油以煤代油是一項長期工作≫，載≪中国物資流通≫，1989年第 7 期）。

49）　当時、中央政府は、できるだけ石油の使用を抑え、蓄積された石油を輸出して、外貨を獲得しようとした。1991年まで、この政策により、302億元が蓄積され、外貨約40.5億ドルを創出したとされている（林毓森≪以煤代油是我国重要的能源政策≫，載≪煤炭加工与綜合利用≫，1992年第 1 期）。

したこともあって[50]、この基金を利用した石炭火力発電所建設が進展した。1981
—1985年の5年間に、電力事業において使用された「特別基金」は約25.8億元、
162.5万キロワットの火力発電所が完成した（後掲表2‐1参照）。こうした「以
煤代油」基金設置方式は、さらにより拡大されて運用されて「省エネ特別基金」
（例えば、「以大代小（大型発電所を小型発電所に転換）」基金や「熱電連産（電力と熱
を同時生産）」基金など）の設置となり、この同期間、「省エネ特別基金」として
9.7億元が収集され、これによって75万キロワットの発電所が建設された[51]。
1985年6月には、この「以煤代油」の基金を用いて、華能国際電力開発公司が
設立された。この会社は外資を専門に利用する独立の発電会社である[52]。

（3）電力建設資金の徴収による「辦電」

第3は、最も電力消費が予測される華東地域において試みられたもので、1982
年末には、この付加金徴収がほぼ確定されていたが[53]、1984年9月頃から水利
電力部と上海市経済計画辦公室が協議しつつ、1985年から華東の経済特別区を
起点に華東の三省一市（江蘇、安徽、浙江、上海）において、工業用電力の価格
内に消費電力1キロワット/時ごとに0.02元（2分銭）の電力建設基金を設定し
て徴収するという試行案であった。国務院はこれを批准し、徴収金を支払うた
めの「専用資金独立口座（単立賬戸）」が設けられた。その後、1987年12月、国
務院は、「国家計画委員会の電力建設資金の徴収に関する暫時規定を通達する
通知」を発出し[54]、「2分銭（0.02元）の電力建設資金徴収」政策はしだいに全

---

50) 1983年2月8日、水利電力部は、「国務院の『国家エネルギー・交通の重点建設
   基金の募集方法』及び財政部の『国家エネルギー・交通の重点建設基金の募集方法
   の実施細則』の通知」（≪水利電力部転発国務院关于発布＜国家能源交通重点建設
   基金征集办法＞及財政部关于颁発＜国家能源交通重点建設基金征集办法実施細則＞
   的通知≫［83］水电財字第25号）を通達した（前掲≪中国電力規劃・綜合巻（下册）≫，
   794頁）。
51) 前掲≪中国電力規劃・綜合巻（上册）≫，84頁。また、前掲≪我国電力投資体制
   改革30年回顧≫を参照。
52) 華能国際電力開発公司については、後述する。
53) 前掲≪電改激蕩30年（上）：省为実体的启幕与是非≫。

国に普及した。この「徴収金」の使用権は各省（自治区、直轄市）政府に与えられたので、こうした基金を基礎とする、地方政府が「辦電」するための「電力・エネルギー建設投資公司」が相次ぎ設立され[55]、地方政府の「辦電」基金として、現地の電力事業建設に支出された。地方政府は積極的に電力建設に力を入れることができるようになり、電力工業の加速的発展が実現された。

（4）外資利用による電力建設（「辦電」）

　第4は、外資の利用による電力建設であった[56]。電力投資不足の状況に応じる補助作用として外資を利用することが1980年代初期から考えられていたが、外資導入には、間接融資（世界銀行、アジア開発銀行の融資、外国政府の借款など）・直接融資（合弁会社の設立）・プロジェクト融資（BOT）の三種があり、電力工業についていえば、間接融資が主であった[57]。

　この時期の外資導入の地域は、主に東部及び沿岸部を中心した「経済開発区」

54）《国務院批転国家計委关于征収电力建设资金暂行规定的通知》国发［1987］111号（前掲《中国电力规划・综合卷（下册）》，885頁）。

55）前掲《我国电力投资体制改革30年回顾》を参照。こうした経験を踏まえ、1992年、国務院は「三峡建設基金」を設置した。三峡発電所から電力供給を受ける省・自治区・直轄市は、1キロワット/時ごとに0.007元、非供給地域については、0.004元を建設基金として徴収するというものであった。その後、直接供給を受ける上海・江蘇・浙江・湖北の四省市は0.001元を増やし0.008元徴収し、安徽・河南・湖南・江西の四省0.006元、四川は0.003元に減額した。1997-2007年の11年間、「三峡建設基金」は総額650億元に上り、三峡プロジェクトに対する最も主要で安定した資金源となった。

56）「七・五」計画（1986-1990年）の草案には、50-70億ドルの直接融資と230-250億ドルの外国融資の利用が組み込まれ、地方政府への権限移譲、事業経営への中央の管理権限の縮小が盛り込まれた。電力工業における外資利用には3つの段階があったとされる。（1）1979-1984年の導入の模索と準備の段階。この期間に多種の外資を選別し、各種の貸金を受ける手順等が確定された。（2）1984-1988年の外資の全面的利用の段階。外国の借款を申請、工程実施と設備材料の国際入札、及びコンサルタント、専門家の任用を通して、電力建設の管理や技術レベルを向上させた。（3）1989年以降の返済と利益を得る段階（中国电业史志編輯委員会《中国电力工业志》当代中国出版社，1998年，678頁）。

57）前掲《中国电力产业政府管制研究》，98頁。

と呼称される「特区」であった[58]。1984年3月26日から4月6日まで、中共中央書記處と国務院は「沿海部都市の座談会」を開催し、この座談会において沿海部の14都市（大連・秦皇島・天津・煙台・青島・連雲港・南通・上海・寧波・温州・福州・広州・湛江・北海）を対外的に開放することを決定した。この14の沿海都市については、広東省及び深圳経済特区に倣い、一定の経済自主権が付与され、1984年10月、国務院が国家計画委員会の「計画体制の改善に関する若干の暫定規定」を承認し、外資利用の「計画管理」は「総額に関する指導的管理」に改められ、外資導入プロジェクトの審査認可に関する権限の移譲が実現された[59]。これによれば、外資利用（基本建設投資、技術改造を含む）について、北京市・遼寧省は1000万ドル以下の審査認可権を獲得し、他の省・自治区と重慶・瀋陽・武漢市は500万ドル以下の審査認可権を獲得した。工業交通・農林等の関係部・委員会（部級の工業総公司を含む）も500万ドルの審査認可権を獲得した。また、自己償還が可能な項目については、上海・天津市は3000万ドル、広州市・大連市は1000万ドル、その他の沿海開放都市も500万ドルまで、独自の判断による外資導入が認められた[60]。

「こうした措置は、地方と部門の積極性を大いに引き出し、1984年は対外開

---

58)「中華人民共和国中外合資経営企業法」（≪中华人民共和国中外合资经营企业法≫,
1979年7月1日）に基づく外資導入や「特区」、外資導入等の対外開放政策について、前掲≪中华人民共和国経済史・下巻≫, 80-95頁, 103-106頁を参照。なお、「三資」企業等の外資導入企業が電力工業（特に「集資辦電」）と関係していたかについて、具体的な事例をみいだせない。

59) 下野寿子『中国外資導入の政治過程―対外開放のキーストーン』法律文化社、2008年、152頁以下参照。下野によれば、14の沿海都市に特に限定してこうした権限移譲を行った理由として、外資導入への無秩序な依存を避けようとしただけでなく、中央財政状況がかなり厳しい状況にあったことを指摘しているが、これに関連して、部・委員会・部級の公司が外資導入に取り組んだ事例が該書では指摘されていない。ここでは、電力工業における事例を紹介するが、その他の部門については、今後の研究課題としておく。

60) 国務院が認可した国家計画委員会の「計画体制の改善に関する若干の暫定規定」（≪关于改进计划体制的若干暂行规定≫, 1984年10月4日）のうちの「三, 外資及び外資利用計画」を参照（前掲『中国経済政策史』、441頁以下）。

放以来の外国資本の導入の重大な1年とされ、実際に利用された外資は1979―1982年までの総額124.57億ドルに匹敵し、前年比増加率は97.8％に達する」[61]とされた。

こうした外資導入による電源開発については、後述するように、小型発電による電力不足に対する応急的な対応のものではなかった。1984年に建設された雲南魯布革水力発電所は中国電力の発展史上初の外資を用いて建設された発電所であった（1984年12月着工、1988年12月完成）。このプロジェクトは、世界銀行からの借款（1億4510万ドル）を利用し、国際入札とプロジェクト管理などを取り入れた「国際工程管理システム」を実行した項目であった（ノルウェー政府は無償援助900万クローネを提供した。日本の大成建設はこの工程の引水トンネルを落札した）。こうして、中国電力工業へ国際的な先進プロジェクト及び管理経験が導入され、これが業界に与えた衝撃は「魯布革ショック」と称され、国務院はこの経験を積極的に全国に推進していった[62]。

その後[63]、世界銀行・アジア開発銀行・外国政府などからの借款、及び外国資本の直接投資によって多くの電力プロジェクトが実行された。主要なものを挙げると、世界銀行からの借款を利用した大型プロジェクトとしては、先の魯布革水力発電所に次いで、広西岩灘水力発電所（1986年、5200万ドル）、浙江北侖港火力発電所第1期工事（1984年、3億9810万ドル）、福建水口水力発電所（1987年、1億4000万ドル）、上海呉涇水力発電所第2期工事（1986年、1億9000万ドル）のほか、上海―徐州間50万ボルト高圧送変電プロジェクト（1985年、1億1700万ドル）が実施された。アジア開発銀行からの借款は、広州の揚水発電所の技術改善特別資金と華能発電公司（この公司については後述）を通した吉林長山発電

61）前掲《中華人民共和国経済史・下巻》，104頁。

62）前掲《我国電力投資体制改革30年回顧》。なお、これが最初の外資導入とされているが、後述するように、ベルギー財団による姚孟火力発電所が1982年に工事を始めているので、どちらが外資導入の嚆矢か、詳細は改めて検討したい。

63）ここでは、1980年代のプロジェクトに限定した（前掲《中国電力工業志》，678-684頁，前掲《我国電力投資体制改革30年回顧》，参照）。1990年代になると、電力会社の海外市場での上場が認可された（前掲《中国電力産業政府管制研究》，98-100頁）。

所の石油から石炭燃料への改善資金（2680万ドル）であった。

　政府借款として最大のものは日本からの海外協力資金の提供であり、1984年から開始された広西・貴州・雲南3省の境界に位置する天生橋1級及び2級発電所（このうちには、天生橋—貴陽間、天生橋—広州間の50万ボルト送変電プロジェクトを含む。1984—1989年、総額8億2846万ドル）、湖南の五強渓水力発電所（発電所から常徳、株洲間の50万ボルト送変電プロジェクトを含む。1980—1992年、総額2億ドル）、北京の十三陵揚水発電所（1990年、1億ドル）などがあった。オーストリア政府は、湖南の南津渡水力発電所(1500万ドル)、四川の渭沱水力発電所(1505万ドル)、馬回水力発電所（1300万ドル）、遼寧の桓仁水力発電所（550万ドル）、本渓火力発電所（550万ドル）、鞍山第二火力発電所（490万ドル）などに資金を提供し、ベルギー政府（ベルギー財団借款）は、河南の姚孟火力発電所（2億1550万ドル）に、イタリア政府は、潘家口揚水発電所(5945万ドル)に借款を提供し、設備機器に対する貸付をスペインと共同で行った。フランス政府は、広州揚水発電所第1期工事に関する設備機器(1989年、政府と輸出信用貸、2億414万ドル)、江油発電所に対する設備機器（1986年、2億2500万ドル）、カナダ政府も、湖北の隔河岩水力発電所の設備機器（1987年、1億821万ドル）に対して借款を提供した。

　外国資本の直接投資によって成立した合弁プロジェクトは公司の設立によるものであり、石家庄上安（合弁先アメリカGE）・南通（合弁先アメリカGE）・大連（送電部門を含む、合弁先日本三菱)の発電所、厦門華陽公司、深圳沙角B発電所、山東中華電力有限公司などであった[64]。このほか、1985年には、広東と香港の両政府は、相互に資本を出し合って、大亜湾原子力発電所を建設した[65]。

　その他、各国政府借款、商業（銀行）借款、商品交換借款などの組み合わせ

---

64) 前掲《我国电力投资体制改革30年回顾》，前掲《中国电力工业志》，683-684页の表13-1-3を参照。

65) この合弁方式は、BOTを用い、香港側が自ら投資して発電所を建設する（香港はイギリス政府とフランス政府の借款を導入）が、最初の10年間の経営権は香港側が所有し、1998年4月1日以後、この発電所の所有権と経営権は中国側に移譲するというものであった（前掲《中国电力工业志》，683页、《中国电力发展的历程》編集委員会《中国电力发展的历程》中国电力出版社，2002年，175页参照）。

で行われた外資導入、商業（銀行）借款、商品交換借款がそれぞれ単独で行われた外資導入などがあり、1979—1990年、これらの資金で設立された発電所は10個、総額23億6600万ドルに達した[66]。1981—1985年の「六・五」計画期の5年間、外資利用のプロジェクトは、人民元換算約14.5億元、電力基本建設総投資の4.8%を占めた（後掲表2-1参照）とされる[67]。

　しかしながら、この外資（借款を含む）利用政策にはさまざまな問題が生じた。例えば、各地がそれぞれ独自に計画を行い、情報や経験などの不足のため、同じ機械・資材のオファーにも差が生じ、借用金の利子や返済期間にも大きな差別がなされ、貸方の外商が利益を得て、借方（中国側）に大きな損をもたらしてしまう可能性が現実的に存在した[68]。こうしたことを防ぎ、資金収集を共同で実施し、対外商談を連合で行うために、華能国際電力開発公司が設立された。1985年6月、国務院は、「以煤代油」基金を用い、この公司の成立を許可した。この公司は、中国銀行の香港支店、経済貿易部の華潤公司、水利電力部の対外公司、及び「圧油」辦公室の共同出資で設立された。この公司は資本金1億ドル、中外合資企業として独立採算・損益自己責任の独立法人の資格を備え、主な役割は、外資を利用する「辦電」機構として「集資辦電」を支持し、「辦電」に関する資金（国内資金と外資）を提供し、連合して対外商談に対応し、「辦電」に関わる原材料の提供と燃料供給を行うものであった。この公司の外資利用による「辦電」の第1期の目標は500万キロワットであり、主な項目は、大連、徳州、南通、福州、石家庄（上安）、湖南石門、上海石洞口などの各発

66）前掲《中国電力工業志》，684頁の表13-1-3から収録。後述するように、これらには、華能国際電力開発公司が関与した。

67）前掲《中国電力規劃・綜合巻（上冊）》，84頁。なお、前掲《中国電力発展的歴程》，175頁によれば、2000年までに電力工業が契約した外資利用総額は269億ドルに上り、発電・送電プロジェクト数は100項目、6813万キロワットになるとされた（この時までの完成は178億ドル、54項目、2920万キロワット）。だが、その後、世界の環境保護意識が盛んになり、先進国の投資重点は水力発電及びクリーン・エネルギーに移されていった（張宏、張忠華《談談発展我国電力工業資金短缺問題》，載《世界机电経貿信息》，1995年第9期）。

68）前掲《中国電力規劃・綜合巻（下冊）》，807頁。

電所の建設であった[69]。

（5）電力債の発行による電力建設

第5は、電力債の発行であった。1987年3月、国務院は国家計画委員会が提出した「1987年電力建設債券の発行に関する報告の通知」を批准し、電力建設債券の発行を通して電力建設資金をできる限り広い範囲で調達する方針を確定し、各省・市・区に通達した。この「報告」に添付された「電力建設債券発行に関する暫定規定」によれば、発行主体は省・市・区の電力局あるいは電網管理局であり、債券購入は自己資金に限定し、個人でも、企業でも、すべての名義での購入が認可された。債券には利子を付けず「用電権（電力の使用ないし消費の権利）」を与える（「規定」では、債券2500元で1000キロワット/時の用電権を取得でき、電価にも特恵を与える）とし、国家重要企業に最優先購入権を認めた[70]。

このような電力工業における投融資体制の改革が進展するにつれて、その後、電力工業は、国内資本市場はいうまでもなく、海外資本市場においても、社債・株式による資金を積極的に収集するようになっていった。こうした資金は、電力工業の経営を安定化させ、さらに改革を推し進める重要な基盤になっていった。

3　「集資辦電」の効果

表2−1は、「集資辦電」が実施されてからの電力工業における基本建設資金の動向である。すでに指摘したことではあるが、ここで、再度、次のことを確認しておこう。基本建設の投資規模は予算内投資資金と予算外投資資金の総額

---

69)「外資を利用し、電力建設を加速する問題に関する会議紀要」（1984年12月8日）（前掲≪中国电力规划・综合卷（下册）≫，807-808頁）を参照。

70) ≪国务院批转国家计委关于发行一九八七年电力建设债券报告的通知≫国发［1987］18号（≪中国电力规划・综合卷（下册）≫，816頁）。その後（5月3日）、「電力建設債券発行に関する暫定規定」についての「補助説明」が通知された（同上≪中国电力规划・综合卷（下册）≫820頁）。ここで、「用電権」を「電力の使用ないし消費の権利」としたのは、この「用電権」には、電力を自ら消費するだけでなく、最終消費者に電力を販売することができる権利を含んでいたからである。

表2-1 「六・五」～「九・五」計画期の類別基本建設資金源投資額　　　単位：億元、（%）

時期＼項目	六・五 （1981—1985年）	七・五 （1986—1990年）	八・五 （1991—1995年）	九・五 （1996—2000年）
国家予算内資金	239.0 (79.7)	165.7 (16.9)	104.5 (3.8)	9.7 (0.2)
開発銀行			402.8 (14.8)	1599.8 (27.4)
商業銀行		160.4 (16.4)	439.1 (16.1)	781.2 (13.4)
電力債券		98.5 (10.0)	65.9 (2.4)	62.7 (1.1)
外資	14.5 (4.8)	94.8 (9.7)	270.5 (9.9)	1015.4 (17.4)
調達資金	11.0 (3.7)	319.0 (32.5)	1260.0 (46.3)	2000.7 (34.2)
「以煤代油」基金	25.8 (8.6)	97.4 (9.9)	75.2 (2.8)	23.1 (0.4)
「省エネ」基金	9.7 (3.2)	17.1 (1.7)	93.6 (3.5)	
電力建設 資金等		28.2 (2.9)	9.4 (0.4)	351.1 (6.0)
合計	300.0 (100.0)	981.2 (100.0)	2720.9 (100.0)	5843.6 (100.0)

出所：「六・五」の数値は前掲≪中国電力規劃・綜合巻（上冊）≫，83頁の記述、「七・五」の数値は前掲≪中国電力工業志≫，778頁、「八・五」の数値は前掲≪中国電力発展的歴程≫，412頁、1991年から2001年までの各年≪中国電力年鑑≫の「統計資料」（1992年、1993年は資料が与えられていない）により作成した。
注：空欄は原表で数値が0を示す。下段の（ ）内は%。

である。予算内投資資金とは、国家予算によって賄われる基本建設投資資金である。これに対して、予算外投資資金とは、国家の予算外の基本建設投資資金であり、それは、①各種金融機関からの借入金である。但し、国家による供与資金（「撥款」）を建設銀行による貸付に改めた「撥改貸」は、この借入金には含まれない予算内の資金である。②中国語でいう「自籌資金」（自ら収集した自己調達の資金）であり、各部門・各地方政府・各事業単位及び個人が収集・自己調達して投資した資金である。③「外資」とされる国外からの資金（外国から調達された資金）であり、外国からの贈与資金・借入金（政府借款、国際的金融

機関からの借入金、輸出補償借入金、外国債券の発行など）及び直接投資資金（例え
ば、「三資」経営・補償貿易・技術設備等のリース）などである。これまでの電源開
発は、基本的に国家の予算内投資資金に依存してきたが、「七・五」計画期以
降、国家の予算内投資資金が大幅に減少して予算外投資資金が拡大し、電源開
発における国家の財政負担は大きく軽減された。

　「集資辦電」により電力工業への基本建設投資は大幅に増加した。表2-1に
みるように、改革が進展した「六・五」、「七・五」計画期から電力不足が解消
される発展を実現した「八・五」、「九・五」計画期までの4つの「5ヵ年計画」
期を経た20年間に基本建設投資はほぼ20倍に増加した。単純計算（年平均増加
率）では、計画期ごとに2.7倍ほど（平均増加率173％）の増加を実現したことを
意味する。各地に多くの発電所が建設された。発電設備容量は1986年の9382万
キロワットから2000年の3億1932万キロワットに2億2550万キロワット増加
（平均年間増1503万キロワット、年平均増加率9.1％）し、発電量は4496億キロワッ
ト/時から1兆3685億キロワット/時に9189億キロワット/時増加（平均年間増613
億キロワット/時、年平均増加率8.3％）した[71]。社会経済の発展及び国民生活の改
善を妨げていた電力不足はしだいに解消の方向に向かっていった。電力工業と
りわけ発電部門の拡大が国家による財政資金の急激な減少を伴って進展した。
表2-1にみるように、銀行借入資金や外資のほか、中央部門、地方政府、及
び中央と地方の国有・集団所有の企業・事業体の「調達資金」によってそれが
実現されたのである。

　「改革」が始まる「六・五」期には80％近くを占めていた国家予算内資金（し
かも多くは「撥款」という無償給付金であった）は、「七・五」期には約17％に減
少し、さらに「八・五」期にはわずか4％に減退し、「九・五」期には0.2％と
いう取るに足りないものになった。国家資金の直接投資は「撥款」（研究所・学
校・科研項目の建設など）に限られ、これまでの「撥改貸」という建設銀行を通
した国家資金の投入はほとんどが政策銀行として1994年に設立された国家開発
銀行（中長期の長期貸付及び投資を担った）に移されていった[72]。すでに指摘した

71）本章第3節の表2-3を参照して、算出した。

ように、基本建設投資における国家資金は「撥款」から返済義務を伴った国家からの借入金（「撥改貸」）に転換し、それが基本建設の主要な方向になっていったが、それと同時に、先に指摘した「調達資金」が電源開発投資のほぼ3割から4割以上を占めるようになった。しかし、こうした方針転換が実現されてから10年後（1990年代中頃）には、国家開発銀行が設立されて政策金融が本格的に開始され、「調達資金」に次いで国家開発銀行や商業銀行からの借入金が大きな地位を占めるようになった。表2-1にみるように、商業銀行からの借入金に代わって国家開発銀行からの政策金融が主要な地位を占めるようになった。これに外国からの資金が加わり、電源開発における多元化・多様化が実現され、国家が電力生産を独占し、国家管理で電力を配給するといった一元的体制は大きく変化したのである[73]。とりわけ、「九・五」期には、外国資金の利用効率が向上し、1994年末、外資による電力工業の大中型プロジェクトは64項目、発電設備容量は合計4070万キロワットであったが、それらは、この期の新増設の大中型設備容量の25％を占めた[74]。この期の外資協議金額は145億ドルであり、実際利用外資は121億ドルであった[75]。その電力建設投資に占める比率は「九・五」計画期には17.4％にまで達した。「八・五」計画期に比べて、量的には約4倍に増大し、それとともに比率も倍増した。こうした対電力工業の投資状況において、この「九・五」計画期に特徴的なことは、すでに指摘したように、国家の予算内投資が「八・五」計画期の10分の1以下に減少したことであり、地方政府資金を中軸にする「調達資金」等も量的には拡大したが、

---

72) この「撥改貸」がどのくらいであるかを区別・確定できないが、表2-1にみるように、国家開発銀行と商業銀行の資金区分はできる。国家開発銀行の資金は、基本建設資金ではなく、財政部の政策的資金運用の資金であるので、ここでは「撥改貸」とその意義を異なるものとして考えた。

73) 従前の「国家主導の電力供給体制、垂直的一体化経営」は編成替えされ、電源開発の多元化・多様化が実現され、中央・地方・部門・企業等の各経済主体が相互に連携する経済的管理方式（契約・独立採算・利益分配等の制度）が要請され、さらに電力建設における設計・施工及び技術導入・設備製造・原材料供給などの環節における競争入札制度等の導入が促された。

74) 前掲≪電力発展概論≫，26頁。

75) 同上≪電力発展概論≫，26頁。

その比率は大きく低下したことであった。この期に量的にも、比率的にも増加したのは、外資をはじめ、政策金融を担う国家開発銀行からの借入金であり、これに加えて商業銀行からの借入金が一定の地位を占めた。

　この期間、すでに指摘したように、「改革開放」が進展し、国家・企業・労働者の利益を緊密に結合させて、独立採算に基づく企業経営を志向する管理体制や「集資辦電」といった投資体制の改革、とりわけ大中型基本建設項目に対する「包干責任制（請負責任制）」と予算外資金の動員によって、国家資金の比率は大いに減少していった。政府としては、この減額分を政策資金として活用する範囲が拡大し、改革期に必要とされる資金的基礎を確保したのである。

　こうした変化は、従来の単一的電力価格体系を打破し、価格の弾力化に関わる電力の市場化の問題を提起することになったが[76]、同時にまた、電力工業が抱える管理体制上の問題をも露呈させることになった。それは、電力の生産（発電）から配給（電網）・消費までの一切の過程が「政企合一（行政管理と企業管理が一体化している管理体系）」体制で処理されているという管理上の問題を突出させたことであった。「集資辦電」によって建設された発電所は、すでに指摘したように、電力不足状態への対処を急いだことから従来の電力管理体系に組み込まれたが[77]、そのなかで、行政管理から離れた企業管理を優先する価格設定上の「特恵」を享受することになった。電源開発における国家の一元的管理が壊れ、多元化・多様化が進展したことによって、地方政府や国有・集団所有制の企業・事業体における社会的遊休資金の動員のみならず、既存の電力工業とりわけ発電部門における企業・事業体の管理者や職員・労働者の遊休資金を動員させ、さらには電力工業と関係のないさまざまな所有形態の企業・事業体の管理者や職員・労働者の遊休資金をも動員させ、投資者層の分散化を結果することになった。こうしたことは、低効率な小型発電企業の拡張、発電機のみの設置、共同所有の設備機器の設置という事態をもたらしていった。そうしたことにも、「特恵」が与えられ、それが「還本付息方式」（優先的に元金償還と利息を返済する方式）の電力価格の承認と結びつくことで、「一廠多制（一つの発電

76）前掲《我国电力投资体制改革30年回顾》参照。
77）前掲《我国电力管理体制的演变与分析》参照。

所において所有権の異なる発電設備が所有されていること、つまり、投資主体が個々の
発電機を所有したり、発電所内に別企業を設置したりすること）」に由来する「一廠
一価・一機一価（発電所ないし発電機ごとに電力価格を設定すること）」などを生じ
させることになり[78]、電力市場のみならず、電力の供給・配給の管理に大きな
混乱をもたらした。

　「集資辦電」は、電力建設の投融資体制を変化させたが、中央と地方のそれ
ぞれの管理権限の確定を推進するものでもなく、とりわけ行政指導下の企業経
営の管理状況を変革して企業を市場における独立した生産主体にする改革へ直
結するものでもなかった。そういう意味では、電網の統一問題や市場調整によ
る電力価格問題などを根本的に解決することはできなかった。

　こうしたなか、市場における競争の有効性が自覚され、企業管理上における
「政企分開」（「政企合一」をやめ、両者を分離することであり、企業経営を行政指導か
ら解放することを意味する）の必要性が方向づけられていった。

4　「電力連合公司」と公司化の集大成（「五大電力集団公司」の成立）

　中国の電力工業は、行政と企業が一体化した「政企合一」という管理体制の
下に「電力一体化経営（発電・送電・配電・売電の一体化）」を行っていたため、
省と省の間に大きな行政的管理の障壁が存在していた。こうした行政区分で分
断されている省を跨ぐ電力網の統一的管理が必要とされるなかで、電力と電網
の「一体化経営」の分離が模索されはじめた[79]。

　1987年 9 月10—14日、国家計画委員会・国家経済委員会・水利電力部は共同

78）周放生≪何謂"一厂多制"≫，載≪国有資産管理≫，2008年第 5 期，王敬敏、王
　　广庆≪"一厂一价"電価政策的分析≫，載≪中国電力企業管理≫，1999年第 4 期，
　　前掲≪中国電力改革与可持続発展≫，37頁。

79）前掲≪中国電力改革与可持続発展≫，総論を参照。電力工業の管理体制は、中央
　　政府（電力工業部）→広域電業管理局→省電力管理局→地区・市級電力管理局→県
　　級電力管理局からなる「 5 級管理」であった。それぞれの管理局がそれぞれのレベ
　　ルの電力工業を管理して「一体化経営」を行っていた。なお、後述するように、こ
　　の期の政府電力部門を管理する機関は、電力工業部（1979年 2 月）と水利電力部（1982
　　年 3 月）であり、1988年 5 月にはエネルギー部になった。

で「電力工業の発展を加速する座談会」を開催した。この「座談会」において、李鵬副総理は国務院を代表して、「政企分開・省為実体（自主経営の「省電力公司」の設置）・連合電網（省を跨ぐ電網の接続と統一管理）・統一調度（統一指導による電力配給）・集資辦電」という「電力改革二十字方針」と「因地因網制宜（地域及び電網の状況に合わせて事に当たる）」の方針を提出した[80]。この電力工業の「改革方針」は、行政と企業の役割を明確に区別し、電網の管理については、自主性を持つ「省電力公司」として独立させるとともに、省級（省・市・自治区）政府の管理下にある電網（電業管理局が管理する電網）を接続・統合し、統一指導による電網管理を強化し、そうした体制下において「集資辦電」を奨励するというものであった。その際には、統一的な共通の方法を用いるのではなく、地域や電網のいまある状況を考慮して、それぞれ独自性を発揮して行うということであった[81]。このことは、発電部門と電網との関係を改革（それぞれを行政から企業として分離・独立）して、発電企業の権限を拡大し、発電所を「独立経済採算単位」にするほか、省を跨ぐ電網の電業管理局（広域電網[82]の電力管理局）及び省電力局（省の管理に属する電力管理局）といった「独立経済採算単位（公司）」を創出するということを意味した。

　こうしたなか、1988年5月、「第7期全国人民代表大会第1回会議」は、水利電力部を撤廃して、石炭工業部・石油工業部及び原子力工業部を統合したエ

---

80) 前掲≪中国电力规划・综合卷（下册）≫，724-727页。「集資辦電」については、すでに論述した。この「電力改革二十字方針」のうち、わかり難いのは「省為実体」である。これについては、さまざまな解釈が成り立つとして、それを論じた論文がある（万民存≪"省为实体"—内涵与沿革≫，载≪电力技术经济≫，1999年第4期を参照）。ここでは、これらの研究成果を踏まえて、「省電力（あるいは電網）公司の自主性」とした。

81) 電網の管理については、「発電企業と電網の関係を改革し、全電力事業の統収統支（収入と支出を一括処理する）を改め」、「電網の電業局、省級の電力局、発電所のそれぞれが経済採算の計算を行い、また電網内においては、国家と地方の2つの管理体制を1つの電網連合の管理体制にする」ことであった。

82) これまで、省を跨ぐ電網という表現を用いてきたが、この省を跨ぐ電網の管理体制が整備され、中国においても、これを「広域電網」と表現されるようになるので、以下、この電網を「広域電網」ということもある。

ネルギー（能源）部を新設することを決議し、翌6月、エネルギー部が正式に成立した。これまでの電力工業における行政及び企業管理の職能は、このエネルギー部が担うことになった。エネルギー部は全国のエネルギー産業に対して統合的な管理を実行するものとされ、その主な職能は、エネルギー産業に関する方針や政策及び戦略配置を決定し、マクロ方式によるエネルギー・バランスを調整し、エネルギーの合理的利用と開発を促進することにあった[83]。エネルギー部は、直ちに「三定方案」[84]を提出して、事業管理の概要を明らかにし、電力建設の標準定額・技術標準・事業性規則や制度などは、エネルギー部が自ら審査・決定・公布するとし、設備建設の監督と調整、経済効率の向上、技術政策の制定なども、エネルギー部が独自に行うとした。また、国家計画委員会と協力して、社会全体の「省エネ」とエネルギーの総合利用を推進するとされた。こうして、エネルギー部の主体的独自性がより保持されるようになり、電力工業における管理体制の「改革」が本格的に動き出すことになった。

1988年10月、国務院は「電力工業管理体制改革方案（プラン）を印刷・配布することに関する通知」を発出し、エネルギー部が提出した「電力工業管理体制改革方案」（1988年7月13日決定）を承認し、エネルギー部に電力工業改革の権限を与えた[85]。この「方案」は、「地域及び電網の実情に合わせ、地方政府に電力工業の発展と電力消費の責任を担わせることに重点」を置き、行政と企業の機能分離を実現するため、次の3点について、改革の方向を示した。

第1は、「電網連合」組織の設置による広域電網管理体制の構築である。

①各省の電網は、逐次、「省（省・市・自治区）を跨ぐ電網」に接続して、「広

83）前掲≪中国电力产业政府管制研究≫，90頁。

84）「三定方案」とは、①主要な職責、②設置する機構、③人員編成及び指導部人員を定めることである。エネルギー部の「三定方案」の詳細は知りえないが、その後、再び電力工業部になってからの「三定方案」については、≪中国电力年鉴≫編委会編≪1993年中国电力年鉴≫中国电力出版社，1993年，6頁以下を参照（以下、≪中国电力年鉴≫について、年次のみを付して表記）。

85）≪国务院关于印发电力工业管理体制改革方案的通知≫国发［1988］72号参照。この「管理体制改革方案」は、先の李鵬副総理の改革方針を正式な公文書として認可し、実行するものであった。

域電網」に整備していくが、これは「電網の連合」であり、電力工業の発展の当然の帰結である。こうした「電網の連合」に適した管理体制を構築するため、省を跨ぐ電網の電業管理局を「電力連合公司」に改め、省の電力工業局を「省電力公司」に改める。「省電力公司」と「電力連合公司」は、独立採算制・損益自己責任制の経済組織（法人）である[86]。「電網の連合」には、統一的指導を行い、指導規律を厳守させる。指導命令に従わずに電網に事故が生じた場合、事情に応じて、当事者及び責任者の行政責任や法的責任を追及する。上級の指導命令が経済利益と矛盾する場合、電網側の利益を考慮するが、指導命令を優先する。このことによってもたらされる電力供給や経済的損失については、予め相応の補償方法を制定しておく。電網の指導部門は、高い透明度及び合理的な公平さを以て、相互信用に基づいた統一的指導体制を構築し、国家計画と経済契約を執行しなければならない。電網の連合内に包摂される電力供給部門（発電所）の資産関係は変更しない。

②「電力連合公司」は、これまで省を跨ぐ電網の電業管理局に包摂されていた省・市の「省電力公司」からなる連合企業である。エネルギー部に所属し、その管理下に帰属する。国家計画における「単列（予算配分の独立項目の一部門）」に位置し、「電力連合公司」の傘下にある企業は、これまで通り計画物資を企業の隷属関係に従って配分・供応される。「電力連合公司」の職責は次の4点である。イ）エネルギー部が批准した電網の連合内の基幹発電所・調整発電所・33万ボルト及び50万ボルト架線の直接管理。ロ）電網の安全運営に対して責任を担当する「電力連合公司」の総指揮部門は、「電網指導管理条例」の定める責任と権限に基づき、統一指導・分級管理を実行し、国家の発電・電力供給の計画の実現を保障し、電力供給の質を保障する。ハ）電網の発展に関する企画の提出・年度計画の編成・上級への報告（請負経営案の制定や各「省電力公司」と

86）こうした「電網連合」は、地域及び電網の事情に適した形で行い、各地域・各電網に共通であることを強要しない。連繋が特に緊密な電網、例えば、「京津唐電網」と「河北北部電網」は、それぞれ「電網連合」内の1つの独立採算制の経済組織とみなしてもよいとされた（前掲≪国務院关于印发电力工业管理体制改革方案的通知≫）。

の協調関係など）を行う。ニ）電網管理に関する規則の制定のほか、上級機関の批准を得て電網に対する監督やサービス提供などを行う。

③「省電力公司」は、所有権の異なる種々の電力工業の企業からなる連合企業である。その職責は次の4点にある。イ）省内の電力の建設・配給・消費の管理（「電力連合公司」が直接管理するものを除く）において、責任・権限・利益の結合を実現する。財務上では、中央と地方の財産所有権に応じて、それぞれ収支計算を行い、損益自己責任を実行する。ロ）「省電力公司」の指揮部門は、「電力連合公司」の統一指導に従い、電力供給の質を保障する。省内における電力の送出・受入の任務を完成した後、「多発多用・少発少用（発電量が多い場合は多く消費してもよいが、少ない場合は少なくしか消費できない）」を実施する。売電後にもなお電力に余りがある場合、省を跨いで売電することも可能であるが、その場合の売買契約（あるいは協議）は、「連合電力公司」の総指揮部門の同意を得なければならない。ハ）「電力連合公司」が制定した各種の規則を遵守し、「電力連合公司」と結んだ電力供給の契約や経済契約を履行し、期間ごとに計算して決算する。ニ）エネルギー部及び省人民政府から委託された電力工業に対する管理職能として、当地域の電力発展の企画及び電力の需給バランス計画に責任を負い、電力の配給・「集資辦電」・農村電化に関する任務を引き受けるとともに、「電力連合公司」の省を跨ぐ電網に対する企画・計画に積極的に協力・支援し、当地における新設・拡張工事及び技術改造プロジェクトの電力消費審査などに参加する。

④「省を跨がない電網」[87]（四川・雲南・貴州・山東）の管理責任を負う省の電力工業局は、「省電力公司」に改め、独立経営の組織にする。エネルギー部と省人民政府による「二重指導」を実施し、この人民政府に当該地域の電力工業に対する管理職能が委託される。

第2は、企業経営メカニズムの導入である。

---

87) 前章で検討したように、これまで「省を跨がない電網」が所在する省・市・自治区では、特に電力管理機構を設置せずに、省を跨ぐ電網の電業管理局が代行していた。しかし、後述するように、「南方聯営公司」が成立して、雲南・貴州の「省電力公司」は、この「公司」の傘下に入った。

①「連合電力公司」と「省電力公司」の傘下にある各事業（企業）では、「経営請負責任制」を実施し、逐次、株式制に移行していく。経営管理を強化し、各種の物質消耗率を大幅に引き下げ、労働生産率を向上させ、経済効率や利益率を向上させ、企業活力を強化する。

　②「連合電力公司」と「省電力公司」は、売電量に応じて賃金総額（このうちには奨励基金を含む）を確定する。億キロワット/時の売電量に対する物質消耗量・賃金総額を確定し、これを必要な安全・経済・技術の指標で補い、査定する。

　③外資の導入（独資・合弁）によって設立された発電所、水系に応じて設立された水力発電開発公司と新設の水力発電所、資金の収集や各種借入金を利用して新設された発電所（「集資辦電」）は、すべて独立採算制を実施し、「連合電力公司」及び「省電力公司」と契約を結ぶことができる。以上の各種発電所は、送変電施設を同時に建設し、かつ電網を統一する技術条件と技術設備を備えなければならない。電力価格は発電所の査定価格に依拠するが、関係部門の批准を経なければならない。「連合電力公司」及び「省電力公司」による代理販売は管理費を徴取できる（但し、独立採算制が批准されていない発電所は、現行の規定に従う）。

　④企業とりわけ熱量負荷が高い企業の自家発電を推進する。企業の自家発電所の余剰電力に対して、「連合電力公司」と「省電力公司」は、直属の発電所に対するのと同様に「買電」を手配しなければならず、その際には管理費を徴取できる。

　⑤多種の電力価格を採用する場合、ピークを調整するために参加した発電所がそのピーク調整能力及び調整時間に応じて電力価格を確定する場合、価格は通常価格より高くしてもよい。水力発電所の満水期の電力価格は原則上安くしなければならない。事故などの特別な場合、特別な電力価格で計算しなければならない。

　⑥「連合電力公司」と「省電力公司」の具体的な事情によって電力価格の標準を設定することができる。例えば、省を跨がない電網では、「省電力公司」及び省級の物価部門がこの標準価格を提出し、エネルギー部と国家物価局が批

准する。省を跨ぐ電網では、「連合電力公司」がこれを提出し、エネルギー部
と国家物価局が批准する。

第 3 は、改革を進める際の具体的方策である。

①エネルギー部がこの「方案」に則して提出する各種の「改革」原則、また
関連諸部委が制定する具体的な実施方法は、エネルギー部が批准して後、執行
される。

②電網管理体制の改革は、1988年にまず華東電網において試行する。他の電
網（省を跨がない電網を含む）については、「改革方案」の制定に力を入れて取
り組み、1989年から逐次実施する。「連合電力公司」と「省電力公司」の設立
は、1990年 6 月末までに完成する。

③以上の改革方案を実施する際、現行の電力供給量及び輸配電や受電の電力
量に関する事項はこれまでの協議内容を維持し、新体制が確立して後、新たな
やり方に基づいて、再執行する。

以上のような方針（方向）に基づいて、1988年12月から1990年にかけて、電
力工業管理体制の「改革の試み」として、各種の電力公司が設立されていった。
まず、「試行」例として、華東電網において新たに「華東電力連合公司」が設
立され、次いで、華北電網において「華北電力連合公司」、東北電網において
「東北電力連合公司」、西北電網において「西北電力連合公司」が設立された（図
2-2参照）。こうした組織変更に対応して各省の電力管理局も省電力公司に転
換され、それぞれの「連合電力公司」の傘下に収まった。華東地区では、江蘇
省電力公司・浙江省電力公司・安徽省電力公司・上海市電力公司が「華東電力
連合公司」に、華北地区では、河北省電力公司・山西省電力公司が設立され、
天津電業工業局とともに、「華北電力連合公司」の傘下に入った。

1988年11月、全国の電力に関係する事業や企業によって組織される非営利社
会団体法人である「中国電力企業聯合会」（以下、「中電聯」と略称）が成立し、
国家の事業単位としてエネルギー部の管理下に置かれた。「中電聯」は、電力
企業や事業にサービスを提供するとともに、エネルギー部の電力工業の関連事
業に対する管理強化に協力することを職能とした。その後、政府と企業間の「橋
梁」としての役割を果たすようになり、多くの行政管理の仕事がこの「中電聯」

エネルギー部 ─┬─ 総合計画司・政策法規司・基本建設司・安全環境保全司・
　　　　　　　│　　対外協力司・電力司・農村エネルギー及び電気化司等
　　　　　　　├─ 水力発電工程総公司─各水力発電工程局
　　　　　　　├─ 電力企画設計院─華北・東北・華東・中南・西南・西北設計院
　　　　　　　└─ 各種研究所・学院

（公司）
── 華北電業管理局（華北電力連合公司→華北電力集団公司）

　　　天津電業工業局（天津市電力公司）・河北省電力工業局（河北省電力公
　　　司）・山西省電力工業局（山西省電力公司）

── 華東電業管理局（華東電力連合公司→華東電力集団公司）

　　　上海電業管理局（上海市電力公司）・浙江省電力工業局（浙江省電力公司）・
　　　江蘇省電力工業局（江蘇省電力公司）・安徽省電力工業局（安徽省電力公司）

── 東北電業管理局（東北電力連合公司→東北電力集団公司）

　　　吉林省電力工業局（吉林省電力公司）・遼寧省電力工業局（遼寧省電力公司）・
　　　黒龍江省電力工業局（黒龍江省電力公司）

── 華中電業管理局（華中電力連合公司→華中電力集団公司）

　　　湖南省電力工業局（湖南省電力公司）・湖北省電力工業局（湖北省電力公司）・
　　　河南省電力工業局（河南省電力公司）・江西省電力工業局（江西省電力公司）

── 西北電業管理局（西北電力連合公司→西北電力集団公司）

　　　甘粛省電力工業局（甘粛省電力公司）・寧夏回族自治区電力工業局（寧夏回族
　　　自治区電力公司）・青海省電力工業局（青海省電力公司）・新疆ウイグル自治
　　　区電力工業局（新疆ウイグル自治区電力公司）

── 四川省電力工業局（四川省電力公司）
── 山東省電力工業局（山東省電力公司）
── 福建省電力工業局
── 華南電網辦公室　　　　　　　　　───▶　南方聯営公司（1991年）
── 貴州省電力工業局（貴州省電力公司）
── 雲南省電力工業局（雲南省電力公司）
── 広西チワン族自治区電力工業局
▲広東省電力工業局（省経営）
▲内蒙古自治区電力工業局（省経営）
▲西蔵自治区電力工業局（省経営）

図2-2　エネルギー部の電力工業管理体制（1990—1991年頃）
出所：前掲《中国电力工业志》, 750-751頁に基づき、本文の記述に従って作成。

に移行されていった[88]。さらに、1988年に成立した発電所の建設管理を担ってきた「中国華能集団公司」もエネルギー部の指導下に組み入れられた。

　こうして、1993年1月、国務院は、これまでの電力工業における公司化を集大成する決定を行い、「大型企業集団の組織に関する試行通知」による指導が電力工業にも徹底された。エネルギー部は、各大区の「電力連合公司」を電力集団公司に改組し、東北・華東・華北・華中・西北の「五大電力集団公司」を成立させた（管理に関する権限はエネルギー部が掌握した）[89]。この「五大電力集団公司」がそれぞれ「省を跨ぐ電網」を管轄することになった。省が独自に管理する電網は、四川・山東・福建など9個であったが、雲南・貴州・広西・広東の4省・自治区は、共同で、これまでの「華南電網辦公室」の名称を変更して「南方聯営公司」（1991年）を成立させ、この「南方聯営公司」によって、これまでの省を跨がない「電力公司」及び電力工業局の電網を「省を跨ぐ電網」の管理体制に転換させた。

　1995年までのほぼ10年に及ぶ「改革」の進展によって、「五大電力集団公司」を中心とする大区と省級範囲を管理する体制ができあがり、これ以外の市・県級レベルの独立した電網公司の設立は認めないことにされた。こうした「公司改革」を通して、電力工業における「政企分離」がともかくも形式的には実現された。これを実質的な成果にするには、さらに次節でみるような「改革」を経ることになるのである。したがって、ここで注意しなければならないことは、各大区の電業管理局が「連合電力公司」を経て「電力集団公司」に転換されたが、いまだ実質的な「公司」の職能を獲得しておらず、名目的に「公司」とさ

---

88) 「中電聯」は、全国の電力工業に関連する企業・事業単位の聯合組織として、国務院の批准を受けて成立した。「中電聯」の「三定方案」によれば、所属人数は130人であり、職能の多くはエネルギー部の行政管理を代行するものであった（≪1999年中国電力年鑑≫、10頁、及び http://www.cec.org.cn/zdljj.html 参照）。

89) 中华人民共和国国家经济贸易委员会編≪中国工业五十年（第九部）≫中国経済出版社，2000年，179頁。これを受けて、電力工業部は、1993年5月11日に、≪关于明确电力工业部所属单位并相应更改名称的通知≫（「電力工業部に所属する単位並びに相応する改名の名称に関する通知」）を発出した（≪1993年中国電力年鑑≫，29-31頁）。

れただけであり、実際、この「公司」に対しても、これまでの「電業管理局」という名称が使用されていたのである[90]。

5　電力価格体系の弾力化

ところで、もう1つの「改革」の課題は、電力価格の弾力化に関する「電力価格の市場化」問題であった。「集資辦電」・「政企分離」・「価格の弾力化」を実現しようとする「連合電力公司」や「省電力公司」の設置は、いまだ電力市場を全体的にカバーするものではなかったとはいえ、既述のように、電力価格の「改革」におけるいくつかの「試行」を生み出していった。

電力価格についていえば、一般的には、電力価格には、以下の3種があった。1つは、発電企業と輸配電を担当する「連合電力公司」や「省電力公司」との間における「上網価格」（発電価格）、2つは、「連合電力公司」や「省電力公司」と輸配電公司あるいは供電社などの事業体との間における卸売価格、3つは、輸配電公司・供電社などと最終電力消費者との間における小売価格である。図2-3にみるように、電力配給については、地域の「輸配電公司・供電社」を経ないで、「連合電力公司」や「省電力公司」から直接、「大口電力消費者」に送られるものもあった。

「上網価格」は、「集資辦電」及び1992年以後の国家投資を含めたあらゆる発電所が電網管理を担当する「連合電力公司」や「省電力公司」へ電力を販売する時の価格である。この場合、すでに指摘したように、燃料費等について、発電側が価格決定権を有し、発電側は「連合電力公司」や「省電力公司」へ電力を売る際、売価のうちに発電費（コスト）のほかに、電網接続費を含むことが認められた[91]。この電網接続費は、政府管制を受けるものとされ、原則として、公平性を維持した合理的利益を含むものとされたので、「上網価格」は、コスト＋税金＋合理的利益から構成されるものになった。コストは、省を跨がない省級の電網内において、同時期に建設された、同類型技術レベル発電機を備える発電所の社会的平均を基礎に算出された。その上に、燃料やその運輸費の加

90）　各年の《中国电力年鉴》の各地区電力の紹介記事による。

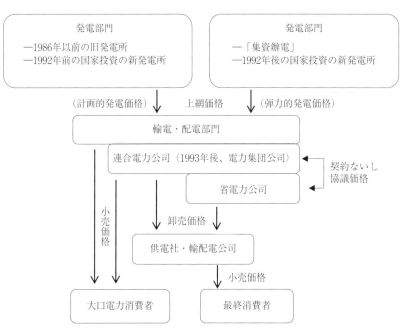

図 2-3　電力価格メカニズムの構成

出所：前掲《中国电力改革与可持续发展》，35頁を参考に作成。

算が認められ、さらに優先的に元金償還と利払いを付加できる「還本付息方式」
の電力価格といった「特恵」が付加された[92]。

　卸売価格は、独立した地域の輸配電に関わる公司・供電社などが「連合電力
公司」や「省電力公司」から電力を買い取る時の価格である。「上網価格」に
加えて一定の手数料が付加されて算出された。小売価格は、輸配電の公司・供

91）だが、1985年以前のすべて国家の基本建設投資によって設立された旧い発電所及
　　び1986-1992年までの基本建設資金で設立された新発電所には、「上網価格」といっ
　　た発電価格はなく、発電コストが即「売価」とされた。国家が承認した価格（これ
　　を「目録価格」という）によってコストを回収するだけであり、償却費・燃料費・
　　維持修繕費・賃金等は、国家によって支給されたので、電力販売でこれらを回収す
　　る必要はなかった。こうした電価決定システムを政府が定める「定価制度」という
　　（前掲《中国电力改革与可持续发展》，35頁）。その後、1996年の規定（《关于多种
　　电价实施办法的通知》［1996］水电计字第73号）によって、1992年以降に設立され
　　たすべての発電所にも、「上網価格」が適用されることになった。

電社を通して、あるいは通さない経路で、最終消費者に電力が供給される価格
である。後者の「連合電力公司」や「省電力公司」から直接「大口電力消費者」
に送られる契約による価格以外の小売価格は、省を単位として統一的に決めら
れる統一価格である。小売価格も卸売価格も、国家計画委員会が制定して公布
されるが、発電部門の「上網価格」に弾力性が認められているため、この価格
にも「調整」が認められなければならなかった。その場合、「省電力公司」は、
自己の財務状況や燃料価格・輸送費用の変化状況に基づいて再計算を行い、そ
の結果から、国家計画委員会に電力価格の調整申告を行い、これらを総合判断
して国家計画委員会は認可した[93]。しかし、実際には、消費者は、国家計画委
員会が制定した価格以外にも、各省各地域のさまざまな状況に基づいて一定の
基金や付加費を支払うことになっていたので、自然資源の相違や地域的な経済
発展の格差を反映して大きな相違があり、一般的にいえば、中西部地区は比較
的低く、東部沿海地区は比較的高かった[94]。

　直接、大口電力消費者と契約を結ぶ価格は大手電力需要者に特定した、原則
上、政府が価格を定める価格であった。河北省の事例（表2-2参照）として紹
介されている大口電力消費者への電価では、化学肥料工場への価格優遇がみら
れ、電力工業による農業支援を明確にみて取ることができる。農業の電力使用
も住民の生活用電価格とほぼ同じ水準に維持されていた[95]。

　だが、以上のような「改革」は、また、これに付随するいくつかの問題をも
たらしていった。第1は、発電分野における性格の異なる企業が存在したこと

92）例えば、紹介されている事例でいうと、「集資辦電」が開始されるまでの発電コ
　　スト価格（平均売価）は、1キロワット/時、約0.24元であった。「集資辦電」が開
　　始された1985年以降に導入された弾力的価格では、平均売価は、1キロワット/時、
　　約0.30元に上昇し、1997年には平均売価は0.41元にもなった（前掲≪中国電力改革
　　与可持続発展≫、36頁）。
93）同上≪中国電力改革与可持続発展≫、35頁参照。
94）同上≪中国電力改革与可持続発展≫、36頁。
95）電力不足である農村地域において、主に県級の電力供給公司や配電公司は、「大
　　型電網」の公司から大量の電力を購入した。この買入電量は国家が定める特恵価格
　　であった。

表2-2 河北省における小売電力価格（2001年）

	電力価格（元/キロワット/時）				
	1kV以下	1kV-10kV	35kV-110kV	110kV	220kV以上
1. 住民生活用電力	0.372	0.362	0.362		
2. 非住民照明用電力	0.527	0.517	0.517		
3. 商業	0.674	0.664	0.664		
4. 非工業及び普通工業	0.500	0.490	0.480		
うち、中小化学肥料	0.390	0.380	0.370		
5. 大工業		0.347	0.332	0.322	0.317
うち、苛性ソーダ、電炉、合成アンモニア、黄リン		0.337	0.332	0.312	0.307
中小化学肥料		0.243	0.228	0.218	0.213
6. 農業	0.380	0.370	0.360		
7. 貧困県の灌漑	0.169	0.164	0.159		

出所：前掲≪中国电力改革与可持续发展≫, 37頁。
注：「kV」はキロボルトである。

に関連する問題であり、第2は、中央政府の管理・監督機能が弱まり、地方の利益を優先する地方偏重主義が台頭してきたことの問題であり、第3は、市場の状況を反映させるといっても、公平な競争条件を確保できなかったことに関連する問題であった。

第2節 「電力法」と国家電力公司の成立 (1996—2000年)

1 企業経営方式への改革と「中華人民共和国電力法」

1993年3月、「第8期全国人民大会第1回会議」において、エネルギー部を廃止して、再度、電力工業部を設立することが決定された。この機構改革は、電力部門に対する「政企分離」と「簡政放権」（行政関与を簡素化・減少化させ、権限を企業ないし公司に移譲すること）の実現と同時に、電力工業の統一的管理を実現することを企図したものであった[96]。電力工業部の主要な任務（管理職能）は、電力事業の発展戦略の立案（このうちには、電力における建設・投資など

の重大問題のほか、統一的な電網整備、企画・政策・法規の制定なども含まれる）と国有資産の価値保全及び増殖などに限定されることになった。こうした管理職能を活用して、これまでの改革措置・政策措置を通して、電力工業のいっそうの発展を図ることとされた。

こうしたなかで行われた鄒家華副総理及び史大槙電力工業部長の「電力工業部成立大会」における「講話」は、重要な意味を持ち、要点は次のようであった[97]。新たに成立した電力工業部は、全国の電力工業を管理する職務（職能）を有する国務院の政府機構[98]であるが、「改革開放」政策の実施以降、電力工業が大きな変化を遂げたことから、その職能（職務の役割）にも大きな転換がもたらされた。過去、電力工業の建設と管理はすべて国家により組織され、国家が責任を負っていた。例えば、発電所と電網の建設は、基本的には国家投資（基本建設投資）によって行われ、すべての発電所や電網の管理及び経営は、当時の国家電力部門（行政部門）が直接管理し、自ら運営していた。しかし、現在、事情は異なる。電力工業は国家電力部門の「独家企業」ではない。国家（中央政府）投資の発電もあるし、地方政府投資の発電もあり、中央と地方の合資になるもの、集団企業の投資によるもの、各部門の投資のもの、ひいては外資による投資のものなど、多種多様である。電力工業はこうしたものすべてを包含しているので、各主体が好き勝手にやることになると、統一的な企画などできなくなる。そのため、中国の経済発展の歩調に合わせて電力工業の統一的なバランスを図るには、1つの部門によってこの電力工業を統一管理する必要がある。とりわけ、電網については、国家の統一的な指導が必要であり、電網と発電所を混在させた運営は、こうした指導を疎かにさせることになるとして、

96）《1993年中国电力年鉴》．3 - 5 页参照。

97）《1993年中国电力年鉴》．95页。

98）中国では、政府の構成要素には、次の3つがある。①最高の政策決定部門としての中央政府であり、一般に「中央」と簡称される。これには、中共中央と全国人民代表大会と国務院がある。②政策執行部門である中央政府機関としての各主要行政管理部門及び委員会であり、一般に「部門」あるいは「部委」と簡称される。③地方を管掌する省級及び市級の地方政府であり、一般に「地方」と簡称される。これらは中央・部門・地方と記述する。

これまでの電力工業における「改革」を総括した。

ここで指摘された電力工業部の任務は、第1に電力工業の発展戦略を考究することであり、第2に電力工業の全国的な配置や企画を決定することであり、第3に具体的な政策を策定することであり、第4に電力工業の国有資産の価値を保持し、増殖させることであり、第5に統一指導・分級管理を実施するなかで、電力価格の改革・企業経営へのメカニズム転換・株式会社制の導入・各分野での請負制の導入等を推進していくことであった。しかし、第4の任務までは、すでに前節で指摘したように、これまでの「改革」において「試行」されていたものであったので、電力工業部の今後の主要な管理職能の重点は、第5の任務に置かれることになった。

こうして、1990年代に入り、「企業の債務負担、冗員過多、企業の社会的負担（企業活動以外に負担した職員・労働者及びその家族のための生活保障施設など）の増大」から「解放」すること、つまりこれらの社会的負担を企業から分離させようとする動きが顕著になっていった。1992年5月15日に公布された「株式制企業試行辦法」（国家経済体制改革委員会・国家計画委員会・財政部・中国人民銀行・国務院生産辦公室の連合発布）は、こうした企業の独立した経営体を確立させようとしたものであり、株式制企業を試行することの目的・意義・原則のほか、組織形式や株主権利等が明確にされた。こうしたなか、1993年6月29日には、「電網調達の管理条例」[99]が公布され、電力を調達する電網に対する国家による統一的な管理（統一指導・分級管理）が明示された。発電部門では、すでに述べたように、いかなる主体であれ、いかなる資本であれ、電力建設に参加することができたが、電網建設については、統一的な計画の下に、主管部門が組織・指導・協調して、この任務を行うものとされた。また、電力の安定供給については、この法律を通して、発電部門をも間接的に統制するものとする措置が講じられた（管理条例第4章の調達規則参照）[100]。

1993年9月22日、電力工業部は「電力工業における株式制企業を試行することの暫定規定」を「電力系統各直属単位、華能集団公司」に送付した[101]。この

---

99) この《电网调度管理条例》（中華人民共和国令第115号、1993年2月19日）は、国務院第123回常務会議で可決、公布され、同年11月1日に施行された。

「規定」は、国家経済体制改革委員会が発布した「株式制企業試点辦法」、「株式有限公司規範意見」及び「有限責任公司規範意見」に基づき、電力工業の特徴をこれらと結合させて、電力工業における株式制を促進させる目的のために作成された。これによれば、電力工業において株式制を採用する目的は、以下の4つであった。第1は、社会主義市場経済体制の樹立に適応させるため、所有権・投資・利益分配・経営管理等の関係を整理し、投資者の「辦電」を積極的に促し、投資者及び経営者の合法的権益（権利と利益）を保障すること、第2は、投資ルートを拡大し、国内外の市場を利用して電源建設の資金を調達すること、第3は、電力企業に対して、経営メカニズムの根本的な転換を促進し、自主経営及び損益自己責任を実現させること、第4は、電力価格の改革を推進し、電力企業の拡大再生産能力を保障する合理的な価格体系を構築し、社会資源の配分の最適化を実現することであった。

　こうしたことを「試行」するための原則として掲げられたものは、次の6つであった。

　①「政企分離・省為実体・連合電網・統一調度・集資辦電」、及び「因地因網制宜」の方針を堅持すること。②電網公司における株式制の実行は、電力集団公司・省電力公司の持株性を主体とする公有制を維持すること。③「集資辦電」及び外資利用の方針を堅持すること。④株式権限の平等・利益の分配・リスクの分担等の原則を堅持すること。⑤電力生産には、統一計画・統一調度・統一管理の原則を堅持すること。⑥指導の強化・部署の統一・厳格な規範・安定的な推進を堅持すること。

　さらに、この「試行」の範囲と組織方法について、次の6つが指摘された。第1は、電力集団公司・省電力公司・他の電力企業の株式制の「試行」は、電

100）なお、この「条例」については、電力工業部が各大区の電業管理局・各省・市・自治区の電力局・南方電力聯営公司に当てた通知、「≪電網調度管理条例≫釈義」を参照（≪1993年中国電力年鑑≫，45頁）。この「条例」は、各地方政府に対し、これに基づいて地域の独立した「小電網」について、統一指導の条例を制定するよう求めた。

101）≪電力行業股份制企業試点暫行規定≫電政法［1993］391号（≪1993年中国電力年鑑≫，63頁）。

網公司の株式制への転換と発電所の株式制への転換を意味するものであること。第 2 は、株式制公司の資産範囲は、発電・供給・輸配電の資産（関連資産を含む）であり、その資産については、投資と借入金を分離する原則に基づいて、株式（資本）と債務を確定すること。発電・供電公司については、自由意志と連合の原則に基づき、多数の企業によっても発起できるし、認可を得られれば、電力集団公司・省電力公司も発起できる。第 3 は、既設の発電所の株式制への転換は、単独でも、あるいは電網内の他の発電所の一部資本を吸収しても、また外国資本と組むことによっても、投資（あるいは資産）を株式化することによっても、行うことができる。改組後の電網公司及び発電の株式制企業は、主管部門の同意を得て、国家の規定により、海外で株式及び債券を発行することができる。第 4 は、新設・拡張の電力プロジェクトが多方面からの投資を受けて、株式制を試みることを積極的に奨励するが、外国資本との合資による株式制の試行は、すべて主管部門の審査を経て、報告・批准しなければならない。第 5 は、電源開発の投資者は、規定された比率の輸配電網の建設資金を調達しなければならない。この資金によって建設された輸配電網施設は、電力集団公司・省電力公司が統一管理・経営する。第 6 は、株式制に転換した発電所は、株式制公司が直接経営してもよいし、現地の電力集団公司・省電力公司に経営委託してもよい。直接経営の場合、現地の電力集団公司・省電力公司と電力の販売協議を行わなければならない。現地の電力集団公司・省電力公司に経営が委託される場合、委託経営協議を確定しなければならない。

　この「規定」が発布された 3 日後の 9 月25日、電力工業部・国家経済体制改革委員会・国家経済貿易委員会は、「全人民所有制電力企業の経営メカニズムの転換の実施方法（試行）に関する通知」[102] を発布した。この「通知」の目的は、電力工業の経営メカニズムを社会主義市場経済に適応させ、労働生産性と経済効率を向上」（第 1 条）させるため、電力工業の経営を「自主経営・損益自己負担・自己発展・自己規制の生産と経営」（第 2 条）に転換させることにあるとした。次いで、電力工業部の職責を規定して、主要な職責を、①電力事業全

般に関する統一規格・組織的協調・情報収集・検査監督・サービスの提供、②政策及び規定の制定、及び管理指導者の規程に基づく選定等、③国家物価部門とともに行う電力価格の管理に限定し、「企業の生産経営活動に直接干渉してはならない」とした（第4条）。

　他方、1992年10月の「中国共産党第14回全国代表大会」において、「国有企業は市場の基本経済単位であり、競争主体である」とされたが、1年後の1993年11月の「中国共産党第14期三中全会」では、「社会主義市場経済体制を確立することについての若干の問題に関する決定」が採択され、「公有制を主体にする多様な経済主体の発展を実現する」として、国有企業を①「国有独資公司」と②「株式制公司」に改組するとした。さらに、この「決定」によれば、市場を国家のマクロ制御下に置き、この市場に資源配分の基本的機能を担わせるとした。それ故、この方針に基づく「企業改革」の方向は、経営管理方式を転換して、市場経済の要求に適応する「現代企業制度」を樹立することであるとした。つまり、「現代企業制度」には、財産権・企業責任・出資者権益・政府の機能と管理に関する明確な定義が必要とされ、それが「産権明晰」・「権責明確」・「政企分離」・「科学管理」の「十六字方針」として総括されたのである[103]。第1の「産権明晰」とは、企業における国有資産の所有権は国家に帰属するが、企業は国家を含む出資者の投資によって形成されたすべての法人財産権を保有し、民事権利を享受し、民事責任を負う法人であるということである。第2の「権責明確」とは、企業法人の権利と責任の明確化であり、企業はすべての法人財産を用い法に基づいて自主経営を行い、損益自己負担を実行し、法規に準拠して納税し、出資者に対して資産価値の保有と増殖に責任を負い、他方、出資者は企業に投資した資本額に応じた所有者権益、すなわち資産からの受益（株式配当）・重大な経営方針の決定・経営管理者選択などに関する権利を享受し、企業債務には投資額に応じた責任を負うということである。第3の「政企分離」とは、企業は労働生産性と経済効率の向上を目的に市場の要求に基づく経営を行い、行政による生産活動への直接干渉を排除するということであり、市場競

103）前掲『中国の国有企業改革』、7頁、30–32頁参照。

争の結果、長期損益・債務超過の状態が生じた時、法に基づいて破産する。第4の「科学管理」とは、企業は自ら科学的指導体制・管理制度を構築し、所有者・経営者・職工間の関係を調節し、インセンティブと自己規制を結合した経営管理を実現することである。

　これらの特徴を備えた「現代企業制度」は「公司制」であるとされ、国有企業の「公司制」への転換、特に条件を備えた国有大中型企業の「股份有限公司（株式会社）」あるいは国家単一投資の「国有独資公司」への組織転換が提起された。これまでの「政企分離」の実行策としての「放権譲利」や「経営請負制」では実効が上がらず、国有資産の流失や欠損がさらに増幅されたことを総括した結論であった。こうした動きが、1993年12月の「第 8 期全国人民常務委員会第 4 回会議」を通過した「中華人民共和国公司法」の成立と一連の関連法整備に連なり、国有企業における「株式公司制」の実現が路線として定着した[104]。この「公司法」では、「国有独資公司」は、出資者の単一性と国有性、及び経営の国家独占性の特徴を持つものと規定され、特殊な生産物の製造を行う企業ないし特定の事業を行う企業は、「国有独資」の形態を取らなければならないとされた。この特殊な製品、特定の事業とは、国民福祉・国防・社会安全に関わる事業、国家により専売管理される製品・事業であり、航空・郵政・通信・電力・鉄道・タバコ・希少金属などを包括するとされた。「国有独資公司」では、職能及び責任において、政府と企業の分離が実現されるが、国家は依然として所有者としての職能である国有資産の保全・増殖に関する資産運用機能と国有資産の管理監督機能を担うとされた。特に前者の国有資産運用機能が重要かつ本質的であるが、それには、①政府が直接経営するケース、②地方政府が出資者として権利を行使するために設立した国有資産経営公司が担うケース、③国家から代理権を授与された授権公司が担うケースの 3 種があるとされた[105]。「公司法」の狙いは、③の授権公司の設置にあった。これには、従来の大型企業を授権公司にする場合と国家行政部門が新たに授権公司を組織する場合があり、電力に関しては、後者の国家電力公司が新たに設立されることになっ

104）魏淑君≪中国有限責任公司法律制度的歴史解読─以国企公司化的百年変遷为視角≫，載≪法制与社会発展≫，2010年第 5 期（総第95期）。

た。

　「公司法」が成立した1993年12月、国務院は、国家経済貿易委員会・国家体制改革委員会等14の部・委・局からなる「現代企業制度試行工作協調会議」を組織し、これが活発に活動し、1994年11月、「現代企業制度を試行するいくつかの国有大中型企業の選択に関する草案」を提出し、国有企業の株式公司制への「試行」が開始され、それが100の国有企業において3年間継続された。この「試行」の重点は以下の点に置かれた[106]。①国有資産の管理強化と資産価値の増加を実現するため、資産査定による目録作成・「産権」の画定・債権債務の整理・資産評価・法人財産量（権）の確定などの作業を完成し、国有資産に関する「産権」登記を実施する。②国家授権の投資主体（機構）を整備・確定し、国有資産に対する株主権利を管理させる。③特殊製品を生産する企業と軍需企業に限り、株式を発行しない「国有独資公司」に改組し、基礎産業及び支柱産業に属する基幹企業には、国家の持ち株支配を実現する。④全国規模の「総公司」を「控股（持株支配）公司」に改組し、大型集団公司として発展させ[107]、他の「公司」に株式投資、また法人資格を持つ「子公司」を設置できる体制を整える。⑤一般的競争企業は少数株主の資本集合たる「有限責任公司」に改組し、国家投資は経営参加の程度にとどめ、投資主体の多元化を実現する。⑥一部企業には規範化された内部職工持株制を実施する。⑦条件を備えた企業は株式会社に改組し、株式の自由売買を認め、少数のものは厳格な審査を経て「上場公司」になる。⑧国有小型企業には経営請負・賃借経営・株式合作制・売却

105）政府が直接経営するものには、国務院ないし地方省級政府が直接出資者として権利を行使する場合があった。中央の国有企業と地方の国有企業である。しかし、②のケースのように、地方政府が独自の国有資産経営公司を設置して、出資者としての権利を主張するとしたので、中央の各部・委員会は、自己に所属していた企業のうち少数の特大型企業（全企業の約25％を占める）を除いて、その他を地方政府に移管した。地方政府は独自の国有資産経営公司によって、これら企業の国有財産の運用及び管理を行った（刘小玄≪中国企業発展報告：1990-2000年≫社会科学文献出版社，2001年，82頁以下参照）。

106）前掲「国有企業改革の経緯と概観」、29頁以下参照。

107）こうした企業集団の発展・改制によって、多くの「親会社・子会社」関係を包摂する集団公司が成立した。

などの方法を実行し、企業売却の収入は緊急に発展を必要とする産業に投資する。⑨株主会（権力機構）・董事会（政策決定機構）・経営管理層（執行機構）・監事会（監督機構）からなる公司管理組織を設置し、公司章程によって株主・董事・経営者・監事の職責を拘束する。⑩企業管理者の国家幹部資格を廃止し、管理職・職工ともに選択的な雇用制度を導入する。⑪「公司法」、「会計法」[108]及び公司章程に基づく財務会計機構を設置し、企業会計制度の健全化を図り、規定に基づいて財務諸表を作成する。⑫財務報告は登録会計士の検査を経て株主で承認を得る。「上場公司」は財務情報を公開する。

　こうしたなか、電力工業において設立された「株式制公司」（例えば、1982年の葛洲壩工程局をベースに成立した葛洲壩集団公司・山東華能発電公司・華能国際電力公司・山東国際電源公司・北京大唐発電公司等であり、これらは最初の上場企業として国務院に批准された[109]）の「公司法」規定に基づく調査・点検が開始され、「公司が自ら運営している小・中学校や医院等の公益的な機関、及びそれに対応する資産は公司から分離させ、それらを政府管理に移譲すべきである」とした[110]。どこの国でも同じような傾向にあるとは思われるが、特に中国の国有企業では、国有企業が1つの「企業社会」（これを中国語では、「単位」と呼んでいる）を形成し、公益的・社会的・政府的機能を企業が担っていた[111]。多くの企業は、公衆

108）1985年の「中華人民共和国会計法」は1993年に改正され、「通則」・「準則」・「工業企業財務制度」は1992年11月と12月に財務部が発布し、翌1993年7月に施行された。資本保全の原則に基づき、資本金制度の確立と資金専用拘束の排除による資産の自主利用を推進し、国際的に通用する財務諸表体系（資産負債表・損益表・財務状況変動表など）の作成を義務づけ、これらの諸表に企業の負債状況・「産権」関係・経営成果・資金の増減変動を明確に反映させるようにした（前掲「国有企業改革の経緯と概観」、33頁）。

109）前掲≪中国電力産業政府管制研究≫，91頁。

110）「以前の有限責任公司及び株式公司を『中華人民共和国公司法』に従って規範化することを転送することに関する通知」（≪关于转发原有限责任公司和股份有限公司依照<中华人民共和国公司法>进行规范的通知≫电政法［1995］629号，1995年10月23日）（≪1995年中国电力年鉴≫，23-26頁）。なお、1994年11月頃から、中央に所属する100企業が改組されていったが、そのうち69企業は国有独資公司への改組であった（前掲≪改革开放40年国有企业所有权改革探索及其成效≫参照）。

衛生・住宅のみならず、学校・病院・療養所・幼稚園等を設立・維持するために、多くの負担を強いられていた。これが解決されなければ、「経営の自立化」（企業経営状況を反映する指標としての利潤率の達成など）は、困難であるという認識が一般化していたのである。その後、電力工業における「改革」の重点は、行政と経営主体である企業の権限を明確に分離させ、企業経営方式を導入すること、さらに電力工業における市場化を促進することに置かれていった。

このような公司制改革の進展と並んで、社会主義市場経済体制に適合した新制度を創出するため、企業の外部条件を整備する諸措置にも着手された。生産・流通分野では、社会主義計画経済に特有な「指令性計画」は大幅削減され、国家が統一分配する生産手段（原材料を含む）及び「計画買付品」はほとんどなくなった。価格についても、石油・石炭・電力といったごく少数の製品を除いて、国家による「統制価格」は「市場価格」へ転換し、80％以上の生産手段、85％以上の農副産品、95％以上の工業消費品の価格決定が市場に委ねられた。こうしたことは、国有企業がすでに市場メカニズムのうちに組み込まれ、市場競争を通した企業改革の促進が実現されていることの表現であり、さらに完璧な市場秩序を作り上げるには、財政体制・金融体制・貿易為替管理体制を統一的な施策の下に改革する必要があった。1993年12月、国務院は国家税務総局が提出した「工商税改革実施方案」を承認して、従来の工商税を流通税（付加価値税・消費税・営業税）と企業所得税の体系に簡素化し、その他諸税の改革・調整を実施し、税負担の公平化を図った。また、「分税制財務管理体制の実行に関する決定」によって、中央と地方間の財務関係をも調整（一般的に国家大局に関連する税種は国税、地方の発展に関連する税種は地方税とし、1993年の地方税収を基準に相互融通を図る）した。金融改革では、1993年12月、国務院は「金融体制改革に関する決定」を発布して、金融体系の構築、銀行の改革、金融市場体系の構築における改革を実施した。また、為替管理、貿易面における「改革」も進展した。

こうした動きのなか、1995年12月28日、「全国人民代表大会常務委員会」は、

111）前掲『中国の国有企業改革』、第5章を参照。また、楊暁民、周翼虎≪中国単位制度≫中国経済出版社，1999年，59頁以下を参照。

「中華人民共和国電力法」[112] (以下「電力法」と略称) を可決し、翌1996年 4 月 1 日から施行するとした。電力事業における建設・生産及び電力の供給・消費に関することは、すべてこの「電力法」によって規制されること、すなわち、電力工業の一切の業務は一律にこれが適用されるとした (第 2 条)。これは中国の最初の「電力法」であり、この法律の発布は、中国の電力工業が法的な管理の下に発展するものであることを示した。

　この法律の目的は、①電力事業の発展、②電力事業の経営者及び電力の使用 (ないし消費) 者の合法的権益の保護 (第 1 条)、③国内外の経済組織・個人の電力事業への投資促進 (第 3 条)、④環境保護に全力を傾ける (第 5 条) ということにあった。一方、この法律の第 6 条には、「国務院の電力管理部門は全国の電力事業の監督管理に責任を負う」だけではなく、「国務院の関連部門も各自の職責の範囲において電力事業の監督管理に責任を負う」とされた。また同様に、「県級以上の地方政府の経済総合主管部門も当該地域における電力管理部門であり、電力事業の監督管理に責任を負う」とされ、「地方政府の関連部門も各自の職責の範囲において電力の監督管理に責任を負う」ことが明記され、こうした電力管理部門の職能及び職責は、監督管理に限定されることを明確にした。この法律はまた、管理部門の管理職能 (職務を遂行する能力や役割) 及び職責を定め、電力建設 (第 2 章)、電力生産と電網管理 (第 3 章)、電力供給と使用 (第 4 章)、電力価格と電力費用 (第 5 章) 等に関する原則を定めた。「電力法」

---

112) この「電力法」は全10章、全75条で構成される。これに関して、次のようなことが指摘されている。1993年、電力工業部は、日本の資源エネルギー庁に対し、電力関係法規の整備に当たり日本の電力法規や電気料金の決定方法などについて、情報交換の申し込みをした。資源エネルギー庁は、①中国の電力事業の民営化支援になること、②環境対策経費を電気料金に織り込むことで中国の環境保全の推進に寄与できることなどから、「中日電力法交流」を行うことになった。「中日電力法交流」は、1994-1999年の間に 6 回行われ、海外電力調査会が事務局となり、中国の「電力法」制定に協力した。この「電力法」は、日本をはじめ30ヵ国に及ぶ世界の電力関係法規を参考にして制定された (海外電力調査会『中国の電力産業─大国の変貌する電力事情』オーム社、2006年、45頁参照)。その後、2002年12月の電力体制改革、WTO 加盟などによる諸状況の変化に対応するため、「電力法」の改正作業が行われた (《1996-1997年中国电力年鉴》, 181-182頁, 参照)。

は、電源開発における社会資金の吸収（例えば「集資辦電」の実施）を原則的に認めたが、電網建設については、公益性・公共性を原則として、政府（国家）投資に限定した。しかし、電網建設が促進されなければ、発電分野における発展も限界を画されることは明らかであった。この電網建設に関わる資金をいかに確保するかという問題もきわめて現実的な問題になっていた。

この「電力法」は原則に関する規定であるため、これに基づく実際上の業務実施に際しての具体的な規則が必要であった。1996年４月17日、この「電力法」に基づいて、国務院は「電力の供給と使用の条例」を公布した（施行は同年９月１日）。この法律は、電力の供給と消費についての規定を定めたものであり、「電力法」の重要な構成部分となる法規であった[113]。これによれば、電力工業部は電力供給側と消費側の協調的関係の維持（合法権益・秩序維持等）に対する監督管理を行う責任を持つとされた（第１章　総則）。第２章において、電力の供給と消費の営業区（区内には１つの供電機構を持つ）を定め、電網経営企業は、この営業区の輸配電を十分考慮すべきであるとした。そのため、各級人民政府は、都市及び農村の建設計画の中に電網整備計画を取り入れて、電網建設を促進しなければならないと定めた（第３章供電設備12条及び13条）。第４章の電力供給では、国家の規定に従った電力供給、第５章の電力消費では、同様に国家の規定に則った消費を明記し、第６章の供電契約では、電力の消費を契約に基づく方式に改めた。

この「条例」の実施をさらに順調に進めるため、「電力法」の第６条に基づき、具体的な管理の方法や担当部門の具体的な職責を定めた５つの法規を制定した。それは、①供給・消費電力監督管理辦法、②電力供給営業区画及び管理辦法、③消費電力検査管理辦法、④住民消費電力用機器損壊処理辦法、⑤電力供給営業規則であった[114]。こうした「管理辦法」によって、電力供給側と電力消費側の責任関係を整理した上で、電力事業者及び需要者双方の利益を保証するとともに、双方の行為について一定の規則を設け、電力事業の諸問題を法的根拠に基づいて解決することを目指した。その他、「電力法」に基づいて電源・

113）《電力供応与使用条例》（《1996-1997年中国電力年鑑》，181頁）。

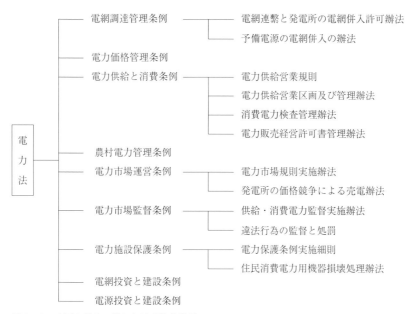

図 2-4　中国の電力工業における法律体系

出所：前掲《中国电力改革与可持续发展》，164頁を参考に、本文の記述により作成。

電網の建設に関する条例、多くの管理・監督条例などが発令・公布された。それを体系的にしたものが図 2-4 である。

「電力法」によって電力工業の管理が法的に整備されると、次に行わなければならなかった課題は、電力工業に「公司制」を導入し、それに基づいて「政企分離」の徹底化を図ることであった。しかし、企業における自主的経営によって電力工業が本来的に担っている社会的公益性の責任をどこまで実現するかについては、いまだ明確にされなかった。

---

114)　①《供用電監督管理办法》（電力工業部令第 4 号、1996年 5 月19日公布施行）、②《供電営業区画分及管理办法》（電力工業部令第 5 号、1996年 5 月19日公布施行）、③《用電検査管理办法》（電力工業部令第 6 号、1996年 8 月21日公布施行）、④《居民用戸家用電器損壊処理办法》（電力工業部令第 7 号、1996年 8 月21日公布施行）、⑤《供電営業規則》（電力工業部令第 8 号、1996年10月 8 日公布施行）。以上について、《1996-1997年中国電力年鑑》，76-78頁参照。

2　国家電力公司の成立

1996年12月7日、国務院は、各省・自治区・直轄市の人民政府、国務院の各部・委員会及び各直属機関に対し、「国務院の国家電力公司を組織・設立することに関する通知」を送付した[115]。この「通知」の内容は、政府職能の転換・政企職責の分離・電力工業体制の改革の深化を図るために、国務院が国家電力公司を設置するというものであった。この「通知」によれば、国家電力公司は、関連法律及び法規に基づき、「政企分離」等の原則に従って設立されるとした。この「公司」は、行政管理職能を持たず、電力工業部等関係諸部門による行政管理と監督を受けるとされた。この「通知」を実行に移すため、国務院は、電力工業部が1996年11月13日に作成した「国家電力公司の組織・設立の方案」と「国家電力公司章程（規約）」を批准し、公司設立の原則・公司の内容・主要な職責・経営範囲等を定めた[116]。これらの「法規」によれば、「政企分離」を徹底させるため、電力工業部の権限内にある電力工業に対する権限はすべて企業に下放（移譲）することが明記された。行政と企業の職能・職責の分離、「簡政放権」の推進、行政管理から企業管理への転換（具体的には「中電聯」による管理をいう）の促進、企画・調達・監督・サービス機能の強化、内設の機構と編制の簡素化、職能配置の合理化、マクロ管理レベルの向上が明確に示された。

こうして、電力工業部は、企業を行政から分離させて「公司」に改組し、そこに「ヒト・カネ（財産）・モノ」の管理権を移譲して、企業経営の独立化を図りつつ、他方、電力工業部の管理職能については、電力事業の発展戦略の立案（このうちには、電力における建設・投資などの重大問題のほか、統一的な電網整備、企画・政策・法規の制定などが含まれる）と国有資産の価値保全及び増殖などに限定させていくことにした。

115）《国务院关于组建国家电力公司的通知》国发［1996］48号。この「公司」は、もともと当時の国務院総理が「三峡ダム」の建設の際に全国への電力供給のため、電網の公司化が必要であるとの認識から構想されたとされる（刘纪鹏《大船掉头：我与国电公司的五年》东方出版社，2015年，31页参照）。

116）《国家电力公司组建方案》、《国家电力公司章程》参照（《1996-1997年中国电力年鉴》，3-14页）。

　前節でみたような、省を主体とする「公司」の設置による行政と企業経営の分離・独立という方策では、いまだ形式的な「政企分離」にとどまり、行政の企業に対する関係が明確でなく、行政の権限がどこまで経営に影響を与えるのか明確ではなかった。電力工業全般、とりわけ発電所建設及び電力供給に対する行政の管理権限を明確にするには、その職権及び範囲を法によって定める必要があり、このために先の「電力法」によって、この管理権限を明確にし、その下で、本格的な行政と企業経営との分離を図ることにしたのである。

　国家電力公司は、国務院が全額出資して設立した公司（「国有独資」）であり、国務院が定めた国有資産の出資者であり、国務院によって授権された投資主体及び国有資産の経営主体であり、省を跨ぐ輸配電を経営する経済実体であり、国家電網を統一管理する企業法人であった。この国家電力公司は、企業集団として経営を行い、その原則は、①経営メカニズムを優先すること、②市場メカニズムを導入した経営を図ること、③国家の電力工業に対するマクロ政策（電網に対する統一規格・統一建設・統一調達・統一管理）に基づく運営を行うこと、④資源の合理的配置と国有資産の保全・増殖を図ること、⑤法の遵守であった。

　この国家電力公司の職責は、①国有資産の経営（資産増殖の実現・国家資金の融通・電力工業への投資と回収）に関する責任、②全額出資の子公司に対する経営責任、③公司の経営発展計画等の立案・実行についての責任、④電網に対する統一規格・統一建設・統一調達（電網に接続する発電所と電網の調整）・統一管理（電力に関する安全及び安定）の実行責任であった。こうした職責の範囲にある経営対象資産は、①電力工業の直属及び電力工業部が管理する電力集団公司・省電力公司・その他の電力企業の国有株式、②地方政府に所属する省・市・自治区の電力公司及びその他の発電公司・水力発電流域開発公司の中央が所有する株式、及び国務院が承認した電力工業部が代表となる株式、③電力工業部が所有するその他の企業の株式、及び中央の投資主体として投資して形成された株式、④国家から授権されたその他の国有株式などであった。

　また、国家電力公司の経営範囲は、①全国の電網の管理と省を跨ぐ輸配電、②省を跨ぐ輸配電を行う大型発電所と必要時に電量の調整を行う基幹発電所であった。こうした発電所による発電能力は、中国全体の半分以上を占めるとさ

れた。

（1）国家電力公司の内部関係

これは次のようであった（図2-5を参照）。

①東北・華北・華中・華東・西北・葛洲壩（ダム）の６つの集団公司は、国家電力公司が全額出資する子公司であり、この集団公司に所属する省電力公司は、集団公司が全額出資する子公司である。

②山東・四川・重慶・雲南・貴州・広西・福建の７つの省・市・自治区の独立した電力公司は、国家電力公司が全額出資する子公司である。

③南方電力聯営公司は、国家電力公司が全額出資する子公司である。この公司は、貴州・雲南・広東・広西の４つの省・自治区が連営する紅水河流域水力発電所、その他の電力資源を引き継ぐ。

④華能集団公司は、国家電力公司が全額出資する子公司である。

⑤中国電網建設有限総公司（国家電網建設総公司を改名）は、国家電力公司が全額出資する子公司である。

⑥電力工業部に所属するその他の公司は、その財産権所有状況に基づき、それぞれ、国家電力公司が全額出資する子公司、あるいは一部持株の公司になる。

⑦国家電力調達通信センターは、国家電力公司の電力生産・調達部門であり、全国電網による電力調達・運営、管理を法に基づき行う。

⑧電力工業部電力企画設計総院と電力工業部水電水利企画設計総院は、それぞれ、中国電力工程諮問顧問公司と中国水電水利諮問顧問公司となり、審査評価を行う。

⑨電力工業部に所属する科学研究・教育・出版等の事業機関は、国家電力公司が管理する。

（2）国家電力公司の外部関係

これは次のように規定された。

①国家電力公司は、電力工業部等の関係諸部門の行政管理と監督を受ける。中国電力企業聯合会（「中電聯」）は、国家電力公司に対して、業務（中国語では

電力工業部―（行政管理）→国家電力公司（辦公庁・機関党委・計画部・財政部・人労局・政法局・安全運転部・建設局・農電局・水電局・科技局・監察局・審査局等）

全資を出資する子公司	子公司あるいは持株支配公司	営業区	備考
①中国華北電力集団公司	天津市電力公司 河北省電力公司 山西省電力公司	華北電網	
②中国東北電力集団公司	黒龍江省電力公司 吉林省電力公司	東北電網	遼寧省電力公司は1998年8月成立
③中国華東電力集団公司	上海市電力公司 江蘇省電力公司 浙江省電力公司 安徽省電力公司	華東電網	（中国水利水電第12工程局）
④中国華中電力集団公司	湖北省電力公司 湖南省電力公司 河南省電力公司 江西省電力公司	華中電網	
⑤中国西北電力集団公司	寧夏電力公司 新疆電力公司 甘粛省電力公司 青海省電力公司	西北電網	
⑥葛洲壩（ダム）水利水電工程集団公司		発電公司	
⑦山東・⑧四川・⑨重慶・⑩雲南・⑪貴州・⑫広西・⑬福建の電力集団公司		独立省内電網	四川・重慶は川渝電網を構成、雲南・貴州・広西は南電聯の電網内
⑭南方電力聯営公司（南電聯、貴州・雲南・広東・広西）	広東省電力集団公司 紅水河流域水力発電所、その他	独立発電公司	発送電分離（2001年に輸配電の広東省広電集団有限公司）、独立発電の広東省粤電資産経営有限公司
⑮華能集団公司	華能国際電力開発公司	発電公司	
⑯中国電網建設有限総公司			三峡送変電工程の建設・投資・管理及び区電網と省独立電網の連網工程の建設（→廃止して事業部）
⑰中国水利水電工程総公司			
⑱中国華電電站装備工程総公司			

⑲中国安能建設総公司		
⑳龍源電力集団公司		
㉑中能電力科技開発公司		
㉒中国福霖風能開発公司		
㉓中国電力投資有限公司	中国電力国際有限公司（在香港）	
㉔中興電力実業発展総公司		
㉕国家電力調達通信センター		
㉖中国超高圧輸変電建設公司		
㉗中能電力工業燃料公司		
	㉘中国電力信託投資有限公司	持株支配子公司
	㉙中国電力技術輸出入公司	持株支配子公司

図2-5　国家電力公司の組織構造（1997―2002年）

出所：≪1998年中国电力年鉴≫，153-154页，159页，及び前掲≪大船掉头：我与国电公司的五年≫，23页，31页に基づき、本文の記述に従って作成。

注：本表は、2002年までの国家電力公司の組織構造を表示している。

行業）管理とサービスの職務を行う。

②国家電力公司は、国家計画の単独項目であり、電力価格は、価格管理権限規定に基づき、電力工業部が国家計画委員会に報告し、審査後、国務院の批准を経て、実施される。

③国家電力公司の財務関係は、財政部に隷属し、具体的な執行方法は、財政部と協議して、電力工業部、国家電力公司が定める。

④国家電力公司の銀行借款関係では、国家開発銀行が資金能力と国家の政策項目を勘案して貸与する。借入を受けた国家電力公司の各単位は、償還の責任を負う。

⑤国家電力公司の投資は、持株による参加であり、これによって、電力工業の発展を図る。

⑥「集資辦電」の発電所と電網内の輸配電・変電工程（発電所と電網との接続を含む）との関係については、上述した原則に基づいて協議して行う。

（3）国家電力公司の「章程」

この主要なものを指摘すれば、次のようである。

国家電力公司の英文名はSTATE POWER CORPORATION OF CHINAであり、SPと略称する。国家電力公司は、国務院の批准を経て、国家商工行政管理部門に登記される（資本金は1600億元の国家資本）。国家電力公司は、この公司の子公司（全額出資）である企業集団公司・省電力公司及び持ち株支配や持ち株参加する公司の国有資産及びその他国務院が定めた国有資産の出資者であり、国務院が権利を授けた投資主体と経営主体である。経営に関しては、省(区)を跨ぐ輸配電の経営であり、国家の電網を統一管理する企業法人である。公司は、企業集団方式によって経営を管理する（第4条）。この公司は、総経理責任制を採用し、総経理は公司の法定代表人である。公司は関連行政主管部門の管理と指導を受ける。公司は、国務院の批准を経て、国内外に必要な分公司、子公司、事務所を設けることができる。

（4）国家電力公司の経営と管理

これは、次のように定められた。国家電力公司は、国務院が批准した融資業務に基づき、電力関連企業に投資を行う。公司の投資収益及び財産権の譲渡によって得られた収益は、規定に基づき、資本に再投入する。公司は、全国の電網[117]を連結させることに責任を持ち、各区の電網の連結及び省・区を跨いで輸

---

117) 国家電力公司の管理下に置かれている「五大電網」は、華北・東北・華東・華中・西北の電網である。このほかに、省(市)が自主管理を行う電網として、山東・四川（重慶を含む）・貴州・広東・福建・雲南・広西の7つがあり、さらに独自の管理が実施される海南・内蒙古西部・西蔵の3電網がある。この後、次章において論じるように、南方電網が成立して、「六大電網」が形成される。

配電する大型発電所、必要時に電力供給を調整する基幹発電所を経営管理する。電網で連結された発電・輸電・配電の企業に対して、「電網調達管理条例」に基づいて、電力の調達管理を行う。公司の重大な事項は、総経理会議で検討される。

　以上のことから明らかなように、国家電力公司は、「政企分離」を実現する方式として、元々電力工業部が有していた国有資産を運用する職能及び企業経営の職能をすべて移管することによって、設立された。そのため、電力工業に対する行政管理の職能は、これまで通り継続して電力工業部が行使した。国家電力公司は、電力工業部等の関連行政機関から行政管理と監督を受けるだけで、企業として経営に関する権限を確保し、独立した公司になった。また、電力工業の各業種に対するサービスとその管理に関する職能は、「中電聯」が担うことになった。

　国家電力公司は、発電・輸配電・売電（電力販売）において、資産と経営に対する垂直統合型（1つは、これまで述べてきたように、発電から輸配電・売電までの一貫した経営を手掛けることであり、もう1つは、企業経営の形態として、電力工業部→大区電業管理局（電力集団公司）→省級の電力工業局（省電力公司）→市級/県級の供電局（社）という「5級管理」のピラミッド型コンツェルン式統合であった）の大型独占企業として成立した。国家電力公司は、電力工業部の行政管理を受けるが、すべての電力集団公司・省電力公司の株式を取得（全額出資）し、さらに他の電力工業企業の株式を所有して、持株支配（控股）あるいは株式参加（参股）し、これらを経営・管理した。こうした国家電力公司を電網関係・電源関係・補助事業に分類して、その企業（単位）数を図式化して示すと、図2-6のようになる。

　これによれば、国家電力公司が傘下に収めていた1万1399の企業のうち、電網関係の企業数は1240（輸電関係30、このうち省電力公司と葛洲壩—上海線関係が24、配電関係1210、このうち450が都市電網関係企業で、760が農村電網関係）、電源関係の企業は373（省電力公司に所属する発電所314、華能集団に所属する発電所54、中国電力国際有限公司に所属する発電所5）であった。補助事業については、9786の企業のうち、施工関係が120、事業関係が48、その他の多種業の企業が9618であっ

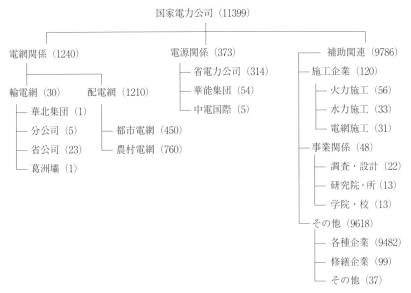

図2-6　1998年末の国家電力公司の企業分類

出所：前掲≪大船掉头：我与国电公司的五年≫，24頁に基づき、作成。
注：（　）内は企業個数。

た。この国家電力公司は、国内の発電設備容量の60％と国内の販売電力量の77％を占めたとされる[118]。こうした巨大な組織が合理的な企業活動をするには、いっそうの整備が必要とされたことはいうまでもない。

　ところで、1998年末の国家電力公司の総資産は7582億元、負債は4122億元で、純資産は3460億元、負債率は54.4％であった[119]。国家電力公司が抱え込んだ各種の企業数は、上述のように、1万1000以上に上り（所属の電力集団公司及び省電力公司に帰属する企業9000余を含む）、職員・労働者数は約150万人であった。これを固定資産（1999年末）でみると、純固定資産は3600億元、このうち輸配電関係企業の純固定資産は2223億元（61.8％）、発電関係企業の純固定資産は

118）劉紀鵬≪从国电公司改革看我国电力工业发展—国电公司生存的理论与近期发展建议≫，載≪中国工业经济≫，2000年第8期を参照。
119）「国家電力公司1998年生産経営基本状況（一）」（≪1999年中国電力年鑑≫，575頁）による。但し、この表は1998年分しか与えらない。

1144億元（31.8％）、その他の純固定資産233億元（6.5％）であり、輸配電部門が大きな位置を占めているようであるが、実際は、輸配電関係企業の純固定資産といっても、輸配電関係企業のほとんどは発電部門が所持していたので、大部分は発電に関わる固定資産であった。それ故、国家電力公司はなおも「重電源・軽輸配」の公司であったというべきである[120]。

3　電力工業部の廃止と「政企分離」の進展

1997年、1998年には、国家電力公司の総経理・副総経理は、電力工業部の部長・副部長が兼任し、その他の国家電力公司の各部署の責任者にも、電力工業部の幹部が配置されており[121]、国家電力公司は、「両塊牌子、一套班子」（二つの看板を掲げているが、指導幹部は同一）というものであった[122]。電力工業に対する行政管理は電力工業部が担い、国有資産に関する経営機能及び企業管理機能は国家電力公司が担うことになっていたが、このままでは、電力工業部の企業経営部署を「公司」に組み替えたにすぎず、慣習上、いまだ行政の影響力は企業経営にまで及んでいた。企業が行政から完全に独立して「ヒト・カネ・モノ」を管理するには、「公司」の成立だけでは不十分であった。いくつかの例示によると、次のようであった。

国家電力公司は、国家計画において独立項目として予算措置を受けたが、大中型電力建設プログラム及び年度計画は、電力工業部と国家計画委員会の批准を経なければならなかったので、公司の経営方針に基づく要求をこれに反映させることは困難であった。財務関係でも、国家予算を握る財政部に最終的には隷属せざるをえず、具体的な「実施辦法」については、財政部が電力工業部と国家電力公司と協議して制定することになっていたので、ここでも公司の要求

---

120) 前掲≪大船掉头：我与国电公司的五年≫，24頁。

121) ≪1996-1997年中国电力年鉴≫，172-174頁，≪1998年中国电力年鉴≫，156-159頁参照。

122) 前掲≪我国电力管理体制的演变与分析≫，前掲≪大船掉头：我与国电公司的五年≫，19頁，武建东≪深化中国电力体制改革绿皮书≫光明日报出版社，2013年，225頁。

を反映させることは至難であった。収入源となる電力価格についても、電力工業部が国家計画委員会に審査を依頼し、さらに国務院が批准することになっていたので、この電力価格を直接経営活動に結びつけるわけにはいかなかった。また、国家電力公司と銀行の資金貸借関係においても、これを担当する国家開発銀行は、資金能力及び国家政策（国家開発銀行の資金は、国家政策の大中型の基本建設プログラムに応じて長期的な特恵方式で放出される）に基づいて融資することになるため、基本建設プログラムによっては、所属の電力集団公司・省電力公司などの全額出資子公司にも借金返済の責任が生じ、スムーズな融資を受けられないケースが頻出した。というのは、国家電力公司はこれら法人に対して資本参加の関係にあり、電力建設のパートナーシップにすぎないからといって、「平等・互恵・協議一致」（「国家電力公司の組織・設立の方案」）の原則に基づけば、国家電力公司だけが借金返済の義務を負うわけにはいかなかった。加えて、国家電力公司は、独立法人資格を有する発電公司の発展を支持し、電網に併入させて、その運行を助成する職責を負い、電網への併入には協議が必要とされ、電力の購入・販売には契約を結び、相互の権利と義務を明確にするとされたが、新建設の電網プログラムと発電所プログラムは別々に計画され、輸配電・変電工程のうち、計画に含まれないものについては、国家電力公司及び子公司が自ら資金を調達するか、金融機関から借入するか、あるいは地方政府からの融資を受けるかして、そのプログラムを実施しなければならなかった。当然、元金及び利子の返済は企業経営の側の負担にされた。また、「集資辦電」の電力についても、それが輸配電・変電プログラムに組み込まれない場合、こうした原則が適用された[123]。このような実態が継続されることは、電力工業の「改革」にとって重大な問題であり、今後の「改革」の方向を検討する部内討議が進められた[124]。

　こうしたなか、1998年3月、「第9期全国人民代表大会第1回会議」は、「国

---

123)　《国务院关于组建国家电力公司方案》（《1996-1997年中国电力年鉴》，5 页），前掲《我国电力管理体制之演变与分析》参照。

124)　《开拓进取，扎实工作，积极推进电力工业改革发展—史玉波司长在国家经贸委电力工作座谈会上的讲话》（《1999年中国电力年鉴》，21頁）。

務院機構改革方案」を批准し、電力工業部を廃止し、電力工業部と水利部における電力行政管理の職能を「国家経済貿易委員会（以下、「経貿委」と略称）」に移譲することを決議した。これに基づき、「経貿委」は「電力司」を設置し、電力工業における行政管理と監督を担うことになった。これまで経済運営のマクロ調整（短期）を担当していた「経貿委」が、今後、電力工業の行政指導に当たることになったのである。しかし、電力工業部は3月19日に廃止されたが、直ちに「経貿委電力司」が設置されたのではなく、その後4ヵ月を経た7月にようやく「電力司」が設置され、7月20日に「三定方案」を決定して、7月末から正式にその活動を開始した。

　「経貿委」の主な職能は、①電力工業の法規及び技術標準の制定、②電力工業（農電を含む）の改革方針・方案の策定、③電力工業の総合的経済政策の策定と研究、④電・熱の価格政策に対する意見の提出、⑤電力企業の国有資産の監督・管理に関する政策・法規の策定、⑥電力工業の各種業種の発展戦略や方針の制定、⑦電力工業の発展構造・投資構造の企画、⑧国家供与資金を除く電力企業への投資・社会的資金及び商業銀行からの借款の指導、⑨水力発電と流域開発の企画、⑩電網の発展企画、⑪農村電化と小型電網建設の指導と企画、⑫農村電力の行政管理と法律執行及び監督、⑬各種経済利益関係者との調和と処理、⑭電力供給営業エリアの区分と供電営業許可書の発行及び民間への業務移行の指導、などであった[125]。しかし、電力における基本建設の配分と審査、専門プロジェクトの企画、電力価格の制定及び査定などは、国家発展計画委員会が担うことになった。また、財政部も、財務管理制度の制定、コスト構成部分の査定と監督、国家資本による収益の納付への管理・監督などの業務を担当した[126]ので、電力専門の管理部局はなくなったが、他の分野で、各部署と協議しなければならない事項は多くなった。それでも、国家電力公司及びそれに関

125)　≪1999年中国电力年鉴≫，136-142页参照。

126)　≪1999年中国电力年鉴≫，136-142页，及び前掲≪中国电力改革与可持续发展≫，20页，前掲≪深化中国电力体制改革绿皮书纲要≫，225页参照。このほか、環境保護局・安全監察局・工商行政管理局・技術監察局なども、専門の電力管理部門を設けずに、電力管理職能を果たしていた。

連する企業・事業体などは、自らの経営業務に専念できるようになったことは
有利であった。なお、各種業務の管理職能については、これまでのように「中
電聯」が担った[127]。

「経貿委電力司」が電力の行政管理を担当することになって、電力工業にお
いて、「中央」分野での本格的な「政企分離」が実現された[128]とされることか
ら、電力工業の実質的な「政企分離」は、1998年の電力工業部の廃止に伴う機
構改革からであったということができる。この頃、国家電力公司は、「当面の
電力工業の改革と発展過程における重大な問題を解決すべく」、研究と検討を
重ねていた。特に重点が置かれた課題は、(1)省級の電力管理体制の改革、(2)
「農電」(農村部の電力)体制の改革[129]、(3)発電と電網(輸配電)の分離(発送
電分離)、(4)発電分野における電力の市場化であった[130]。ここでは、まず、
「政企分離」に直接関連する(1)省級の電力管理体制の改革と(3)発送電
分離の実現の課題から検討する。

国家電力公司は、1997年11月頃から各電網を担う省電力公司で試みられてき
た「電力市場形成」の経験を総括して、1998年7月末に「国家電力公司組織構
造方案の設計」を取りまとめ、8月26日の組織決定を経て、「発電と電網(輸
配電)の分離及び発電分野における電力市場建立の実施方案に関する枠組み(試
行)」を「経貿委」に提出した[131]。これを受けた「経貿委」は、「電力工業体制

---

127)「中電聯」においても、内部改革が継続された(≪1999年中国电力年鉴≫, 11頁
を参照)。

128)≪1999年中国电力年鉴≫, 21頁。

129)「農電」とは、農村における電力・電網の状況を表現する用語であり、行政区分
でいう「県級以下の郷鎮における電力供給と電力消費の状況」を指している。簡単
にいえば、農村部の電力事情ということである。この農村部の電力事情は重要な項
目であるが、ここでは、関説にとどめ、後日、別稿において詳細に論じる予定
でいる。

130)≪1999年中国电力年鉴≫, 137-142頁参照。

131)≪实行网厂分开建立发电侧电力市场的实施方案框架≫(前掲≪中国电力发展的
历程≫, 209頁)。こうした改革案は、外部のコンサルタント会社に委託されたが、
この過程で検討された「構想案」については、前掲≪大船掉头：我与国电公司的五
年≫, 12頁, 33頁, 39頁以下を参照。

改革の深化に関係する問題に関する意見」を11月27日に取りまとめ、12月24日に国務院辦公庁がこれを関連部局に通知した[132]。この「通知」は、次の5項目からなっていた。第1項目は、発電と輸配電の分離を推進すること、第2項目は、「政企分離」と省電力公司の改革を深化させること、第3項目は、全国電網の連繋を加速し、資源の優位化配分を実現すること、第4項目は、農村における電力体制の改革を速め、農民負担を軽減し、農村経済の発展を促進すること、第5項目は、国家電力公司の子公司から受け取る資産収益の方法を規範化すること、であった。

　先の課題（省級の電力管理体制の改革と発送電分離の実現）との関連からいえば、重要なことは、第2項目の「政企分離」を進展させること、それと同時に、第1項目の発電と輸配電の分離を実現することであった。この第1項目に対しては、電力供給等の諸問題は基本的に解決されているので、秩序ある電力市場の形成を通して、「電力工業の効率とサービスの向上」に尽力し、「電網調整の公平・公正・公開と発電所間の平等な競争」によって電力価格の引き下げを促進することであるとされた。そのため、第2項目を実現することが、第1項目の推進につながるとされ、1999年5月、「経貿委」は、「『電力工業における政企分離の改革業務をうまく行うことに関する意見』を印刷・配布することに関する通知」を公布した[133]。この「通知」に添えられた「電力工業における政企分離の改革業務をうまく行うことに関する意見」（1999年4月）の「文件」は、次の3大項目からなっていた。

（一）省級の電力行政管理体制に関すること。

（1）省級政府機構の改革において、省・自治区・直轄市を含む27の省級の
　　　電力局（公司）を廃止し、各専門管理部門に分散している電力管理の職能

<hr />

132）《国務院辦公庁転発国家経貿委関于深化電力工業体制改革有関問題意見的通知》国辦発［1998］146号（《1999年中国電力年鑑》，51–52頁）。

133）《関于印発〈関于做好電力工業政企分開改革工作的意見〉的通知》国経貿電力［1999］445号（《2000年中国電力年鑑》，49–50頁），前掲《中国電力発展的歴程》，208頁以下参照。こうしたことによって、東北・華北・華東・華中・西北の「五大区」の電業管理局が完全に廃止され、「両塊牌子、一套班子」が終焉したとされる。

を省級の「経済貿易委員会」に移管し、関連部門の職能を簡素化・調整し、協調と統一を図る。そのために、「中電聯」のような「電力業務協会」を成立させる。省級以下の各地方級政府においては、電力専門管理部門を設置しない。

（2）「経貿委」の電力工業に対する行政管理職能のうち、各地の実情を考慮して、以下の職能は、省級の「経済貿易委員会」に移管する。①現地の電力工業の企画及び業務に対する管理と監督、②現地の電力工業の改革方針・政策・体制改革方案の研究と提出、③短期的な電力運営における総合的調整・統制の目標の研究と提出、④電力運営態勢の監視測定と電力資源の調整、⑤電力市場の育成と監督・管理及び電力市場秩序の規範化、電網と電力の運営上における重大問題の処理、⑥電・熱価格政策の研究と意見の提出及び電力価格の整頓・調整・改革作業への参与、⑦電力供給営業エリアの法に基づく管理、⑧農村電化発展企画の制定、及び農村電化の全般業務、⑨電力行政の執行と監督、などである。

（3）各省・自治区・直轄市の「政企分離」は、党中央・国務院の省級政府に対する機構改革の要求に対応させ、省級政府の機構改革の一環として行う。

（4）省・自治区・直轄市は電力公司を実体とする「改革」を深化させ、公司を真正な自主経営を行う法人にさせて、地方政府の指導と監督を受けさせる。省・自治区・直轄市が設立する省電力公司は１つだけにして、現地の電網に対する企画と管理を統一する。

(二)「五大区」の電力行政管理機構に関すること。

（1）元の電力工業部の出先機関としての「五大区」の電業管理局（電力集団公司）は、管轄地域内の電力局を廃止してから廃止する。それが担ってきた管理職能については、省を跨ぐものに関する管理職能は「経貿委」に移管するとともに、省・自治区・直轄市に関する管理職能は省級の「経済貿易委員会」に移管する。

（2）国家電力公司の東北電力集団公司は、企業発展企画を完成させると同時に、「経貿委」の委託を受け入れ、地区内の電力工業の具体的業務を担

うことにする (試行)。これは、所在地の各省級政府の許可を得てから、「経貿委」に報告し、審査・批准される。

（3）「五大区」の電業管理局（電力集団公司）が行う電力資源を均衡化させるための省間の電力量の分配・調整に関する業務は、「経貿委」が主導し、関連する省・自治区・直轄市の省級の「経済貿易委員会」と歩調を合わせ、国家電力公司、国家電力公司東北電力集団公司及び各電力集団公司が具体的業務を担うが、どのような業務形式でそれを行うかは、各地の事情によって、それぞれ確定する。

（4）電力企業と地方政府の関連部門、及びその他の業務機関や企業、さらに電力消費者間における経済利益に関する矛盾や関係調和の職能は、原則上、省・自治区・直轄市の「経済貿易委員会」が担当する。重大問題については「経貿委」に伺いを立てる。

（三）注意すべき事項に関すること。

（1）省・自治区・直轄市は、電力管理体制における「政企分離」改革と職能移管の過程において、秩序ある業務の継続を維持し、電力生産は正常・安全・安定の運営を継続し、管理上の断絶が生じないようにする。省・自治区・直轄市の「経済貿易委員会（経済委員会ないし計画経済委員会）」と電力局（省電力公司）は、歩調を合わせ、緊密に協力し、電力工業管理体制の「政企分離」改革をよく行う。

（2）「五大区」の電業管理局（電力集団公司）と省級の電力局（省電力公司）は、「政企分離」の改革について、大局に配慮し、政府機構改革の部署に従い、政府に属する管理職能を、完全に「経貿委」と省級の「経済貿易委員会（経済委員会ないし計画経済委員会）」に移管させ、政府の監督を進んで受け入れる。

（3）市級及びそれ以下の電力工業管理体制の「政企分離」の改革については、中央に関する機構改革文件の主旨と国務院の関連文件の要求に従い、当地の実際状況を考慮して実行する。

以上のような動きのなかで、地方における「政企分離」を実現する省級の電力管理体制の改革が加速していった。電力工業部が撤廃された後、広域電網（各

大区の電網、省を跨ぐ電網)において、これまで電力工業部の出先機関として存在した各大区の電業管理局(電力集団公司)の職能に関する調整が開始され、これまで電業管理局(電力集団公司)が担っていた省を跨ぐ電力資源の配置・企画・設計、及び電網運営における重大な管理職能が地方政府から中央の「経貿委」に移管され、他の残された省級の電力・電網に関連する管理職能については、省級の政府機構の改革とともに、省級政府の総合経済管理部門である「経済貿易委員会(経済委員会ないし計画経済委員会)」に移管されていった。また、市級/県級及びそれ以下の電業局・供電局・電力局の改革においては、各級の地方政府機構の改革とともに行い、条件をすでに備えたところは、先行して電力管理部署の廃止を実施してもかまわないとされた。

　この間、「経貿委」と国家電力公司は、先の「電力工業体制改革の深化に関係する問題に関する意見」に基づく改革をいっそう推進した。東北・華北・華東・華中・西北の電業管理局(電力集団公司)のほか、省・市・区の電力工業局(省電力公司)もほぼ完全に廃止された[134]。1998年10月、西北電力集団公司の所在地に新たに陝西省電力公司が設立され、西北電力集団公司と陝西省電力公司を分離して、前者の下に後者を組織化する体制を作り上げた。こうして、国家電力公司は1999年から2000年までに、南方電力聯営公司と華東・華中・西北の各電力集団公司を改組し、発電と輸配電の分離を実現する歩を速めていった。

　2000年6月、中央機構編制委員会辦公室は、「経貿委」と連名で「電力行政管理職能の調整に関する問題の意見」を発出した[135]。この「意見」によって、先の「電力工業における政企分離の改革業務をうまく行うことに関する意見」(1999年4月)に沿って、省・自治区・直轄市における省級の電力管理機構の整理はさらに徹底されていった。省・自治区・直轄市は、ただ1つの省級の電力公司を設立し、全省の電網に対する統一企画と統一管理を行うとされたが、特

134)「経貿委副主任石万鵬の経貿委電力工作座談会における講話」(≪2001年中国電力年鑑≫, 47-53頁, 前掲≪中国電力産業政府管制研究≫, 91-92頁)参照。

135)≪关于调整电力行政管理职能有关问题的意见≫中编办发[2000]14号(≪2001年中国電力年鑑≫, 505頁参照)。

に重視されることは、既述のように、元の電力工業部に直属していた省・自治区・直轄市を含む27の省級の電力局（公司）が担っていた電力行政の管理職能を所在の省・自治区・直轄市の「経済貿易委員会」に移管するとしたことが実施されたことであった。それまでは、「経貿委」は、省・自治区・直轄市の政府と国家電力公司との間で協議して決めるとしていたが、この措置に伴い、元の電力工業部の出先機関であった電力工業部の華北・東北・華東・華中・西北の各大区の電業管理局（電力集団公司）、及び管轄地域内の省級の電力工業局（省電力公司）は完全に廃止された。他方、先の「国務院の国家電力公司を組織・設立することに関する通知」に示された「政企分離」と「簡政放権」の原則に基づき、省・自治区・直轄市の省級の電力に関連する行政管理機能は、それぞれの省級の地方政府の経済管理部門（「経済貿易委員会あるいは経済委員会ないし計画経済委員会」）に移されることになり、地方各級の政府も電力工業に対する1つの管理部署になった。こうして、電力工業における「政企分離」はいっそう推進・徹底され、電力管理体制における管理規則の制定・監督（行政分野）と所有権の行使・経営（企業運営分野）との職能分離が実現され、長年の「政企不分」の問題が解決されることになった。

　次に、先の「電力工業体制改革の深化に関係する問題に関する意見」に示された第1項目である「発電と輸配電の分離」（これには次の第3、第4項目とも関連している）については、「公司の企業的性格」をより発揮させるためにも、「発電と輸配電の分離（発送電分離）」を行う必要があるとされた[136]。そのためには、まず、国家電力公司から発電部門を分離して、発電企業と輸配電企業とに資産を完全に分断する必要があるとされた[137]。こうしたことは、電網建設部と電網運営部を国家電力公司の中核に据え、国家電力公司の主たる業務を「電網の経営と建設」にするということであったが、そのためには、全国の電網を統一的

136）前掲≪大船掉头：我与国电公司的五年≫，40頁以下参照。

137）この作業が検討されるなかで、国家電力公司に所属する発電企業からの電力買取価格（上網価格）と外部の発電企業からの電力買取価格に格差があり、前者がキロワット/時当たり0.11元ほど安いことが明らかになった（前掲≪大船掉头：我与国电公司的五年≫，43頁）。

に連係させる必要があった。こうして、徐々に発電・輸配電の分離が進展しは
じめていったが、こうしたなか、「元の発電と輸配電が一体化していた発電所
は、基本的に独立採算の発電公司に改組され、『集資辦電』の発電所は、改組
して株式制公司になり、その他の投資主体によって建設され、省電力公司が代
管（管理を代わって行うこと）していた発電所は、しだいに省電力公司との代管
関係を解除して、出資人が管理を自主決定する公司になっていった」[138]。例え
ば、広東省では[139]、1980年代以降、率先して電力市場を開放して、外資導入な
どの多様な資金調達方法を用いて電力プロジェクトを推進し、急速に発展する
経済活動によって増加する電力需要に対応していたが、2001年2月には、広東
省電力集団公司を輸配電会社の広東省広電集団有限公司に編成替えした。また、
発電企業の資産は別に成立した独立の発電会社、広東省粤電資産経営有限公司
に売却した。この広電集団有限公司は、全省の電網及び国家電網に接続する発
電所を統一指令する職能を持ち、電力販売・サービス業務を行う。他方、粤電
資産経営有限公司は、発電市場の競争に参加して、発電事業を行った。なお、
広東省は、発電企業の国有資産比率をさらに引き下げるため、省の資産を売却
し、この資金を電網強化に充当することとした。これにより、広東省は、全国
に先駆けて発送電分離を実現したのである[140]。

　他方、「経貿委」は、他の関連部門とともに、発電市場の運営と監督の規則
を制定して、その指導と監督を強化していったが、こうした動きに呼応し、電
力需給バランスが回復してくると、電網の管理と運営には「三公」調達（公開

138）≪2001年中国电力年鉴≫，72頁。

139）広東省は、最大出力240万キロワットの大型揚水発電所や、国内最大の原子力発
　　電所を保有している。珠江デルタ地帯に50万ボルトの超高圧環状幹線電網を構築し
　　て広東省東部の汕頭市・省西部・省北部を結び、西は広西チワン族自治区、貴州省、
　　雲南省とも連繋し、北は江西省南部・湖南省南部、南は香港、マカオに電力を供給
　　している（≪2001年中国电力年鉴≫，322頁以下，≪2002年中国电力年鉴≫，452頁
　　以下，及び前掲『中国の電力産業―大国の変貌する電力事情』、44頁参照）。

140）広東省は、独立の発電所を積極的に建設し、発電分野における電力市場の形成
　　を促し、「上網価格」の査定、運営規則の制定、技術の支持システムの構築などの準
　　備工作を行った（同上『中国の電力産業―大国の変貌する電力事情』、44頁を参照）。

性・公平性・公正性を原則とした協議と契約による運営)を要求する機運が高まり、そのことが「競争的発電市場の形成を推進するには、発電企業間の競争を必要とするといった要求」[141]と結びついていった。しかし、引き続いて実行するとされた電力工業の「市場化」については、この段階では実行困難とされた。後述するように、1999年3月、上海市・浙江省・山東省及び東北3省(黒龍江・吉林・遼寧)において、発電と輸配電の分離した電力公司を新設して、「競価上網」(市場競争による価格で電網部門が発電部門から電力を買い取る)を試行するとしたが[142]、それを実現することはできなかった。

　先の「電力工業体制改革の深化に関係する問題に関する意見」に示された「全国電網の連繋を加速し、資源の優位化配分を実現する」といった第3項目については、電力資源分布のアンバランスの改善、長江三峡輸配電、及び全国の電網を統一的な規格で整備する必要から、中国電網建設有限総公司を廃止して、国家電力公司の「事業部」に改組した。また、南方の電網(広東・貴州・雲南の3省、及び広西チワン族自治区)の電力資源の十分な利用、及び「西電東送」の国家戦略の実施のために、南方電力聯営公司における発電と輸配電の分離を実行した。電網の部分は、資産を再編して、国家電力公司の子公司に組織化し、国家電力公司の直接管理下に収め、発電の部分は、独立した公司として運営することにした。ここでいう資源の優位配分に関わる「西電東送」戦略とは、「西部大開発」における代表的な3つのプロジェクトの1つであった[143]。中国には、石炭資源が豊富な西部地域と水力資源が集中する西南地域があり、これらの電力資源を電力使用負荷が大きい東部地域へ送るという戦略である。つまり、貴州(烏江)・雲南・広西(貴州・雲南・広西3省(区))の境の接する地域の南盤江、

---

141) 前掲≪中国电力发展的历程≫，209頁。

142) 1999年3月9日、「国家経済貿易委員会の発電・電網分離と競価上網の試行を行うことに関連する問題に関する通知」(≪国家経済貿易委員会关于进行厂网分开竞价上网试点有关问题的通知≫国経貿電力[1999]161号(≪中国电力规划≫编写组编≪中国电力规划・综合卷(下册)≫中国水利水电出版社，2007年，894頁を参照)。

143) 他の2つのプロジェクトは、「西気東輸(天然ガスの東への輸送)」と「チベット高原鉄道」である。この「西電東送」戦略に対する2001-2010年の総投資額は5265億元(三峡ダムを含まない)とされた。

北盤江、紅水河）及び四川の水力資源、内蒙古・陝西・寧夏・山西などの西部の省（区）の石炭資源を開発・利用して、広東・上海・江蘇・浙江及び京津唐地域に電力を送るのである。この「戦略」では、北（内蒙古・陝西・山西・寧夏から華北電網に輸配電）・中（長江中上流の四川から華中・華東電網に輸配電）・南（雲南・貴州・広西から広東に輸配電）の3つの輸配電線が敷設された。

　国家電力公司が「子公司から受け取る資産収益の方法を規範化する」という第5項目とは、先の「国務院の国家電力公司の設立に関する通知」の規定により、国家電力公司が、毎年、子公司から再投資の資金として、一定割合の減価償却費を受け取っていたことに関することである。本公司と子公司の利益関係を規範化するため、国家電力公司は、1999年から減価償却費の受け取りを廃止し、それを投資収益の受け取りに改めることにした。なお、「農村における電力体制の改革」に関する第4項目については、全国統一的な電力市場の形成、及び「農電（農村の電化を含む）」における電力体制の改革に属するものとして、以下、少し検討を加えておこう。

4　電力市場の形成と農電問題

　2000年10月17日、国務院辦公庁は、「電力工業の体制改革に関連する問題に関する通知」を発して、電力工業の体制改革は、国家計画委員会が主導する「経貿委」・財政部・国務院体制改革辦公室・国家電力公司・「中電聯」等の関係部門と単位によって構成される「電力体制改革協調指導グループ」が責任を負って制定するとして、「電力改革」に関する主導権を国家計画委員会に移した（但し、最終的には国務院の批准を要する）[144]。この「通知」によれば、先に指摘した1999年3月の「国家経済貿易委員会の発電・電網分離と競価上網の試行を行うことに関連する問題に関する通知」において実施するとした上海市・浙江省・山東省及び東北3省での「競価上網」[145]の「試行」、さらにこれを経て、各省・

144）≪国務院辦公庁関于電力工業体制改革有関問題的通知≫国辦発［2000］69号（≪2001年中国電力年鑑≫，47頁）。

145）前注142参照。なお「競価上網」とは、電網公司への販売価格である「上網価格」を競争によって市場で決めるということである。

自治区・直轄市においても実行するとしたことが、一律に暫時停止されること
になった。つまり、電力市場における競争を目指した「試行」は、先延ばしさ
れたのである。この段階においては、電力工業における「市場化」は、資源配
置の適正化にとどまり、電力の取引市場は、中間部分の機構が国家電力公司に
整理されたが、その他は、以前のままに保持された。

　この「試行」を調査した「発電・輸配電分離、競価上網試行調査委員会」（2000
年）の調査に基づく「国務院発展研究センター」の報告によれば、これが「成
果」をみいだせなかった原因として、以下のような３つを挙げている。第１は、
発電・輸配電の分離が財産権を含んだ徹底的な分離に至らなかったこと、第２
は、市場競争は発電部門の真のコストを反映するものにならなかったこと、第
３は、地域においては、「政企分離」が形式にとどまっていたこと、であった[146]。
第１についていえば、大区の電力集団公司も省電力公司も、いまだ発電公司で
もあり、電網公司でもあったので、独立の発電企業と市場競争を行うこと自体
が公平性に欠けていたということであった。第２については、借入金によって
先進技術を導入した発電企業は、価格競争といった側面だけに限ってみれば、
購入費用が嵩む分だけ不利な立場に置かれていたということであり、第３につ
いては、地域によっては、「政企分離」工作（活動）が緩慢で、市場競争の秩
序を打ち立てることが困難であったということであった。

　総じていえば、発電部門では、民間資本や外資など投資の多元化（「集資辦電」）
が進行していたのに、国家電力公司の傘下にある旧公司（発電企業であろうと電
網企業であろうと）では、投資主体は依然として国家の独占的状態にあり、国家
が財産権を占有する経営を実施していたので、公平性が保持できないというだ
けでなく、元々の行政の影響力を排除できる状態にまで至っていなかったとい
うことであった。こうしたことから、次の第３章において指摘する「独占的状
況の打破（財産権帰属の明確化）、市場競争の導入」といった新たな改革案が提
起されることになるのである。

　他方、この期には、第３節において詳述するように、農村部への電力供給が

<hr />

146）夏珑、李冰水《我国电力行业市场化改革述评》，載《経営与管理》，2007年第
　　3期。

急速に進展し、農村生活における「電化」を促進した。1998年、中共中央と国務院は、国内外の経済状況を判断して、「農民生活に関心を寄せ、農業を支援し、農村経済を大いに発展させる」ために、「農村電網を改善し、農電管理体制を改革し、農村・都市の『同一電網、同一価格』を実現する」という重要政策を打ち出した[147]。国家計画委員会も、この政策に先立って、農村電網の整備と農村の低電圧体制の普及に力を注いだ。この農村電網の改善政策によって、2002年8月までに、農村にある1800ヵ所の110キロワットの変電所及びこれに対応する3万キロメートルの電線、1800ヵ所の35キロワットの変電所及びこれに対応する7.6万キロメートル電線、さらに95万キロメートルの10キロワット電線、290万キロメートルの低圧電線、80万台高消耗変圧器、100万ヵ所の配電台区が建設・改善され、全国における農村低圧電網の普及率は60％に達した[148]。

「農電」管理体制においても進展がみられた。これまで郷・鎮に置かれていた「電管站（電力管理センター）」は、県級の「供電公司」の派出機関に編成替えされ、こうした派出機関は、全国の31個の省・市・自治区の農村部（郷、鎮）に及び[149]、全国で24305ヵ所に至ったとされる。こうしたなかで、農村・都市の「同一電網、同一価格」政策が農村に浸透していった。例えば、河南省の事例であるが、次のように紹介されている[150]。この「農村・都市同一価格」政策が実行される前には、農村の低電圧電力の消費価格は、1キロワット/時当たり平均0.85元（あるところでは2元にも達したという）であったが、2002年には、

---

147) ≪国務院弁公庁転発国家計委関于改造農村電網改革農電管理体制実現城郷同網同価請示的通知≫国弁発［1998］134号、≪国家計委関于制定城郷用電同価方案有関問題的通知≫計価格［1998］2114号（前掲≪中国電力規劃・綜合巻（下冊）≫，888-892頁）。この政策は、略して「両改一同価」政策という（寧瑞琪≪対"両改一同価"決策的理解和分析≫，載≪電力技術経済≫，2003年4月参照）。

148) 同上≪中国電力規劃・綜合巻（下冊）≫，888-892頁、及び≪2003年中国電力年鑑≫，45頁参照。

149) 前掲≪対"両改一同価"決策的理解和分析≫。このために、多くの国家資金がつぎ込まれたが、国務院の統一部署によれば、1998年から2001年までに、全国269の都市と2000余の農村の電網の改善と建設のために予定された3100億元の資金の83％に当たる2558億元が用いられたという（前掲≪中国電力発展的歴程≫，210頁）。

150) 同上≪対"両改一同価"決策的理解和分析≫参照。

それが全省統一価格0.53元キロワット/時に下げられ、平均価格で0.32元引き下げられ、下落率は37.7％になったとされ、農民の負担軽減は2002年1年で13億元になるとされた。全国各地において、ほぼ同じような事態が進行していたとされ[151]、北京・天津・上海・江蘇・浙江・山東・広西・陝西・寧夏・青海などの10省・自治区・市において、農村・都市の電力価格が統一された。県級地方の統計によれば、全国の800以上の県では、農村電力価格の規範化が進み、価格の統一が実現されただけではなく、この「農電」の管理体制の整備を通して輸配電ロスなどが減少し、電力供給コストの削減も進展したとされる[152]。こうしたことが、農村部における家電製品の普及を推し進め、農村経済の底上げを実現していったのである[153]。

　しかしながら、こうした「農電」の整備という「農村電化」にもいくつかの問題が存在した。第1は、電力供給の保証がいまだ十分ではなかったことであった。当時、全国農村の電力不足が継続され、年間の不足電力量は300—400億キロワット/時、発電設備容量は約800万キロワットになるとされた。このため、農村では、これを補うために、農村工業は重油発電機550万キロワットを設置するなど電力調達の処置を採らなければならず、こうした農村の負担は大きかったとされる[154]。第2は、広域電網の供給エリアに含まれる農村には、かつて建設された多数の小型火力発電所や調節力のない小型水力発電所が稼働しており、これを統一的な電力供給エリアに組み込むことは困難であった。当時、地方の小型水力発電所・火力発電所を合わせて、総発電設備容量は1476万キロワットであったが、そのうちの4割近くを占める550万キロワットが広域電網供給エリアに存在した。そのため、豊水期・渇水期には、大・小の電力供給の如何にかかわらず、同様な処置を採ることになり、その無駄（浪費）は無視で

---

151) 例えば、農村の電力使用者の実際負担額は、1キロワット/時当たり0.57元から0.47元に引き下げられ、農民の1年間の負担は350億元も軽減し、都市においても、電力価格が1キロワット/時0.47元から0.42元に引き下げられ、都市住民の負担は1年間に400億元の削減になったとされる（前掲≪中国电力发展的历程≫, 210頁）。

152) ≪2003年中国电力年鉴≫, 46頁参照。

153) このことについては、後述する本章第3節の表2-12、表2-13を参照。

154) 前掲≪中国电力规划・综合卷（上册）≫, 135頁。

きないものであった[155]。第3は、「農電」整備とりわけ電網建設は、人口が多く、広範囲に点在する場所への低電圧の電力供給に供するものであるため、国家資金に依存せざるをえなかったのであるが、「資金調達の改革」が進み、国家の専用投資資金や補助金が大幅に削減されたため、これが農村の「電化」に大きな影響を与えたとされる[156]。しかし、以上のような問題は、「九・五」計画を通して、徐々に解決されていくことになったのである。

第3節 「改革期」における電力工業の発展 (1985—2000年)

1 発電分野における発展状況

表2-3にみるように、「七・五」計画期において、総発電設備容量は1億キロワットを突破し、総発電量は6000億キロワット/時台を記録し、年平均増加率は、それぞれ10.1%、8.4%を達成した。「八・五」計画期には、発電設備容量はさらに増大して2億キロワットを超え、発電量では1兆キロワット/時を超えた。この期の発電設備容量の年平均増加率は9.5%であったが、発電量のそれは10.5%であり、単位当たり発電設備容量の発電能力が拡大した。「九・五」計画期には、発電設備容量も、発電量も増加率を低下させ（それぞれ8.0%、6.4%）、電力供給力に余裕が生じていることを示した。ここに至って、中国の電力工業は、これまで20数年以上にもわたって続けられてきた全国的な電力不足の歴史を終わらせ、「需給関係における基本的なバランス」を確保することができた[157]。このことによって、中国の産業構造の転換がスムーズに進行し、今後の発展の基礎を固めることになったのである。こうしたことは、これまでほぼ年平均9％以上の経済成長率（図2-1参照）に対応してきた電力工業の成果であり、これによってこれまでの長期的な電力不足の現象は解消されていったのである。

---

155) 同上《中国電力規劃・綜合巻（上冊）》, 135頁。
156) 同上《中国電力規劃・綜合巻（上冊）》, 135頁。
157) 前掲《中国電力発展的历程》, 173頁。

表2-3　発電量及び発電設備容量の推移（1986—2000年）

年	発電量 （億キロワット/時）			発電設備容量 （万キロワット）			年間発電機使用時間 （時）		
	合計	火力 （%）	水力 （%）	合計	火力 （%）	水力 （%）	総合	火力	水力
「七・五」計画期（38.2%/47.0%）									
1986	4496	79.0	21.0	9382	70.6	29.4	5388	5974	3882
1987	4973	79.8	20.2	10290	70.7	29.3	5430	6011	3795
1988	5451	80.0	20.0	11550	71.7	28.3	5313	5907	3710
1989	5847	79.7	20.3	12664	72.7	27.3	5171	5716	3691
1990	6213	79.7	20.3	13789	73.9	26.1	5041	5417	3889
「八・五」計画期（48.6%/43.4%）									
1991	6775	81.6	18.4	15147	75.0	25.0	5030	5451	3675
1992	7542	82.6	17.4	16653	75.6	24.4	5029	5462	3567
1993	8364	81.7	18.0	18291	75.6	24.4	5068	5455	3730
1994	9279	80.5	18.0	19990	75.5	24.5	5233	5574	3877
1995	10070	80.2	18.6	21722	76.0	24.0	5121	5454	3857
「九・五」計画期（26.8%/35.0%）									
1996	10794	81.4	17.3	23654	75.6	23.5	5033	5418	3570
1997	11342	81.6	17.2	25424	75.7	23.5	4765	5114	3387
1998	11575	81.1	17.6	27729	75.7	23.5	4501	4811	3319
1999	12331	81.5	17.3	29877	74.8	24.4	4393	4719	3198
2000	13685	81.0	17.8	31932	74.4	24.8	4517	4848	3258

出所：前掲≪中国電力工業志≫，271頁（この資料が提供する数値は1990年までである）、及び前掲≪中国電力発展的歴程≫，135-136頁，140-141頁。

注：各計画期の後の（　）に示した数値は、発電量と発電設備容量のこの期間における増加率である。

（1）「七・五」計画における電力工業の状況

　電力工業における初期の改革が進展した期間は、「七・五」計画期（1986—1990年）を中心とする時期であった。「七・五」計画に関しては、「改革開放」以後の成果が問われる「計画」であったことから、早くも1983年に、国務院は、この「計画案」の起草準備を始めていた。この時期、すでに指摘したように、「対内では経済の活性化、対外には開放の実行」という「総方針」が確定していた。この「総方針」の下で、「計画」を主体にするのか「市場」調整を主体にする

のかについて、「論争」が継続中であった[158]。

1985年9月23日、「中国共産党全国人民代表大会」は「国民経済と社会発展の第七期五ヵ年計画に関する建議（草案）」を制定した[159]。この「五ヵ年計画」では、①既存設備の拡充に重点を置き、②大いに消費財生産に力点を置き、③電力を中心とするエネルギー工業の発展に重点を置き、④積極的に産業構造の転換を図り、⑤国外からの新技術の導入に取り組む、という方針を明確に示した[160]。これを受けて、国務院は、電力工業に関する「七・五」計画では、「火力発電を積極的に発展させ、水力発電の開発に力を入れ、重点的・計画的に原子力発電を行う」[161]ことにするとし、計画目標として、総発電量を1985年よりも1400億キロワット/時増の5700億キロワット/時、発電設備容量を3000—3500万キロワット完成させて、総発電設備容量を1億2000万キロワット規模にすることを掲げ[162]、1980年に比していずれも「倍増」させるとした[163]。

なお、参考までに、この間における「七・五」計画の主要な「計画案」を示すと下記の表2-4のようである。

1986年4月、「第6期全国人民代表大会第4回会議」は、「七・五」計画の実施を可決した。電力工業における「七・五」計画は順調に推移し、目標とされ

158) 刘国光主编《中国十个五年计划研究报告》人民出版社，2006年，484页以下参照。この段階においては、大枠としては、「社会主義経済は計画調整と市場調整を結合させなければならない」（同上《中国十个五年计划研究报告》，485页）ということが大勢を占めていたが、1984年10月の「中国共産党第11期3中全会」で決議された「経済体制改革に関する決定」は、明確に「社会主義経済は計画的な商品経済であり、計画経済を主にして市場調整を従（補）とする」とした。

159) 《关于制定国民经济和社会发展第七个五年计划的建议（草案）》（同上《中国十个五年计划研究报告》，476-482页）。

160) 「六・五」計画の後期、投資規模が大きすぎただけでなく、投資構造も不合理であったとされ、主にエネルギー・交通・通信・原材料等といったインフラの投資率を引き下げるというなかで、これらが取り組まれた（同上《中国十个五年计划研究报告》，476-482页，488页以下参照）。

161) 孙海彬《电力发展概论》中国电力出版社，2008年，24页。

162) 同上《电力发展概论》，24页。

163) 前掲《中国电力工业志》，271页。

表 2-4　電力工業「七・五」計画の主要計画案

	1985年4月の水電部「草案」	1985年11月の国家計画委員会の調整案	1986年4月の国家計画委員会の下達案	実際の完成状況
1990年の発電量(億キロワット/時)	5700	5500	5500	6213
新増発電設備容量(万キロワット)	4200	3588	3790	3931
基本建設投資総額(億元)	536	780	672	989.3

出所：前掲≪中国电力规划・综合卷（上册）≫，106頁。
注：新増発電設備容量には大・中型（華能プロジェクトを含む）。（表2-6の注をも参照）。

た任務は前倒しで達成されただけではなく、「2つの突破」が果たされた。1つは、この5年間に、毎年の新増発電設備容量が1000万キロワットを突破したことであり、もう1つは、総発電設備容量が1億キロワットを突破したことであった[164]。表2-3にみるように、1986年から1990年までの発電設備容量は、毎年、ほぼ1000万キロワット規模で増加し、1987年には1億キロワットの大台に乗せた。これを発電設備容量の水力・火力の別でみると、発電所総数は6537ヵ所、発電設備容量は1.03億キロワット、そのうち、火力発電所2201ヵ所、7275万キロワットであり、水力発電所4336ヵ所、3015万キロワットであった。詳細な規模別の数値を得ることはできないが、いくつかの資料によれば、25万キロワット以上の容量を有する大型発電所は129ヵ所、発電設備容量7824万キロワットで、全体の56.7％を占めた（うち、水力発電所は24ヵ所、1497.4万キロワット、火力発電所105ヵ所、6329.1万キロワット）。100万キロワット以上の容量を有する超大型発電所は19ヵ所（うち、水力発電所4ヵ所、火力発電所15ヵ所）であった[165]。この計画期間、発電設備容量のうち、火力発電設備容量の比率は、「六・五」計画期（第1章2節参照）を上回って70％以上にも達し、その比率が高くなっただけではなく、発電設備容量も、毎年、ほぼ1％ずつ増大するという勢いを示

164）前掲≪中国电力规划・综合卷（上册）≫，105頁。なお、≪中国电力规划・综合卷（上册）≫には、この間の調整数値が紹介されている（106頁の表1を参照）が、ここでは省略した。

165）前掲≪中国电力工业志≫，19頁，前掲≪电力发展概论≫，24頁。

した[166]。

　これまで急速な経済発展が要求する電力需要に追いついていけなかった電力供給は、すでに指摘したように、この期になって、総発電量6000億キロワット/時を達成し、「1980年に比して倍増の戦略的任務」を超過達成した[167]。とはいえ、この期には、電力不足がいまだ厳重な状況にあったことは確かであり[168]、引き続き発電設備の使用時間を増加させることで対応しなければならなかった。表2-3にみるように、それは火力発電における設備使用時間数の増加という事態になって表れた。「六・五」計画期からの火力発電における発電機使用時間の増加傾向が「七・五」計画期の初期2年間継続され、発電機使用時間は6000時間に達するほどであった。

　表2-3では、増加数値の時系列的な変化（増加率）を記載しなかったが、「改革開放」後からの発電量の増加も顕著に表れた。発電量は、「六・五」計画期の1982年に増加率5.6％を達成した後、1983年には7.3％、1985年に8.9％になり、「七・五」計画期になって、1986年に9.5％、1987年に10.6％と急拡大した。1989—1990年にようやく平常の6—7％台に落ち着いた[169]。こうした発電量の増加率の拡大は、火力発電の発電量の増大によって実現された。1990年末の総

166）このように「七・五」計画期に主導的地位にあった火力発電は、依然として、主な石炭生産地域あるいは沿海部地域の電力需要の旺盛な地域に建設された。例えば、産炭地としては、山西北の大同二所と神頭、江蘇の徐州、安徽の洛河と平圩、山東の鄒県、内蒙古の元宝山、河南の姚孟、河北の陡河などの「坑口発電所」であり、電力需要地としては、江蘇の望亭・諫壁、浙江の鎮海・北侖・台州、山東の黄島、上海の石洞口、広東の黄埔などの港湾区や交通の要所の発電所であった（同上《中国電力工業志》、18頁）。

167）同上《中国電力工業志》，271頁。発電機規模の増大や技術進歩も実現された。

168）楊魯、田源主編《中国電力工業発展与改革的戦略選択》（中国物価出版社，1991年）では、発電設備容量と用電設備容量の比率によって電力需給の分析ができるとされ、用電設備容量の発電設備容量に対する比率が「2以下」の場合電力不足が生じていない状態を示すとしている（25頁，表1-9参照）が、その後の数値を検討してみると、この比率は電網の拡大に比例するのであって、電力需給とは直接関係ないことが判明した。今後、こうした比率を用いる場合には、注意が必要である。

169）前掲《中国電力工業志》，270頁，表4-2-1を参照。

発電量は6213億キロワット/時（うち、水力発電1264億キロワット/時、火力発電4950億キロワット/時）に達し、この計画期間の増加率は38％に達したが、この期の発電量の構成比率に変化はなかったから、発電量の顕著な増加は火力発電の発電量の増加によって達成されたといえる。しかし、ここで注意しておかなければならないことは、この期間、火力発電の発電量の増大に依存したということは、発電量が増大すればするほど原料炭価の上昇をもたらし、それによって発電コストが増大し、電力工業の発電部門における利潤は相対的に減少を結果されるということであった。1980年に11.2％にあった「資金利潤率」は、1986年には5.6％、1987年には4.8％、1988年には3.5％、1989年には3.7％、1990年には3.6％に下降した[170]。こうしたことから、すでに指摘したように、電力工業における価格改革が必至とされたのであり、炭価の動向（市場）に合わせた電力価格の改定が急がれた。

　他方、こうした電力工業の発電分野における展開は、すでに指摘した電力工業における「改革」の結果（『集資辦電』）であったといえるが、こうしたことを反映して、この期間、特に小型火力発電[171]の増加率が目立った。表2-5にみるように、1台当たり0.6—1.2万キロワットの「小型」の発電設備容量の増加率は、特に1988—1989年に急速な伸びを示し、100万キロワット以上の増加に達し、1989年に増加率は最高の19.7％を記録した。これは、「改革開放」政策の展開のなかで、後述するように、農村部における「郷鎮企業」の急速な拡大に対応したものであった。

　「七・五」計画における電力工業の基本建設資金の源泉については、すでに指摘した（前掲表2-1参照）。「七・五」計画における電力工業の投資総額は981億元であり、「六・五」計画期の300億元より約3.3倍に増加した。しかも、これまでのように、財政支出に依存するものではなく、多くはそれ以外の資金に

170）同上≪中国电力工业志≫，19頁。

171）1978年4月23日の国家計画委員会・国家建設委員会・財政部の「文件」（計［1978］234号）によれば、大型発電設備容量とは、25万キロワット以上の発電設備容量を指し、中型発電設備容量とは、2.5-25万キロワットの発電設備容量を指し、2.5万キロワット以下は、小型発電設備容量を指すとされる。

表2-5　0.6―1.2万キロワットの小型火力発電設備容量の増加状況

年	0.6―1.2万キロワットの小型発電設備容量				
	台数	発電設備容量	1台当たり容量	容量増加分	増加率（％）
1985	646	564	0.87	―	―
1986	689	602	0.87	38	6.7
1987	731	640	0.88	38	5.8
1988	789	688	0.87	48	7.5
1989	962	824	0.86	136	19.7
1990	1081	925	0.86	101	12.3

出所：前掲≪中国电力工业志≫，255頁。
注：発電設備容量（1台当たり容量）の単位は万キロワット、台数の単位は台である。

よるものであった。国家の予算内投資は、当初、40％以上の比率にあったが、この期間、17％の比率にまで減少した。この国家予算額のうち、どのくらいが予算内の銀行借入金である「撥改貸」であるか詳細は知りえないが、非経営的な供与資金（「撥款」）はきわめて限定的なものになり、国家予算は原則的に「撥改貸」であったとみるべきであろう。この国家予算内資金がしだいに減少し、この減少分を補ったのが、「改革」の1つとされた「集資辦電」であり、そのために動員された各部門・各地方政府・各事業単位及び個人からの「自己調達資金（「自籌資金」）」であった。さらに、外資による資金のほか、電力建設資金、「以煤代油（石油を石炭に置き換える特別基金）」や「省エネ基金」も電力建設に重要な役割を果たした[172]。この期間、特に重要な役割を果たしたのは、地方政府の調達資金に依存した「電源」開発であり、地方の経済活況（GDP成長率）は地方政府の評価にもつながったので、これに地方政府も大いに力点を置いたと推測される。こうした状況下で、すでに述べたように、中央政府としては、電力資源の地方分散化を阻止するためにも、特に省を跨ぐ電網管理体制の統一化という「改革」を図らなければならなかったのである。

　このような投資資金が電力工業のどの分野に投資されたかをみたものが表2-6である。この内訳をみれば、発電に関わる投資は760億元で、総額の77％を

172）本章第1節の「集資辦電」の項目を参照。

表2-6　「七・五」計画における電力工業の基本建設投資内訳　　　　　　　単位：億元、（%）

| 年 | 総額 | 発電工程に関わる資金 | | | 輸配変電 | その他 |
		金額	（水力）	（火力）		
1986	128.0 (100.0)	92.5 (72.3)	29.0 (22.7)	63.5 (49.6)	26.9 (21.0)	8.6 (6.7)
1987	154.8 (100.0)	105.4 (68.1)	31.3 (20.2)	74.1 (47.9)	39.8 (25.7)	9.6 (6.2)
1988	214.9 (100.0)	166.3 (77.4)	35.5 (16.5)	130.9 (60.9)	39.1 (18.2)	9.5 (4.4)
1989	221.7 (100.0)	175.8 (79.3)	40.3 (18.2)	135.5 (61.1)	38.1 (17.2)	7.6 (3.5)
1990	269.9 (100.0)	220.2 (81.6)	47.0 (17.4)	173.3 (64.2)	39.9 (14.8)	9.4 (3.5)
総計	989.3 (100.0)	760.2 (76.8)	183.1 (18.5)	577.3 (58.4)	183.8 (18.6)	45.2 (4.6)

出所：前掲《中国电力工业志》，777-778頁。
注：本表も基本建設投資の内訳であり、先の表2-1と総額においていくぶん相違するが、資料上の
　　問題であり、そのままにした。（　　）内は%である。

占めた。このうち火力発電に関するものが75%以上（全体の58.4%）を占め、
しかも、この発電に関わる火力発電への投資は、毎年、顕著に増加した。他方、
輸配変電及びその他項目に関わる投資の比率は、年々減少している。例えば、
輸配変電の電網への投資は、1990年にはわずか14.8%になり、この期間を通し
て、5年間の総計比率は、18.6%にすぎなかった。こうした輸配変電投資の遅
れは、発電所からの出電を制限したとされるが、こうした電網建設の遅れは輸
配電の安全性にも影響した[173]。また、電力に関連する投資についていえば、発
電設備容量や発電量の増加に伴い、教育・文化（人材育成）や労働者の生活な
どのサポート施設などへの投資も拡大するはずであるが、「七・五」計画期に
は、これに関わる投資はあまり拡大しなかった。例えば、1986年には5億元（「拨
款（政府の供与資金）」が2.2億元、「拨改贷（供与を貸付に変更した資金)」が0.5億元、
「自筹資金（自己調達資金）」が2.3億元）で、投資総額の3.8%を占めたにすぎなかっ

173）前掲《中国电力规划・综合卷（上册）》，121頁

たのに、1990年には、これがさらに減少して、3.9億元（「撥款」が1.3億元、「自筹資金」が2.6億元）になり、投資総額のわずか1.5％を占めるにすぎなくなった[174]。この投資比率の減少により、上述したサポート体制の維持が困難になり、労働者の生活に影響を与え、さらにそれが生産にも影響したとされる。

　こうして、この時期において、電力開発については「電源建設」と「電網建設」を同時に発展させるという方式よりも、「電源建設」を優先させる方式が採用され、電源建設の投資率が圧倒的に高くなった[175]。しかも、火力発電への投資に多くの資金が投入され、すでに指摘したように、水力発電への投資比率は減少したため（表2-6参照）、「七・五」計画期には、水力発電建設の目標は達成できなかった[176]。こうしたこの期の「火主水従」が原料石炭の需要増をもたらし、炭価の上昇といったことだけではなく、石炭運送に関係する交通問題をさらにいっそう深刻にしたのである。

（2）「八・五」計画における電力工業の状況

　「八・五」計画は、前節で指摘したように、管理部門がエネルギー部に再編された時に作成された。1989年6月には「計画」作成に着手され、同年11月の「中国共産党第13期五中全会」はいっそうの「管理整頓及び改革深化」を決議[177]し、それに基づいて、「八・五」計画における最初の総方針としての「持続・穏定（安定）・協調（調和）」の「六字方針」が決定され、電力工業の目標も具体化されていった[178]。1991年4月9日、「第7期全国人民代表大会第4回会議」は、「国民経済及び社会発展十年企画と第八次五ヵ年計画に関する綱要」を可決し、「経済成長率を6％前後に維持する方針」を打ち出した。これを受けて、電力工業では、「電力の増加率を7％にする」という目標を設定した[179]。これ

---

174)　同上≪中国電力規劃・綜合巻（上冊）≫，121頁。
175)　当時、多くの資金は電源建設に用いられ、輸配電設備の発展は遅らされた。このアンバランスな発展状態の調整によって、後述するように、次の「八・五」計画期ではなく、「九・五」計画期に持ち越されたのである。
176)　「七・五」計画における水力発電設備容量の計画目標は821万キロワットであったが、実現された発電設備容量は603万キロワットで、計画目標の73.4％を完成したにすぎなかった（前掲≪中国電力規劃・綜合巻（上冊）≫，118-119頁）。

によれば、1995年までに、発電量は8100億キロワット/時（1990年の6213億キロワット/時より1887億キロワット/時の増加）にし、また、発電設備容量については、1995年までに1億8300万キロワット（特に大中型発電設備容量を4500万キロワット増加、全体で対1990年比増加率18.7%）にすることにされた。このために必要とされる投資は1426億元を見込むということであった[180]。

しかし、1992年初め、鄧小平の「南巡講話」[181]を契機に、予定された経済成

177）1989年6月4日の「天安門事件」以来、国内経済は3年間の「全面的管理整頓」の期間に入った。同時に西側先進諸国は中国に対する経済制裁を加えたため、1989年と1990年の経済成長は2年連続して下降し、経済成長率は、それぞれ4.1%と3.8%にまで下落した（図2-1参照）。他方、1991年12月25日、社会主義国ソ連が崩壊し、同時に1980年代後期から始まった東ヨーロッパの社会主義体制の動揺が体制崩壊へとつながり、国際社会主義の動きは低調に陥った（曹文炼、張力炜≪＜我国五年计划编制与实施的历史回顾＞连载之八—第八个五年计划的编制与实施（1991-1995年）≫，載≪中国产经≫，2018年第10期参照）。

178）前掲≪中国十个五年计划研究报告≫，549頁。

179）前掲≪中国电力规划・综合卷（上册）≫，121頁。

180）前掲≪中国电力发展的历程≫，398頁，同上≪中国电力规划・综合卷（上册）≫，117頁参照。

181）1980年代末のポーランドにおける「連帯」の躍進、及びソ連の「8・19」事件により国際共産主義運動は大きな挫折を受けた。こうしたなか、中国でも、経済体制改革の経験が欠如していたことから当局が功を焦り、マクロコントロールが偏るなどの不利な要素が生じていたため、経済的及び政治的危機による混乱がもたらされていた。これに対し、鄧小平は、1992年1月18日から2月21日にかけて、武昌・深圳・珠海・上海などを訪問し、改革開放を促進する「講話」を行った。この「講話」によって「改革積極派」が活気づき、知識人・学生・市民の鄧小平に対する評価も急速に高まっていった。この「講話」は、その後に開催される「中国共産党第14期全国代表大会」での「改革開放の深さと広さ」をいっそう促進させることをも意図したものであり、中国経済の大きな転換点となった（前掲≪中华人民共和国经济史・下卷≫，347-353頁，凌星光『中国の経済改革と将来像』日本評論社、1996年、82頁参照）。この鄧小平の「南巡講話」に支持され、「中国共産党第14期全国代表大会」が1992年10月12日から18日に開催され、江沢民総書記の「改革開放と現代化建設の足取りを加速化し、中国的特色のある社会主義事業のより大きな勝利を勝ち取ろう」と題する報告が採択され、「社会主義市場経済体制の確立」が提起された。これは「市場結合論から市場主体論に」転換することを意味する重要な意味を持った（同上『中国の経済改革と将来像』、84頁）。

長率がより高く設定されることになり、これに合わせて「八・五」計画が調整
され、1993年3月7日、「中国共産党第14期二中全会」において、「中国共産党
中央の『八・五』計画のいくつかの指標調整に関する建議」が可決された。こ
れによれば、発電量の平均増加率は8.1％とされ、1995年の発電量の計画目標
は9200億キロワット/時、発電設備容量の計画目標は2億267万キロワットにさ
れた。大中型発電設備容量は6450万キロワット（水力発電は1150万キロワット、
火力発電は5090万キロワット、原子力発電は210万キロワット）増加することにされ
た。そのため、大中型発電所の建設規模は1億4856万キロワットに変更され、
2800億元の投資が必要とされるとした[182]。表2-7にみるように、実際には、
1990年の発電設備容量1億3789万キロワットは、1995年に2億1722万キロワッ
トになり、この計画目標より7.2％高まり、1990年の実数値より57.5％も増加
した。また、発電量についても、1990年の実数値が6213億キロワット/時、1995
年に達成された発電量は1兆69億キロワット/時であり、1990年の実数値より
62.1％増加した。計画目標より9.4％高まった。

　以上のことをまとめたものが、表2-7である。電力工業では、「八・五」計
画期に「七・五」計画期を上回る発展を実現し、年平均増加率は、発電設備容
量においても、発電量においても10％前後（それぞれ9.5％と10.1％）に達して
おり、対1990年増加率では、調整目標をはるかに上回って60％前後（それぞれ
57.5％と62.1％）に達した。しかし、「八・五」計画期の発展方式もやはり火力
発電の発展を主としており、「国内・国外の資金市場の役割を発揮させ、資金
収集ルートを拡大し、投資を促進し、電力建設に重点を置く」[183]といった「七・
五」計画期の方式を継続するものであった。こうした輸配電分野への投資の低
下によって、電網構造の不合理、とりわけ輸配電ロス、輸配電の不安定性など
の問題が生じたとされた[184]。

　とはいえ、それを上回る発展を可能にしたのは、旧発電所の改修を実行して

182）前掲《中国電力発展的歴程》，398頁，前掲《中国電力規劃・綜合巻（上冊）》，
　　118頁参照。

183）前掲《電力発展概論》，25頁。

184）前掲《中国電力規劃・綜合巻（上冊）》，167頁参照。

表2−7 「八・五」計画の完成年1995年の電力工業の基本データ

	全国発電設備容量（万キロワット）		全国発電量（億キロワット/時）	
1995年の完成時 対1990年増加量	21722		10069	
	7933		3856	
	（対1990年増加率57.5%）		（対1990年増加率62.1%）	
	水力発電 5218	火力発電 16294	水力発電 1868	火力発電 8073
1991年調整の目標	18300		8100	
	（対1990年増加率18.7%）		（対1990年増加率30.0%）	
1993年調整の目標	20267		9200	
	（対1990年増加率47.0%）		（対1990年増加率48.1%）	
1990年の実数値	13789		6213	
	水力発電 3605	火力発電 10184	水力発電 1264	火力発電 4950
年間平均成長率	9.5%		10.1%	
	7.7%	9.9%	8.1%	10.3%

出所：前掲≪中国電力規劃・綜合巻（上冊）≫，118頁の記述、及び前掲≪中国电力发展的历程≫，
140−141頁。

発電設備容量の拡大を図り、原則的に30万キロワット以上の発電設備容量を設
置するようにしたこと、大電網供電区では、2.5万キロワット以下の発電設備
容量のものを用いないことにしたこと、さらに基幹電網に接続できないような
地方の小型発電所（地域需要を賄う）には、できる限り低熱量の低質な石炭を使
用するようにさせたことなど、を実現していったからであった[185]。こうして、
「八・五」計画期には、発電技術の向上を図りつつ、老朽化した施設を改善し
て、すでに指摘したような電網に対する国家管理を強化していったのである。

（3）「九・五」計画における電力工業の状況

　1995年から2000年までの「九・五」計画は、「社会主義市場経済体制の改革」
が進展していった時期の「5ヵ年計画」であった。この「九・五」計画におけ
る「計画」の性格・内容及び編制方法については、それまでの「計画」と異なっ
ていた。というのは、この「計画」においては、次の2つの根本的な転換が実

185）同上≪中国电力规划・综合卷（上册）≫，121−122頁，128頁。

行されたからである。1 つは、経済体制を「伝統的計画経済体制」から「社会主義市場経済体制」へ転換させたことであり、もう 1 つは、経済成長方式を「粗放的な性格から集約的な性格」に転換させたことであった[186]。

1993 年 3 月のエネルギー部の廃止と電力工業部の成立後、電力工業における「九・五」計画の準備が始まった。1993 年 3 月、「中国共産党第14期二中全会」は、「『九・五』計画、及び2010年の長期目標の建議、及び編制に関する計画の制定」を提出した。1994年、電力工業部企画計画司は、国家計画委員会と意見を交換し、国務院に電力工業「九・五」計画草案を提出した。翌1995年 5 月以降、電力工業部の企画計画司は、各地域の電力工業を担う各部門と電力工業「九・五」計画に関する座談会を開き、各地の計画委員会と各電力部門は自らの意見を述べ、同年 6 月、これらの意見は整理され、正式的な電力工業「九・五」計画草案として提出された。同年 9 月25日から28日までの「中国共産党第14期五中全会」は、「中共中央の国民経済と社会発展の『九・五』計画及び2010年の長期目標に関する建議」を提出した。こうして、1996年 3 月17日、「第 8 期全国人民代表大会第 4 回会議」は、「国民経済と社会発展『九・五』計画及び2010年の長期目標の綱要」を可決した[187]。

「九・五」計画期、国際的には「平和及び発展」が時代のテーマになり、国内的には「改革開放」の深化によって経済がいっそう発展したため、中国の商品需給に根本的な変化が現れた。供給は需要を上回り、需給バランスを維持す

---

186) こうした転換は、次に指摘する党中央の1995年 9 月の「建議」において明確に指摘された。当時の国家計画委員会の陳錦華主任は、これを受けて、次のように指摘した。計画の性格と役割においては、計画は、第 1 に、国家マクロ政策の指導の下で市場をベースにし、これに資源配分に対する基礎的役割を持たせ、マクロ的性格・戦略的性格・政策性を突出させる。第 2 に、計画指標には総体的に予測性・指導性を備えさせ、市場メカニズムを十分に発揮させると同時に、マクロコントロールの改善・強化を図る。第 3 に、地域経済の調和的発展を保持し、地域発展の格差をしだいに縮小させる。第 4 に、持続可能な発展戦略を備えたものにする(曹文炼、張力炜≪"九五"、"十五"计划的编制、实施过程及主要成就≫、載≪全球化≫、2018年第10期、前掲≪电力发展概论≫、27頁参照)。

187) 以上の経過について、前掲≪中国电力规划・综合卷（上册）≫、156頁以下を参照。

る商品の比重が年々上昇して、供給が需要に応じきれないといった商品の比重は年々降下していった[188]。すでに指摘したように、「改革開放」からの「六・五」計画期、「七・五」計画期にはいまだ電力不足はそれなりに深刻であったが、「八・五」計画期を経て「九・五」計画期になると、電力需給において、供給が需要を超えるといったアンバランスな状況がみられるまでになった。

1995年11月には、「9511」工程[189]が完成した。政治・文化・教育を中心とする北京における電力不足は緩和され、もはや市民生活に用いられる電力に停電はみられなくなり、長年の「電力制限の歴史」は終了した。すでに全国3分の1の省・区では、電力制限がなくなった。すでに指摘したように、「七・五」計画期には、発電設備容量が年間1000万キロワットずつ、「八・五」計画期には、1500万キロワットずつ新設され、電力供給に力点が置かれてきた（前掲表2-3参照）。しかし、「九・五」計画期には、同じく発電設備の量的拡大が継続されたが、図2-7にみるように、電力発電設備容量の右上がりの直線と発電機使用時間数の1995年からの右下がりの直線が1997—1998年に交差している。この交差点が電力需給バランスの均衡を表現しているとみてよいであろう。つまり、1997—1998年には、全国の電力の需給において、長期的な電力不足という問題は解消され、基本的に電力需給はバランス状態を維持したということであり、一部の地域では、相対的に電力過剰の状態さえ生じていた[190]。

先に指摘したように、「八・五」計画期（1991—1995年）には、原則的に30万キロワット以上の発電設備容量を設置するようにしたことから、100万キロワット級の大型発電所が40個建設された。その結果、20万キロワット以上の発電設備容量が全体の42.4%を占め、30万キロワット以上のものが主体になっていった。さらに、「九・五」計画期には、こうした傾向はいっそう進められ、「以大

188）前掲≪"九五"、"十五"計画的編制、実施過程及主要成就≫参照。
189）「9511」工程は、1990年代からの電力建設工程で、主に北京と華北地方に関する電力不足を解決しようとした項目である。1995年11月までに予定通り完成された。
190）当時の経済及び社会発展による電力に対する需要から、また以前の電力建設規模の増長趨勢から、1998-2000年の間には、発電設備容量は、3年合計で4000万キロワットの新設が実現された（表2-3を参照）。発電設備容量は相対的に過剰な状態になった。

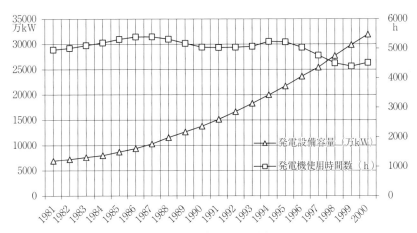

図 2-7　発電設備容量と発電機使用時間数（1981—2000年）
出所：各年≪中国電力年鑑≫に基づいて作成。
注：「万 kW」は万キロワットであり、「h」は時間数である。

代小（小型発電機を大・中型発電機に替える）」[191]の改造が重点的に行われた。この期には、大中型発電設備容量が9235万キロワット増設されたが、そのうち「以大代小」の改造は 5 ％の475万キロワットを占めた。また、大容量・高効率の30万キロワット以上の発電設備容量が占める比率は、1995年の22.5％から2000

---

191)　当時、多くの発電設備容量は 5 万キロワットであり、また10万キロワットを代表する中小型火力発電機は使用期限をすでに超過しているものが大部分となり、設備の老朽化、燃料消耗の増加、故障や事故の多発、メンテナンスなどの維持費用の上昇といった問題が生じていた。さらに「集資辦電」の実施以来、小型火力発電所の数は大幅に増加して、広域電網の発展の趨勢に適応しなくなっており、環境汚染などの問題をもたらしていたため、「八・五」計画期、「九・五」計画期において、電力工業における最も重要な任務として、「係数が高く、容量が大きく、燃料消耗が少なく、環境汚染が少なく、技術性や安全性がさらに高い」大・中型火力発電機に切り替えようとする動きが生まれていた。したがって、「以大代小」は、たんに発電設備の規模の拡大を指すだけではなく、機能や効率などの技術更新をも意味するものであった(王佩璋≪電力工業"以大代小"节能技術的探討≫，載≪热力発電≫，1993年第 4 期，電力工業部政策法規司、中国電机工程学会≪電力主設備的「以大代小」更新改造≫，載≪中国電力企業管理≫，1996年 8 月10日，吴钟瑚≪改革中的集資办電评析≫，載≪中国能源≫，1997年第 8 期などを参照)。

表2-8　電力の固定資産投資の内訳（1990—2001年）　　　　　　　　　単位：億元、（％）

年	固定資産投資	(内訳) 基本建設	(内訳) 更新改造	(内訳) 「以大代小」	(内訳) 都市・農村の電網
1990	300.2	269.9 (89.9)	30.3 (10.1)		
1991	354.2	316.0 (89.2)	38.2 (10.8)		
1992	444.9	400.2 (90.0)	44.7 (10.0)		
1993	627.8	557.9 (88.9)	50.7 (8.1)	19.2 (3.1)	
1994	839.1	726.0 (86.5)	58.0 (6.9)	55.1 (6.6)	
1995	1009.1	833.0 (82.5)	105.0 (10.4)	71.1 (7.0)	
1996	1192.9	974.2 (81.7)	118.4 (9.9)	100.3 (8.4)	
1997	1550.0	1339.4 (86.4)	140.0 (9.0)	70.6 (4.6)	
1998	1742.6	1422.5 (81.6)		69.3 (4.0)	250.8 (14.4)
1999	1854.1	1153.7 (62.2)		33.8 (1.8)	666.6 (36.0)
2000	2125.6	953.7 (44.9)		43.4 (2.0)	1128.5 (53.1)
2001	1944.6	1010.7 (52.0)		58.9 (3.0)	875.0 (45.0)

出所：前掲≪中国電力発展的歴程≫．134頁。
注：空欄は原表で0を示す。

年の35.5％に上昇した[192]。こうしたなかで、全国の5万キロワット以下の小型火力発電所において、合計1000万キロワットに上る発電所が閉鎖され、そうした5万キロワット以下の発電設備容量が占める比率は、1995年の11.7％から2000年の8.8％に減少した[193]。

　表2-8にみるように、電力の固定資産投資のうち、基本建設投資に含まれない固定資産投資として「更新改造投資」・「以大代小改造投資」及び「都市・農村の最終消費者への電網拡充投資」が1990年から開始され、「更新改造投資」は1997年まで続き、「以大代小改造投資」は1993年から開始され、1996年にはピークになり、1997年には両者の合計が固定資産投資の13.6％を占めた。「更新改造投資」が終わると、「都市・農村の最終消費者への電網拡充投資」が開始され、2000年には固定資産投資の53.1％と半分以上を占めるまでに増加した。こうした改造を中心にした投資が進展し、その結果、電力供給に対する石炭消

192）前掲≪中国電力規劃・綜合巻（上冊）≫．157頁。
193）前掲≪電力発展概論≫．28頁。

費量・設備事故率・電網事故率も穏やかに下がっていった。同時に、電圧や供給の安全率・設備の効用率・生産率などに表現される技術・経済の指標は、すべて大いに改善されていったとされる[194]。こうした投資の増大が、後述するような電網の発展と結びついて、全国にくまなく電力を供給していったのである（後継表 2 − 9 を参照）。

2　電網分野における発展状況

　電網分野への投資については、「四・五」計画期（1971—1975年）には、基本建設における送変電（輸配電）への投資比率はわずか15.3％であり、1977年まで、この比率がほぼ維持された。1978年に電網分野への投資が増加して、投資が調整されはじめ、「六・五」計画期（1981—1985年）に20.9％になり、1987年には25.7％にまで達した[195]。

　しかし、すでに指摘したように、1985年頃から始まった「集資辦電」によって電源開発は猛スピードで進展し、特に、地方政府の自己調達資金とされる投資が地方経済の発展のためという名目で電源開発につぎ込まれていった。こうしたことは、地方政府による電力工業に対する過多の行政関与を誘発しただけではなく、電源配置の不合理を突出させることになった。地方政府は、自らのエリア内に電力供給のため積極的に発電所を建設し、経済開発区といった経済発展の基地を設置していったが、石炭資源のあるところには常に火力発電所が建設されただけではなく、そうでない地域でも簡便に火力発電を設置しようという動きを形成していった。地方においてさえ、小地域ごとに、小型発電機を主体にする小型発電所が建設されるという状態となった。しかしながら、「七・五」計画期（1986—1990年）、「八・五」計画期（1991—1995年）には、全国範囲での電力不足が経済成長のボトルネックとされたため、政府及び電力工業の管理部門は、電源開発に主力を投入し、電力の供給能力を向上させなければならなかったので、こうした小型発電所の乱立状態も許容しなければならなかった。

　こうしたなか、政府及び電力行政管理部門は、すでに指摘した国家電力公司

194）同上≪電力発展概論≫，26頁。

195）前掲≪中国電力工業志≫，778頁の表14 − 3 − 5 による。

の設立以降、省を跨ぐ幹線電網の整備に重点を置き、乱立気味の電源開発によってもたらされる弊害について、電網管理を通して整備していく必要に迫られていた[196]。換言すれば、急速な電源開発と発電量の急拡大がこうした電網の統一的管理を要請したということであった。こうして、「電網の発展は、すでに五大区電網、独立省級電網の相互連携の新段階に入って」[197]いくことになったのである。これまで、電網整備は、電源項目の1つとして、電源建設に伴う必要な項目としてのみ認定され、電網の合理的な「建設方案（プラン）」などは、電源投資者からは無駄な「方案」とみなされ、ほとんど無視されていた。すでに指摘したように、「七・五」計画期、「八・五」計画期には、電力投資は、電源建設を優先させ、電網整備・拡大に関わるものはかなり少なかった。「八・五」計画がほぼ完成に近づいた1994―1995年になって、ようやく回復の兆しが見えはじめ、「九・五」計画期に、電網に対する投資が強化され、電網架設・整備が進展したのである（表2−9参照）。

　表2−9によって、「八・五」計画期、「九・五」計画期における基本建設投資における発電分野と輸配変電分野の状況をみれば、当初、発電工程に重点が置かれていた投資は、しだいに輸配変電工程に移っていったことを看取できる。特に、「九・五」計画期には、電力工業への投資は輸配変電工程に向けられ、その基本建設投資に占める比率は20％を超えるようになり、「七・五」計画期、「八・五」計画期を凌ぐようになった。また、都市と農村をつなぐ電網投資も増加し、2000年には、固定資産投資の24％を占めるまでになったとされる[198]。

　以上のような投資構造の変化を反映して、電網整備が始まった。「七・五」計画期において、西北電網（西北電網では、33万ボルトの電網が拡大・完備）を除

<hr>

196) この弊害についていえば、最大の問題は、地方政府が「集資辦電」による発電能力の向上のみを追い求め、発電所から上がる利益のみを考え、電網公司に関与して電網拡大を図ろうとはしなかったことである。また、多くの資金を収集するため、不適切な方法を用いて、実際の価値以上の価値づけをしようと企図し、合理的な価格形成には関心を示さず、電力価格の改革をより困難にした等々にあった（前掲≪改革中的集資办电评析≫参照）。

197) 前掲≪电力发展概论≫，28頁参照。

198) ≪2001年中国电力年鉴≫，4頁。

表2-9 「八・五」計画期及び「九・五」計画期の基本建設投資の内訳　　　単位：億元、（％）

年	基本建設投資	発電工程			輸配電・変電工程			その他工程
		合計	（水力）	（火力）	合計	輸配電	変電	
1991	316.0 (100.0)	254.0 (80.4)	69.5 (27.4)	184.5 (72.6)	53.3 (16.9)	26.1 (49.0)	27.2 (51.0)	8.8 (2.8)
1992	400.2 (100.0)	320.9 (80.2)	105.4 (32.8)	215.5 (67.2)	69.2 (17.3)	32.4 (46.8)	36.8 (53.2)	10.1 (2.5)
1993	557.9 (100.0)	448.0 (80.3)	131.7 (29.4)	316.2 (70.6)	92.1 (16.5)	45.8 (49.7)	46.3 (50.3)	17.8 (3.2)
1994	726.0 (100.0)	564.6 (77.8)	167.1 (29.6)	397.5 (70.4)	136.3 (18.8)	70.4 (51.7)	65.9 (48.3)	25.1 (3.5)
1995	833.0 (100.0)	635.6 (76.3)	166.6 (26.2)	469.1 (73.8)	165.9 (19.9)	80.6 (48.6)	85.3 (51.4)	31.5 (3.8)
1996	974.2 (100.0)	723.8 (74.3)	203.2 (28.1)	520.6 (71.9)	211.6 (21.7)	105.5 (49.9)	106.1 (50.1)	38.8 (4.0)
1997	1339.4 (100.0)	978.1 (73.0)	244.1 (25.0)	734.0 (75.0)	307.0 (22.9)	159.0 (51.8)	148.0 (48.2)	54.3 (4.1)
1998	1422.5 (100.0)	997.9 (70.2)	225.8 (22.6)	772.1 (77.4)	350.0 (24.6)	191.5 (54.7)	158.5 (45.3)	74.6 (5.2)
1999	1153.7 (100.0)	787.5 (68.3)	144.3 (18.3)	643.2 (81.7)	301.0 (26.1)	162.6 (54.0)	138.4 (46.0)	65.3 (5.7)
2000	953.7 (100.0)	642.4 (67.4)	108.8 (16.9)	533.6 (83.1)	260.1 (27.3)	134.4 (51.7)	125.7 (48.3)	51.2 (5.4)

出所：前掲≪中国电力发展的历程≫，132-134頁。

注：発電工程における水力・火力、輸配電・変電工程における輸配電・変電の比率は、それぞれの合計数値に対する比率（％）。

く「五大電網」[199]では、50万ボルト輸配電のネットワークが初歩的に形成され、葛洲壩―上海の50万ボルト輸配電網もすでに正常に作動していたが、こうしたことは、全国的な「電網連合」の建設の最初の一歩が踏み出されたことを表現していた[200]。1990年、全国において、3.5万ボルト以上の輸配電網は45.5万キロメートルに延伸され、そのうち、50万ボルトの輸配電網は7104キロメートル（1.6％）、33万ボルトの輸配電網は3870キロメートル（0.8％）、22万ボルトの輸配電網は7.1万キロメートル（15.6％）、15.4万ボルトの輸配電網は17.9万キロ

199）「五大電網」については、前注117を参照。
200）≪2001年中国电力年鉴≫，24-25頁。

メートル（39.3％）、11万ボルトの輸配電網は11.5万キロメートル（25.3％）であった[201]。「八・五」計画期には、電網規模はさらに拡大され、22万ボルト以上の輸配電網3万1117キロメートルが新たに架設された。省級の自主管理が行われる山東・四川・貴州・広東・福建・雲南・広西などの7電網のほか、海南・内蒙古西部・西蔵（チベット）の独自管理が実施される電網も大きく発展した。この頃には、電網が全国の都市及び大部分の農村に張り巡らされた。こうしたなか、「三峡ダムプロジェクト」の建設が着手され、全国電網の連結問題が議題として取り上げられた[202]。

「九・五」計画期には、既述のように、電網建設の発展によって、さらに電網整備が実現されていったが、この段階において、「同一歩調の発展」方針が転換され、「重点的な発展」に方針が移された。特に、後述するように、都市及び農村における「居民用」電網の「建設と改造」が強化され、それが主力電網に次々に連結され、輸配変電におけるボトルネックは解消されていった。しかも、「西電東送」、「南北相互供与」、及び広範囲にわたる電力分配の「全国連網プロジェクト」が進展し、南方等における電網による「西電東送」の規模はますます拡大していった[203]。この期の電網は、500キロワット電線の建設が加速的に拡大され、特に「五大電網」のほか、広東・福建・山東・四川などにおける500キロボルト輸配電網が大いに発展した。この期間、50万ボルトの新設電線1万3785キロメートル（105.6％増）、33万ボルトの新設電線3060キロメートル（54.6％増）、22万ボルトの新設電線3万1201キロメートル（32.2％増）が延伸された[204]。2000年、全国における電網は完全に22万ボルト以上で連結され、その距離は16.36万キロメートルに及んだ。そのうち、50万ボルトの電網は2万6788キロメートル（16.4％）、33万ボルトの電網は8669キロメートル（5.3％）、22万ボルトの電網は12万8114キロメートル（78.3％）であった[205]。「五大電網」

201）前掲《電力発展概論》，25頁。
202）同上《電力発展概論》，26頁。
203）王宝乐《対"九五"电力工业的再认识》，载《中国电力企业管理》，2001年12期。
204）《2001年中国电力年鉴》，4頁，49頁参照。

及び四川・重慶・山東・南方諸省の 7 電網の省を跨ぐ広域電網は、50万ボルト
の架線で連結され、海南・内蒙古西部・西蔵の独自管理の電網においても、電
網整備が進展した[206]。一方、「西電東送」も進展し、天水橋から雲南、貴州か
ら広西・広東、葛洲壩から上海・華東、内蒙古西部から京津唐、三峡から華東・
華中への輸配電網が整備された[207]。

　すでに指摘したように、1996年の後半から、全国的な規模での電力不足がほ
ぼ解消され、ある地域では相対的な電力過剰の現象が現れた。このため、国家
電力公司は、各省電力公司の限られた資金を利用して、輸配電網の建設を進め
るとした。これによって、電網の整備・発展が加速されていった。電網整備が
開始された「八・五」計画期の終わり頃から「九・五」計画期にかけての各主
要電網の地域的発展状況を表 2 -10の（ 1 ）、（ 2 ）によって検討してみよう。

　表 2 -10に示された発電設備容量及び発電量についていえば、「五大電網」で
は東北電網の1994—2000年の 7 年間における増加率が最も低く、華東・華中・
華北では、華東電網が依然圧倒的な地位にあり、これは山東・広東・福建といっ
た沿海部の電網の増加率とともに、この時期も沿海部の経済発展が主体であっ
たことを示している。しかし、注目すべきことは、「五大電網」でも西北電網
の増加率が目立ち、貴州・広西・四川・雲南といった内陸部における電網の発
電設備容量及び発電量の増加率がきわめて高い比率を示していることである。
これにはその他地域電網（とりわけウルムチ電網）を含めることができる。こう
した内陸電網では、当地の地域的な資源優位を利用し、加えて地方政府が特恵
電力価格を設定するという政策を打ち出したことにより、現地の電力高消耗の
工業が支持され、それが当地の電力市場をけん引していたのである[208]。電力状

205) 前掲≪対 "九五" 電力工業的再認識≫参照。
206) ≪2001年中国电力年鉴≫，4 頁，及び≪2002年中国电力年鉴≫，45頁参照。
207) 刘宇峰≪又踏层峰望眼开中国电网发展历程≫，載≪国家电网≫，2006年第 9 期
　　によれば、中国が初めて500キロボルト輸配電線工程に着手した際、世界に比べて
　　23年も遅れていた。しかし、世界が220キロボルト輸配電線を500キロボルト輸配電
　　線に切り換えるのに36年かかったが、中国は28年でこれを成し遂げたという。すで
　　に中国は、2000年頃には、輸配電線網の架設において、世界レベルに近づいていた
　　のである。

表2-10　各地域電網における発電設備容量と発電量の変遷（1994─2000年）

（1）発電設備容量

年＼電網	発電設備容量（万キロワット）							増加率（％）
	1994	1995	1996	1997	1998	1999	2000	
華北電網	2715	2994	3293	3452	3719	4072	4277	57.5
東北電網	2653	2720	2950	3096	3431	3594	3786	42.7
華東電網	3167	3703	3822	4154	4612	5199	5666	78.9
華中電網	2760	3040	3374	3623	4075	4337	4556	65.1
西北電網	1148	1256	1370	1577	1728	1802	1922	67.4
山東電網	1152	1229	1361	1649	1738	1802	1961	70.2
四川電網	1010	1068	1191	1265	1510	1785	1899	88.0
広東電網	1901	2272	2393	2813	2903	3033	3190	67.8
雲南電網	408	444	466	489	600	634	654	60.3
貴州電網	325	366	440	434	458	552	556	71.1
広西電網	423	519	543	561	565	595	739	74.7
福建電網	496	610	701	729	801	966	1042	110.1
その他	253	317	333	363	386	397	469	85.4

（2）発電量

年＼電網	発電量（億キロワット/時）							増加率（％）
	1994	1995	1996	1997	1998	1999	2000	
華北電網	1400	1532	1655	1764	1789	1922	2108	50.6
東北電網	1245	1309	1383	1432	1412	1449	1539	23.6
華東電網	1644	1807	1939	2025	2115	2269	2596	57.9
華中電網	1321	1458	1529	1586	1604	1673	1797	36.0
西北電網	604	631	664	700	696	736	801	32.6
山東電網	672	735	791	839	841	912	998	48.5
四川電網	473	518	554	582	570	582	644	36.2
広東電網	739	821	817	981	1039	1140	1354	83.2
雲南電網	169	187	212	211	241	268	286	69.2
貴州電網	152	182	208	224	236	271	297	95.4
広西電網	169	206	216	227	228	244	288	70.4
福建電網	216	251	272	290	322	356	403	86.6
その他	97	64	125	139	146	157	182	87.6

出所：各年≪中国電力年鑑≫に基づいて作成。

注：重慶電網は1997年に重慶直轄市が成立して、四川電網から分離独立したが、ここでは、それを区分していない。

況からみれば、経済発展が中国全国へ広がっている事態を看取しうるのである。

　こうしたなか、1997年に国家電力公司が成立して、すでに指摘したように、電網に対する「統一企画・統一建設・統一管理・統一調達」が実施され[209]、「九・五」計画が制定された際、「電網建設は、少なくとも電源建設と同時に行い、これを多少追い越さなければならない」とされ[210]、既述した「2分銭」の電力建設基金の徴収を継続して、そのうちの「1分銭」を電網建設の専用資金として用いるとされた[211]。

3　電力の消費構造

　1986年から部門別の電力消費の分類基準が変更された[212]。この新しい分類によって、郷鎮企業の電力消費は工業用に入れられ、農村生活用の電力消費は都市のそれと合わせて、住民生活用とされた。

　表2-11によって、「七・五」計画期から15年間の部門別電力使用用途（電力

208)　以上の状況について、≪2002年中国電力年鑑≫，39頁以下参照。
209)　≪2002年中国電力年鑑≫，169頁。
210)　≪2002年中国電力年鑑≫，48頁。
211)　前掲≪中国電力規劃・綜合巻（上冊）≫，159頁，161頁参照。「九・五」計画制定の際、電網の建設資金は1950億元以上（年平均390億元）が見積もられ、そのうちの50％を国家の貸付金で賄い、「1分銭」による収入（毎年約70-80億元）を充当すると20％が解決できるとされ、残りの30％は電力企業の税金徴収後の利潤及び債券を用いて完成させるとした（発電所に投資する側はその送・変電に関わる項目資金を用意したが、利息及び一定の報酬が投資側に与えられ、元金の償還も実施された）。なお、電網建設は電力公司が担当したが、所有権は国家に所属した（同上≪中国電力規劃・綜合巻（上冊）≫，184頁，≪2002年中国電力年鑑≫，48頁以下参照）。
212)　1985年以前、部門別電力消費の分類は5種類であった。本書第1章第2節の表1-2、表1-5で表示したように、以前は、①農村用（排水灌漑・副業加工・郷鎮工業・照明）、②工業用（石炭・石油・黒色金属（鉄系金属）・有色金属（非鉄金属）・金属加工・化学・建築材料・紡績・製紙・食品・その他）、③交通運輸、④住民生活、⑤発電所用、⑥輸配電ロスであったが、1986年から『国民経済業種別分類』に従って、①工業（軽工業・重工業）、②農業・漁業・牧畜業・水産、③商業、④交通・通信、⑤建築業、⑥地質調査、⑦住民生活の7種分類となった（表2-11参照）。なお、このことについて、前掲≪中国電力工業発展与改革的戦略選択≫，209頁を参照。

表2-11　部門別電力消費状況の推移（1986—2000年）　　　　　　　単位：億キロワット/時、（％）

年	総消費電力量	住民生活	農・牧漁・水産	工業		交通通信	商業	その他
				重工業	軽工業			
「七・五」計画期								
1986	4507 (100.0)	248 (5.5)	322 (7.1)	2925 (64.9)	724 (16.1)	67 (1.5)	41 (0.9)	180 (4.0)
1987	4903 (100)	268 (5.5)	346 (7.1)	3164 (64.5)	807 (16.5)	77 (1.6)	50 (1.0)	193 (3.9)
1988	5359 (100)	322 (6.0)	376 (7.0)	3432 (64.0)	869 (16.2)	87 (1.6)	61 (1.1)	213 (4.0)
1989	5762 (100)	372 (6.5)	400 (7.0)	3687 (64.0)	910 (15.8)	96 (1.7)	68 (1.2)	227 (4.0)
1990	6126 (100)	461 (7.5)	415 (6.8)	3835 (62.6)	984 (16.1)	105 (1.7)	77 (1.3)	248 (4.0)
「八・五」計画期								
1991	6697 (100)	532 (7.9)	464 (6.9)	4131 (61.7)	1074 (16.0)	116 (1.7)	90 (1.3)	290 (4.4)
1992	7455 (100)	634 (8.5)	505 (6.8)	4564 (61.2)	1182 (15.9)	133 (1.8)	110 (1.5)	327 (4.4)
1993	8201 (100)	729 (8.9)	517 (6.3)	5018 (61.2)	1270 (15.5)	151 (1.8)	134 (1.6)	383 (4.7)
1994	9047 (100)	875 (9.7)	567 (6.3)	5457 (60.3)	1366 (15.1)	167 (1.9)	165 (1.8)	450 (5.0)
1995	9886 (100)	1005 (10.2)	615 (6.2)	5910 (59.8)	1487 (15.0)	182 (1.8)	191 (1.9)	497 (5.0)
「九・五」計画期								
1996	10570 (100)	1132 (10.7)	646 (6.1)	6266 (59.3)	1564 (14.8)	197 (1.9)	224 (2.1)	540 (5.1)
1997	11039 (100)	1253 (11.4)	683 (6.2)	6439 (58.3)	1616 (14.6)	206 (1.9)	264 (2.4)	578 (5.2)
1998	11347 (100)	1387 (12.2)	667 (5.9)	6537 (57.6)	1608 (14.2)	220 (1.9)	297 (2.6)	631 (5.6)
1999	12092 (100)	1482 (12.3)	695 (5.8)	6942 (57.4)	1730 (14.3)	237 (2.0)	333 (2.8)	672 (5.6)
2000	13466 (100)	1674 (12.4)	708 (5.3)	7642 (56.8)	2012 (14.9)	261 (1.9)	401 (3.0)	768 (5.7)

出所：前掲≪中国电力工业发展与改革的战略选择≫，211頁，前掲≪中国电力发展的历程≫，131頁に
　　基づき作成。

消費構造）をみると、電力消費量は、1986年の4500億キロワット/時が2000年の1兆3500億キロワット/時と3倍に増大した。この期間、消費電力量の構成比率を低めたのは、工業用の電力消費であり、とりわけ重工業の比率低下が顕著であった。重工業は1986年の64.9％から2000年の56.8％、軽工業は16.1％から14.9％に低下した。同様に、農・牧・漁・水産の電力消費比率も徐々に減少し、1986年の7.1％は2000年には5.3％に低下した。

これに対して、都市・農村の住民生活に関する電力消費の総量及び比率が顕著に増加した。この分野での消費電力量は、1986年には248億キロワット/時であったが、2000年には1674億キロワット/時と6.7倍に増加した。とりわけ、「八・五」計画期、「九・五」計画期において、この現象が著しかった。「八・五」計画期には、電力消費比率が9〜10％台に達し、「九・五」計画期には、12％台にまで達した。この住民生活用の電力消費は、都市部のみではなく、農村部の住民を含む電力消費が増加したことを意味している。統計数値が限られているが、1987年の住民生活の電力消費268億キロワット/時のうち、都市部は155億キロワット/時（57.8％）、農村部は113億キロワット/時（42.2％）で、増加率はそれぞれ15.5％、15.7％であった。翌1988年には、住民生活の電力消費は322億キロワット/時に増加したが、そのうち、都市部は185億キロワット/時（57.5％）、農村部は137億キロワット/時（42.5％）で、増加率はそれぞれ19.4％、21.2％であった。農村部の生活用電力消費が都市部に比して増加傾向にあることがみて取れる[213]。

また、この期間、電力消費で顕著な増加率を示した分野は商業であった。「七・五」計画期及び「八・五」計画期には、わずか1％台にとどまっていた電力消費比率は、「九・五」計画期に急速に増大し、3％に達するまでになった。こ

213）前掲≪中国電力工業発展与改革的戦略選択≫，33頁以下を参照。1989年の調査によれば、全国ではまだ32個の「無電県」があり、約1.96億の農村人口（農村総人口8.6億の23％）が電気を使っていないとされた（前掲≪中国電力規劃・綜合巻（上冊）≫，135頁）ことからみれば、大きな進展といえる。とはいえ、2000年の1人当たり発電設備容量は0.25キロワット、1人当たり発電量は1080キロワット/時であり、いまだ世界平均レベルの半分に達したにすぎない。この水準では、全国では依然として2800万人は電力使用が不可能であるとされた（≪2002年中国電力年鑑≫，47頁）。

表 2-12　主要電化製品工業製品の生産量（1990—2000年）　　　　　　　　単位：万台、（倍率）

	冷蔵庫	エアコン	洗濯機	テレビ	パソコン	集積回路	移動体通信機械	コピー機械
1990	463 (1.0)	24 (1.0)	663 (1.0)	1033 (1.0)	8 (1.0)	10838 (1.0)	―	―
1991	470 (1.0)	63 (2.6)	687 (1.0)	1205 (1.2)	163 (2.0)	17049 (1.6)	―	―
1992	486 (1.0)	158 (6.6)	708 (1.0)	1333 (1.3)	13 (1.5)	16099 (1.5)	―	―
1993	597 (1.3)	346 (14.4)	896 (1.4)	1436 (1.4)	15 (1.8)	20101 (1.9)	―	―
1994	768 (1.7)	393 (16.3)	1094 (1.7)	1689 (1.6)	25 (3.0)	48462 (4.5)	―	―
1995	919 (2.0)	683 (28.4)	948 (1.4)	2058 (2.0)	84 (10.2)	551686 (50.9)	1213 (1.0)	22 (1.0)
1996	980 (2.1)	786 (32.7)	1075 (1.6)	2538 (2.5)	139 (16.9)	388987 (35.9)	1142 (0.90)	64 (2.9)
1997	1044 (2.3)	974 (40.5)	1255 (1.9)	2711 (2.6)	207 (25.2)	255455 (23.6)	1441 (1.2)	108 (5.0)
1998	1060 (2.3)	1157 (48.1)	1207 (1.8)	3497 (3.4)	291 (35.5)	262577 (24.2)	2215 (1.8)	118 (5.4)
1999	1210 (2.6)	1338 (55.6)	1342 (2.0)	4262 (4.1)	405 (49.3)	415000 (38.3)	3203 (2.6)	210 (9.7)
2000	1279 (2.8)	1827 (75.9)	1443 (2.2)	3936 (3.8)	672 (81.9)	588000 (54.3)	1505 (1.2)	157 (7.2)

出所：各年≪中国統計年鑑≫に基づいて作成。
注：1．1990年の量を1.0として、各年の倍率を算出した。但し、移動体通信機械及びコピー機械は
　　　1995年を1.0とした。
　　2．集積回路の項目で1995年から急速に生産量が拡大しているが、その理由について、詳細はつ
　　　かめていない。
　　「―」は数値が与えられていないことを示す。

うした商業用電力消費の増加は、先の住民消費電力の増加と軌を一にして、一般的な消費動向だけではなく、後述する家電製品の購買量（表2–13参照）とそれを支える生産の増大（表2–12参照）を示唆していると考えられる。例えば、1995年以降、表2–12をみると、主要電化製品の生産は、集積回路が（対1990年）51倍、エアコンが（同）28倍、パソコン（同）10倍と、急速に生産拡大を実現した。また、移動体通信機械（携帯電話）も、この頃から生産を開始し出した

ことがうかがえる。2000年頃には、エアコン・パソコン・集積回路が大きな需要を伴って、いよいよ生産を拡大していったのである。

4　電力工業発展の意義

1990年代の世帯が所有する電化製品の状況を取りまとめたのが表2-13である。これによれば、都市部では、1990年代にエアコンを除くと、ほぼ主要な家電製品は8割ほどの世帯に普及し、農村部では、この1991年から2000年までの10年間に家電製品が急速に普及しはじめていることがわかる。普及度を示す1990年に対する2000年の倍率をみても、このことが理解される。いずれにしても、都市部の倍率を農村部のそれが上回っており、農村部における冷蔵庫、カラーテレビの倍率は10倍以上に達している。エアコンについては、都市部の伸びが著しく、都市部を中心に普及しているが、こうしたことが電化製品普及の一般的な経路であろう。その後、しだいに農村部に普及していくのであるが、その速度は、都市部のそれを超えることはいうまでもない。

これまで指摘してきたような電化製品の旺盛な生産・消費に支持された電力工業における発展は、一般的な「改革開放」政策の成果を示す中国経済の発展に伴う事態であったが、そのほかに、次のような特殊な事情があった。

1997年7月、タイを起点にアジア各国の急激な通貨下落が生じ、東南アジア各国経済に大きな悪影響を及ぼした。中国においても、輸出増加率が1996年の20％から0.5％に下落し、外国投資も20年間の最低レベルに下がった。1998年前半、国内消費市場はすでに疲弊し、物価は下落しても、需要は冷えきったままであった。多くの工業生産は過剰能力状態に陥り、生産停止や半停止状態が現出した[214]。この不況問題を解決するため、1998年の後半、中央政府は内需拡大に関する積極的な財政政策を実行した。インフラ投資を増加し、鉄鋼・セメントなどの原材料の社会需要と生産を増加させた。これによって、関連産業の電力消費は増加した。電力の社会的総消費の増加率は減少したものの、工業用の電力消費ほどの落ち込みをみせなかった（表2-11参照）。こうしたことが政

214）前掲≪"九五"、"十五"計画的編制、実施過程及主要成就≫。

表2-13　100世帯当たり家電用品の所有台数（1990—2000年）　　　　　　　　　単位：台

年	地域	扇風機	洗濯機	冷蔵庫	カラーテレビ	白黒テレビ	レコーダー	エアコン
1990	都市	135.5	78.4	42.3	59.0	52.4	69.8	0.3
	農村	41.4	9.1	1.2	4.7	39.7	17.8	—
1991	都市	143.5	80.6	48.7	68.4	43.9	70.3	—
	農村	53.3	11.0	1.6	6.4	47.5	19.6	—
1992	都市	146.0	83.4	52.6	74.9	37.7	73.6	—
	農村	60.1	12.2	2.2	8.1	52.4	21.0	—
1993	都市	151.6	86.4	56.7	79.5	35.9	75.5	—
	農村	71.8	13.8	3.1	10.9	58.3	24.2	—
1994	都市	153.8	87.3	62.1	86.2	30.5	73.0	—
	農村	80.9	15.3	4.0	13.5	61.8	26.1	—
1995	都市	167.4	89.0	66.2	89.8	28.0	72.8	8.1
	農村	89.0	16.9	5.2	16.9	63.8	28.3	—
1996	都市	168.1	90.1	69.7	93.5	25.5	72.7	—
	農村	100.5	20.5	7.3	22.9	65.1	31.2	—
1997	都市	165.7	89.1	73.0	100.5	—	57.2	—
	農村	105.9	21.9	8.5	27.3	65.1	32.0	—
1998	都市	168.4	90.6	76.1	105.4	—	57.6	—
	農村	111.6	22.8	9.3	32.6	63.6	32.4	—
1999	都市	171.7	91.4	77.7	111.6	—	57.2	24.5
	農村	116.1	24.3	10.6	38.2	62.4	32.0	—
2000	都市	167.9	90.5	80.1	116.6	—	47.9	30.8
	農村	122.6	28.6	12.3	48.7	53.0	21.6	1.3

出所：各年≪中国统计年鉴≫に基づいて作成。
注：「—」は数値が与えられていないことを示す。

府の積極政策としての消費（内需）拡大政策を支持した。表2-12と表2-13で
みたように、電化製品の需要も生産も、この時には大きな減少をみせるところ
かむしろ増大したのである。

　こうしたことは、これまでのような量的に生産を拡大するという成長方式に
転換をもたらす重要な契機になった。すなわち、高電力消費産業からハイテク・
高付加価値の低電力消費産業への移行が進展し、とりわけ、電子産業（通信設

備・パソコン・テレビ・電子カメラ・コピー機械・携帯電話など）が2000年までに30％近くの成長率で拡大した[215]。工業構造の調整が進展し、労働集約的経営から品質重視の技術集約的経営に転換していくのを電力供給能力が支えたといえる。つまり、工業生産の内部構造の調整と変化は、「九・五」計画期の電力供給に支持されていたということである。すでに指摘したように、「九・五」計画期は、電力供給能力の増加期であり、1億キロワットを超えた発電設備容量はその後も継続して増加し、また、「九・五」計画期には、既述のように、各電網の輸配電の順調な整備によって輸配・変電器の負荷率（効率性）は、発電量の増加とともに、年々改善されていたのである[216]。

　こうした発展過程（産業構造の調整及び技術進歩）のうちで、電力市場はしだいに売手市場から買手市場へ転換していった。だが、電力市場において、新たな問題が生じてきた。従来の全般的な電量不足は全般的な電力過剰へと転換したが、こうしたなかで、地域間における電力需給のアンバランスが生まれはじめていたのである。こうした地域的な電力の需給におけるアンバランスは、電網の改革による電力の全国的市場形成という過程を予期させるものであった。

　最後に、この期の電力工業それ自身の経営状況を指摘しておこう。1980—1990年の11年間における各広域電網及び自主管理の省級電網の電力局の総収入（電力のみならず多種経営を含む、以下同様）は、1980年の2.1億元から1990年の63.9億元に増え、年平均6億元以上に達し、年平均増加率は40.7％であった。また、1990—2000年間に、総収入は、1990年の63.9億から2000年には1312億元に増加し、年平均100億元を増え、年平均増加率35.3％を示した。また、2000年には、国家電力公司に所属した305ヵ所の発・輸配電公司の総収入が1億元を突破した。そのうち、42ヵ所が5億元を超え、北京、上海、杭州、温州、紹興などの10ヵ所の発・輸配電公司の総収入は10億元を超えた[217]。

　1994年末には、電力工業の国有資産は4122億元に達した。そのうち、国家所有資産が1902億元であった。「八・五」計画期、電力工業部に所属した企業は、

215）≪2002年中国電力年鑑≫，40頁。また、表2-12も参照。
216）≪2002年中国電力年鑑≫，44頁。
217）前掲≪中国電力発展的歴程≫，192-193頁。

717億元の利潤・税金を上納した。それは「七・五」計画期の6.5倍であった[218]。
2000年の国家電力公司及びこれに所属した公司に関する資産増額（資産についても多種経営を含む）は1776億元に達し、1990年の5.0億元の355倍に増加した。利潤総額は71.6億元に達し、1990年の5.1億元の14倍になった。2000年、公司及び企業の平均利潤率は5.8％であり、平均純資産利潤率は11.4％となった。電力工業の多種経営の利益から国家に納入された税金は、データが得られる1992年からの累計では、270.0億元であった。2000年、国家電力公司及びこれに所属した公司・企業の所有資本、払込資本、流動資本、固定資産は、それぞれ630億元、365.9億元、1150億元、331億元であり、1995年に比べて、4.2倍、4.2倍、2.6倍、3.4倍であった[219]。

218）同上≪中国电力发展的历程≫，192-193页。
219）同上≪中国电力发展的历程≫，192-193页。

第3章 「発送電分離」体制下の電力工業

第1節 「電力体制改革方案」の発出と意義

1 「電力体制改革方案」（5号文件）の発出と内容

　電力工業における「改革」が進展し、国家電力公司を基軸にした体制が構築され、専門的に電力工業を管理する行政部門が撤廃されて、ようやく「政企分離」が実現され、「現代企業制度」への歩みは加速しはじめた。しかし、「国家電力公司」といっても「省為実体」を基礎にしていたため、省を跨ぐ電力市場の形成や電力資源の最適な配置ということについては、いまだ十分な効果を発揮することができなかった。「省為実体」は、現実的には「省為障壁」になっている場合が多く、それは、いまなお継続されている、国家電力公司による、発電・輸配電・販売を一手に掌握する「垂直型」の独占的電力供給体制という弊害に由来するものであった[1]。

　こうしたことから、2002年、新たな電力体制の構築に向けた「改革」が着手された。当時、こうした体制が持つ問題は、次の2点に集中的に表れていたといわれていた。1つは、「集資辦電」でさまざまな投資主体が発電分野に参加できるようになったのに、発電後の電力供給に関わる輸配電分野おいて、国家電力公司が独占的に電網を管理していることの問題であり、もう1つは、発電市場を競争という場に開放したのに、他方では閉鎖的な電力市場（電力価格）が維持されているという問題であった。こうした問題の集中的表現は、電網運営者としての国家電力公司が同時に自己の発電所を持っていたということだけ

　1）すでに指摘したことであるが、再度、ここで強調しておく。この国家電力公司は、国内の発電設備容量の60％と国内の販売電量の77％を占めたということであった（刘纪鹏≪从国电公司改革看我国电力工业发展—国电公司生存理论与近期发展建议≫，载≪中国工业经济≫，2000年第8期を参照）。

ではなく、特に電網に対する管理指揮権を有していたことから、電力の需給バランスが崩れた際、どの発電所でどれほど電力生産を行えばよいか、またその電力をどこに送ればよいかを国家電力公司が決定できたということである。発電所を所持する、中国の電力市場をほとんど支配することができる能力を持ったこの国家電力公司は、独占的な行動として利益確保に容易に動くことができたのである。こうしたことから、発電量の半分以下にとどまったさまざまな形態の「集資辦電」による独立発電公司は、国家電力公司に対して、公平な競争を要求したのである。これに対して、国家電力公司は、「政企分離・省為実体」を掲げ、市場における電力価格の競争的な形態を作り上げていく以外に方途はなかったが、それには、自己の体制改革、つまり発送電分離が必要とされたのである。

　2002年2月10日、国務院は「電力体制改革方案」(以下、「5号文件」と略称する)を公布した[2]。この「方案」は、当時の中国の電力工業における問題を次の3点にあると提起した[3]。第1は、国家電力公司を基軸にする「独占的経営体制」がいよいよ顕著になっていること、第2は、省と省との間に障壁が形成され、省を跨ぐ電力市場の形成と電力資源の優位配置を阻止していること、第3は、現行の管理方式が電力工業の発展の要求に対応していないこと、であった。これらを是正することで、現行の電力工業の体制を改革しようとしたのである。

(1) 「5号文件」の内容——総体目標と主要任務

　この「5号文件」が提示した「改革の総体目標」は、上述したことから、「廠網分離」(発送電分離)[4]を実現して、国家電力公司の独占的な地位を打ち壊し、全国的な統一電網の形成を促進し、電力市場に競争を導入して健全な電力価格

2）≪国務院関于印発電力体制改革方案的通知≫国発[2002]5号(≪中国電力年鑑≫編輯委員会編≪2003年中国電力年鑑≫中国電力出版社，2003年，10頁。以下、≪中国電力年鑑≫について、年次のみを付して表記)。

3）この「5号文件」では、これらの問題点は「社会主義市場経済の要求に適応しない弊害」とされている。

212

メカニズムを形成することであった。この目標を達成するための主要任務は、政府による監督・管理の下で健全な電力市場の体系を構築し、「競価上網（電力取引市場における競争的な価格に基づく電力販売)」を実現することであるとした。このため、電力市場に関する運用規則を定め、政府による監督・管理体系を整え、競争的・開放的な電力取引市場を創出して、新しい電力価格メカニズムの下で「競価上網」を実行するとした。

　ここで示された「廠網分離」は、1980年代中頃から実施されてきた「集資辦電」による「改革」をいっそう推進するものであった。そのため、この「廠網分離」政策には、「集資辦電」と同様に中国独自の特徴があり、海外における発送電分離政策と大きく異なっていた[5]。中国の発電分野における「改革政策」は、計画体制下における多元的投資主体の実現（「集資辦電」）によって有限な国家の電力資金を調整することであったが、それはいまだ電力工業全般の多元的発展へと結びつくものではなかった。むしろ、発電分野以外の輸配電分野では、国家による一元的統制が強化され（国家電力公司の成立）、しかもそれが輸配電公司へと単一化するのではなく、旧体制から引き継いだ発電—輸配電体制を維持・強化し、そうした電網ひいては電力工業全般にまで及ぶ独占的経営がますます電力市場を閉鎖的なものにしていた。これが、先に挙げた「5号文件」の問題提起であり、開放的な電力市場の形成を通して電力工業が発展していく道筋を示したのであり、この「改革」の内容とされたのである[6]。電力取引市

4）「廠網分離」は、発電所と電網会社の経営を完全に分離する発送電分離であり、中国語では「廠網分開」という。ここでは、中国語の文献に則して、このような表現を用いることもある。

5）国外では、電源の技術変化に基づいて、とりわけ、CCGT（複数の発電方式を組み合わせて発電するコンバインドサイクル発電方式のこと。特にガスタービンと蒸気タービンを組み合わせて発電する方式を指すことが多い）に代表される新型の発電技術の進歩が、設備面における「規模の経済性」という効果を大幅に減少させたことから、発送電分離がもたらされたとされる（冯永晟≪理解中国电力体制改革：市場化与制度背景≫，載≪财经智库≫，2016年9月号，第1巻第5期を参照）。このことは、発電分野における「自然独占の属性」が弱化してきたことに対応しているともいえよう。ちなみに、当時、中国の発電技術は、こうした外国の技術の同レベルにまで達していなかった。

場における運用規則の整備、政府による電力市場に対する監督・管理機構としての国家電力監督管理委員会の創設は、こうした開放的な電力市場の形成に不可欠な条件とされた。「5号文件」には、このほかに、環境を重視した諸任務も付加され、「発電排出のエコ換算標準の制定、クリーン電源発展を激励する新メカニズムの形成」などが盛り込まれていた。

（2）提示された具体的な政策

「5号文件」が提示した「目標と任務」に基づく具体的な政策は、大きく分けると、次のような3項目であった。第1は、「廠網分離」による国有電力公司の資産の再編であり、第2は、「競価上網（競争価格に基づく電力販売）」という新電力価格メカニズムの形成であり、第3は、中央行政の部級に当たる国家電力監督管理委員会（以下、「電監会」と略称）の設置であった。以上のような「目標と任務」を実現するために、国務院、その指導下に国家計画委員会を主導とする関連部門と単位からなる「電力体制改革作業グループ」[7]を組織し、電力体制の「改革」を推進するとした。

第1の「廠網分離」による国有電力公司資産の再編については、次のようなことが実行されるとした。

①国家電力公司が管理してきた発電資産をいくつかの独立した発電企業に再編するが、従前の国家電力公司の中国華能集団公司を独立した発電公司に再編し、残余の発電資産を用いて、4000万キロワット前後の発電設備能力を有する独立した全国的な発電公司を3〜4個ほど創設する。

②「集資辦電」によって成立した発電企業のうち、地方政府また中央部門の管理下に置かれている発電企業も、発送電分離を実行する。

6）前掲≪理解中国電力体制改革：市場化与制度背景≫を参照。

7）この「電力体制改革作業グループ」は、国務院が設置した「電力・電信・民航体制改革指導グループ」の指示に基づいて、その職責を果たしたが、この機構は「中華人民共和国地方各級人民代表大会と地方各級人民政府組織法」によって設立された常設機構ではなく、「ある総合的、臨時的任務を完成するため、行政管理職能を備え、地域を跨ぎ、部門を跨ぐ、組織調整機構」であった。

③小型水力発電企業で電力の自給を主としている供電区の発電企業は、電網建設を強化して、発電と電網を共有する企業になった後、適時、「廠網分離」を実行する。

④国家電力公司が管理してきた電網資産を再編して、国家電網公司を設立し、その傘下に、華北（山東を含む）・東北（内蒙古東部を含む）・西北・華東（福建を含む）・華中（重慶、四川を含む）の5つの地区電網公司を設立する（「五大電網」の成立）。地区電網公司については、旧国家電力公司の資産比率が比較的大きいので、その設立には国家電網公司が責任を負うが、各地方政府についても、その保有する自己資産に応じて株式参加させる。

⑤地区電網公司は、従前の地区内の省級の電力公司を改組して、国家電網公司の「分公司ないし子公司」にし、当地の輸配電業務の経営に責任を負う。

⑥南方電網公司を設立する。その経営範囲は、雲南・貴州・広西・広東・海南の各省とする。この南方電網公司の経営においては、旧地方電網の資産比率が比較的大きいので、その設立には持ち株比率に応じて、それぞれが責任を負う。

第2の「競価上網」という新電力価格メカニズムの形成については、以下のようにするとされた。

①「電力調達・取引センター（中国語では、「电力调度交易中心」）」（地区電網公司が設立・管理の責任を負う）を設立し、従前の発電企業と電網企業（省級の電力公司）との電力売買契約方式を廃止する。

②各発電企業は、新・旧の発電企業の歴史的原因から形成された電力価格水準の格差をできる限り内部で解消するか、あるいは資本市場を通した合併・吸収によって成立した発電所の新しい市場価値を作り上げ、「上網価格」の形成に当たって、平等な競争を実現する。

③各地区の「競価上網」は、地域の状況に合わせて行い、統一した方式で行うことはしないが、すべて「電力調達・取引センター」において行う。

④一切の電力価格は、「上網価格」に連動させる。この「上網価格」は、国家が制定する「容量価格」と市場競争によって形成される「電量価格」からなる。

第3の「電監会」の設置については、機構と職責が次のように定められた。

①「電監会」は、「統一的管理体系」を実現するため、各地区の電網公司が設立・管理責任を負う「電力調達・取引センター」に代表機構を置く。

②「電監会」の職責は、電力取引市場（「電力調達・取引センター」）の運営規則の制定、電力取引市場の状況の監督・管理、公平競争の維持、市場情況に合わせた電力価格の調整の提言、電力取引市場におけるもめ事の処理などである。

以上のほか、この「5号文件」では具体的に提示されなかったが、国家計画委員会による国家電力公司の資産再編成への指示、「国家計画委員会の国家電力公司の資産再編方案に関する回答」（12月3日）[8]で提示された項目として、電力補助事業の改組ないし設立があり、これによって次の4つの集団公司（2つの諮問公司と2つの建設公司）が組織された。①中国水電工程顧問集団公司（中国水電顧問有限公司を改組）、②中国電力工程顧問集団公司（中国電力工程顧問（集団）有限公司を改組）、③中国水利水電建設集団公司（中国水利水電工程総公司を改組）、④中国葛洲壩集団公司（中国葛洲壩水利水電工程集団有限公司を改組）である。

2 「5号文件」によって成立した新電力体制

（1）「五大発電集団公司」の設立

2003年1—2月に発電公司に関する「章程」が完成し[9]、その後1年を費やして、5個の発電企業（公司）が成立していった[10]。旧国家電力公司が所有していた発電資産は、新たに設立された5つの全国的な発電事業の「公司（企業）」に分配され、発電分野において、「五大発電集団公司」が成立した。「五大発電集団公司」とは、中国華能集団公司・中国大唐集団公司・中国華電集団公司・中国国電集団公司・中国電力投資集団公司である。これらの公司は、国務院によって経営を授権され、国家計画においては、独立した対象項目に算入された。

8）≪2003年中国电力年鉴≫，13-22页。

9）各発電公司の「章程」については、≪2004年中国电力年鉴≫，33-34页の各公司の「章程・方案」文件を参照。

10）国家電力公司の資産が発電資産と電網資産に分割・処方された後、これに倣って、財務、人員の分割を行うとされた。

この再編が開始される前の2001年末における旧国家電力公司グループの総資産（全資本出資と持ち株支配の公司）は、1兆27億元、負債総額は5637億元であり、純資産総額は4390億元であった（資産負債率は56.2％）。総発電設備容量は1億5650万キロワットで、全国総発電設備容量の46.3％を占めた。3.5万ボルト以上の輸配電の距離は47万8000キロメートルに及び、全国の62.7％を占め、3.5万ボルト以上の変圧器容量は7億2000万キロボルト/アンペアで、全国の67.5％を占めた[11]。こうした巨大公司の分割再編が実施されたのである。この旧国家電力公司の発電資産及び発電設備容量の約8割は、それぞれ個別の発電集団公司に分割された[12]。こうして旧国家電力公司は解体され、図3-1にみるような体制が構築された。

　この再編によって成立した個別企業の資産規模と電源構成についてみると、表3-1のようである。

　こうした再編（国家電力公司の発電資産の分離・再編）に当たっては、それぞれの地域の電力供給市場において、それぞれの発電公司の市場占有率が20％以上にならないように留意するとされた。そのため、各発電公司の資産規模・発電設備容量の規模が平均的（20％）になるように整えられた（資産規模の平均は514億元、発電設備容量の平均は2088万キロワット）。企業数は、旧国家電力公司の発電企業数373社（前章の図2-6参照）よりも増大して516社となり、そのうち子会社は175社、株式の持ち株による支配会社は341社であった。

　電源構成からいえば、火力を中心としたものであったが、水力では、黄河上流及び五凌水流域において水電開発公司を割り当てられた中国電力投資集団公司が大きな地位を占めた。華能集団公司は、瀾滄江流域において瀾滄江水電開発公司を割り当てられ、大唐集団公司は、紅水河流域において龍灘水電開発公司を割り当てられ、華電集団公司は、烏江流域において烏江水電開発公司を割り当てられ、国電集団公司は清江流域と大渡河流域において清江水電開発公司

11）《中国電力発展的歴程》編輯委員会《中国電力発展的歴程》中国電力出版社，2002年，515頁（但し、表3-1とは異なる）。
12）劉紀鵬《大船掉頭：我与国電公司的五年》東方出版社，2015年，620-622頁を参照。

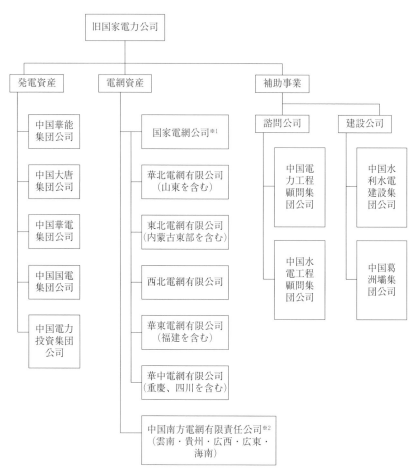

図3-1 「5号文件」による国家電力公司の解体

出所：「5号文件」の内容による。

注：※1：西蔵（チベット）を代行管理。

　　※2：国家電網公司の持株と電網資産に応じて、各省が共同出資。

及び大渡河水電開発公司を割り当てられ、いずれも比較的高い開発能力を持っていた。このほかにも、比較的小規模な上場発電会社の株式も「五大発電集団公司」に割り当てられた[13]。

　この「五大発電集団公司」のほかに、発電企業として、中央の部に所属する発電企業7社、地方政府に所属する主要な発電企業15社、その他（民営・外資）

表3-1　「五大発電集団公司」の資産・発電設備容量の規模と電源構成（2002年12月）

		中国華能集団公司	中国大唐集団公司	中国華電集団公司	中国国電集団公司	中国電力投資集団公司	五大発電集団公司平均
資産（億元）	権益資産	573	448	498	460	589	514
	支配資産	1265	721	760	735	801	856
電源規模（万キロワット）	権益容量	1938	2121	2116	2045	2222	2088
	支配容量	3797	3225	3109	3043	2989	3233
	水力	670	691	605	463	792	644
	火力	3126	2534	2504	2567	2082	2563
	原子力	—	—	—	—	115	—
	風力	1	—	—	13	115	—
企業数（子会社数）		88（17）	93（34）	116（47）	118（44）	101（33）	103（35）

出所：「国家計委国家電力公司発電資産重組划分方案的批复」（≪2003年中国電力年鑑≫，15-19頁）、海外電力調査会『中国の電力産業―大国の変貌する電力事情』オーム社、2006年、48頁、前掲≪大船掉头：我与国电公司的五年≫，621頁により、整理作成（数字の相違については、「方案」の数字を主とした）。

注：下記の出資比率は、公司の登記時のものである。この出資比率は、出所に挙げた≪2003年中国電力年鑑≫，15-19頁の附表１に依拠した。「—」は数値が与えられていないことを示す。
（権益資産）＝（全株式を保有する企業の全資産）＋（支配的に株式保有する出資企業の全資産）×（出資比率）＋（支配力のない企業に対する出資額）
（支配資産）＝（全株式を保有する企業の全資産）＋（支配的に株式保有する出資企業の全資産）＋（支配力のない企業に対する出資額）
（権益容量）＝（全株式を保有する企業の発電容量）＋（支配的に株式保有する企業の発電容量）×（出資比率）＋（支配力のない企業の発電容量）×（出資比率）
（支配容量）＝（全株式を保有する企業の発電容量）＋（支配的に株式保有する企業の発電容量）＋（支配力のない企業の発電容量）×（出資比率）

があった。これを発電設備容量で比較したものが、表3-2である。これらの発電企業は、発電部門における独立した企業として、社会主義的市場経済に対応するものに改革され、新たな電力工業の管理体制の一翼を担うことになった

13）例えば、浙江東南発電株式有限公司は華能集団公司、広西桂冠株式公司と湖南華銀株式公司は大唐集団公司、黒龍江電力株式有限公司は華電集団公司、湖北長源電力発展株式公司は国電、山西嫩澤株式公司と重慶九龍株式公司は、電力投資集団公司に割り当てられた（前掲『中国の電力産業―大国の変貌する電力事情』、49頁）。

表3-2　全国電力企業の発電設備容量比較（2011年）　　　　　　単位：万キロワット、（%）

I 五大発電集団公司		II 中央所属企業		III 地方主要電力集団	
中国華能集団公司	12538	中国神華集団有限責任公司	4623	広東省粤電集団有限公司	2481
中国大唐集団公司	11106	華潤電力	2524	浙江省能源集団有限公司	2206
中国華電集団公司	10601	中国長江電力株式有限公司	2510	北京能源投資（集団）有限公司	1164
中国国電集団公司	9534	国投電力公司	1749	河北省建設投資公司	731
中国電力投資集団公司	7693	中国広東核電集団有限公司	980	申能（集団）有限公司	627
		中国核工業集団	645	安徽省能源公司	595
		新力能源開発有限公司	270	湖北省能源集団有限公司	553
				深圳市能源集団有限公司	544
				江蘇国信	542
				甘粛省電力投資集団公司	289
				広州発展集団有限公司	247
				寧夏発電集団公司	196
				江西省投資集団公司	150
				万家寨水利	150
				山西国際電力集団有限公司	140
合計	51472	合計	13301	合計	10613
	(48.8)		(12.6)		(10.1)
				IV　その他地方発電計	30190
					(28.6)
				総合計105576	(100.0)

出所：武建東主編≪深化中国电力体制改革绿皮书纲要≫光明日报出版社，2013年，44页，及び≪2006
　　　年中国电力年鉴≫，44页による。
注：IVその他地方発電計は民営・外資等の独立発電企業である。

　のである。その後、発電部門における投資規模と発電設備容量はいよいよ拡大
して、電力不足の問題は基本的に解決されたとされる[14]。

　再編前の状況と同様に、発電市場において、「五大発電集団公司」がほぼ半

14）李敏、王洪奎≪国内外电力体制改革研究≫，載≪电网与清洁能源≫，2017年8月，
　　第33巻第8期。

表 3‐3　五大発電企業の発電設備容量における地位

	30万 キロワット以上 （13252万キロワット）	20—30万 キロワット （5131万キロワット）	10—20万 キロワット （5441万キロワット）
五大発電合計 （万キロワット）	9408	2911	3870
対全国比（％）	(71.0)	(56.7)	(71.1)
中国華能集団公司 （万キロワット）	2710	440	220
対五大発電比（％）	(28.8)	(15.1)	(5.7)
中国大唐集団公司 （万キロワット）	1285	412	933
対五大発電比（％）	(13.7)	(14.2)	(24.1)
中国華電集団公司 （万キロワット）	1542	749	794
対五大発電比（％）	(16.4)	(25.7)	(20.5)
中国国電集団公司 （万キロワット）	1493	662	938
対五大発電比（％）	(15.9)	(22.7)	(24.2)
中国電力投資集団公司 （万キロワット）	2378	648	985
対五大発電比（％）	(25.3)	(22.3)	(25.5)

出所：《2003年中国电力年鉴》の「統計資料」，及び前掲《大船掉头：我与国电公司的五年》，628頁
による。
注：10万キロワット以上の発電設備容量の数値に限った。五大発電は「五大発電集団公司」のことで
ある。

　分の地位を占め、これに中央所属企業と地方政府所属の企業を加えると、中国
の発電事業は、ほぼ国家が管理できる状態にあったといえる。
　次に新たに成立した「五大発電集団公司」の発電規模における全国的な地位
についてみると、発電設備容量の各級別に占める地位は表 3‐3 のようである。
「五大発電集団公司」は、30万キロワット以上の発電設備容量において対全国
比71％を占め、20—30万キロワットの発電設備容量では57％、10—20万キロワッ
トの発電設備容量では71％を占めた。「五大発電集団公司」が中国の発電市場
をほぼ掌握していたということができよう。さらに「五大発電集団公司」の各
公司別の状況を各級別の発電設備容量についてみると、10—20万キロワットの

表3-4 「五大発電集団公司」の地域的地位　　　　　　　単位：万キロワット、(%)

	東北地区	華北地区	華東地区	華中地区	西北地区
華能　容量	571	990	806	613	120
（市場シエア）	(18.0)	(15.7)	(13.8)	(10.2)	(4.2)
大唐　容量	228	984	410	749	251
（市場シエア）	(7.2)	(15.6)	(7.0)	(12.5)	(8.8)
華電　容量	573	849	552	407	274
（市場シエア）	(18.0)	(13.5)	(9.4)	(6.8)	(9.6)
国電　容量	337	460	676	800	388
（市場シエア）	(10.6)	(7.3)	(11.6)	(13.3)	(13.6)
電力投資　容量	413	367	960	706	523
（市場シエア）	(13.0)	(5.8)	(16.4)	(11.8)	(18.4)
合計　容量	2122	3650	3404	3275	1556
（市場シエア）	(66.7)	(57.9)	(58.2)	(54.6)	(54.6)

出所：前掲≪大船掉头：我与国电公司的五年≫，630-651页による。
注：電力集団の発電設備容量には、「支配可能容量」（表3-1の権益支配容量に出資比率を乗じない
　　で算出した容量）を用いた。また、地区には、統一された発電設備容量があり、これを「地区統調
　　容量」（地区における調整された必要容量）といい、市場シエアは、この「地区統調容量」に基づ
　　いて算出した。

発電設備容量では、華能集団公司が約6％と小さな比率にあり、20—30万キロ
ワットの規模では、大唐集団公司、華能集団公司が14—15％、30万キロワット
以上の規模は大唐集団公司、華電集団公司、国電集団公司が13—16％と、それ
ぞれ格差がみられるが、全体的には、ほぼ20％の地位を確保していたといえる。
　次に、表3-4によって、「五大発電集団公司」の各地区（電網支配地区）に
おける地位を発電設備容量（市場占有率）について検討してみよう。「五大発電
集団公司」は、表3-4に示したように（下記の表3-5及び図3-2をも参照）、
各地区において、ほぼ55—67％の市場シエアを占めていた。これを各地区につ
いてみると、東北地区では、華能集団公司と華電集団公司が「五大発電集団公
司」の市場の4割近くのシエアを占め、華北地区では、華能集団公司と大唐集
団公司が3割以上の市場シエアを占め、華東地区では、華能集団公司と電力投
資集団公司が同様に3割ほどの市場シエアを占めていた。しかし、元々地域的

発展が不均衡な華中地区では、長江三峡電力などの大型電力企業による競争があり、「五大発電集団公司」の市場シェアは相対的に低位にとどまっていたが、「西電東送」の中間地帯にあるという戦略的地位から、各発電集団公司が平均的に市場を分け合う状態にあった。西北地区は、「西部大開発」の政策的優遇を受けるだけではなく、「西電東送」の後方基地でもあったが、ここでは、国電集団公司と電力投資集団公司が市場の3割以上のシェアを占めた。こうしてみると、各地域において、各発電集団公司がそれぞれ有利な市場を確保して、経営の安定を確保する手段にしていたということができる。

（2）「二大電網公司」の設立

旧国家電力公司の電網資産は、2つに分割されて、国家電網公司（公称資本金2000億元）と南方電網公司の「二大輸配電公司」に再編された（図3-1参照）。いずれの公司も国有独資の形式で設置され、国務院によって経営を授権され、国家計画においては、独立した対象項目に算入された。国務院は、「経貿委電力司」から「国家電網公司設立『方案』と公司『章程』に関する指示要請を受けたのに対する回答」（2003年2月28日）において、これらに原則同意したことを伝え、次のようなことを指摘した[15]。国家電網公司の主要業務は「電力の購入と販売」であり、所管の各区の電力取引と電力の調達に責任を負う。企業管理（公司の指導部人員を含む）は「中共中央の中共中央企業工作委員会の成立及び関連問題に関する通知」と「5号文件」の精神に基づき、中央が行うとされ、財務関係については財政部が責任を負うとされた。公司は総経理請負制を実行し、国務院は「国有企業監事会暫定条例」の規定に従って、公司に国有重点大型企業監事会を派遣し、国有資産の価値の保持及び増殖の実際状況を監督するとした。他方、後者の南方電網公司（資本金600億元）には、国家電網公司が株式所有という形で経営参加（持株所有者は国有資産監督管理委員会であるが、これと広東省・海南省のほか、中国人寿保険集団公司が共同出資で加わった）[16]し、この公司の経営範囲も小さかったので、国家電網公司が中国の電網を管理・統制した

15)《国務院関于組建国家電網公司有関問題的批復》国函〔2003〕30号（中国人民政府ホームページ）。

といってもよいであろう。

　この改組の目的は、①電網の統一的運営と管理を行うこと、②電力市場の組織化を図ること、③全国的な電網の連絡を図ること、④全国電網の規格化と建設の全般化を図ることにあり、これによって、「省という垣根を打ち壊し、市場分断と地方保護を禁止する（看板の架け替えを認めない）こと」[17]（曽培炎副総理）にして、「西電東送」を実現する全国的な電網の連絡系統を整備していった。国家電網公司は、旧国家電力公司の管轄下にあった電網のうち、雲南省・貴州省・広西チワン族自治区・広東省を除く、省・市・自治区を管理するとともに、西蔵自治区の電網を代行管理し、2003年9月25日─11月8日、国家電網公司は、華北地区（山東省を含む）に続いて、東北地区、西北地区、華東地区（福建省を含む）、華中地区（四川省と重慶市を含む）の5つの地区において、5つの電網公司を設置した。表3-5にみるような地区別及び省級別の子公司（子会社）が設立され、国家電網公司は各地の電力市場を統一化する業務に取り組んだ。他方、南方電網公司は、雲南省・貴州省・広西チワン族自治区・広東省の電網を統合して南方電網を組織し、これを管理した（図3-2参照）。

　なお、華北と東北の両区域における電網公司の設立は、国家電網公司と内蒙古自治区が共同で設立するとされた。これは、すでに指摘したように、「省為実体」が「省為障壁」になることを避け、「西電東送」の利便性を優先した結果であった。各地区では、地区電網公司の下に、その下部組織（子会社）として、表3-5に示したように、省・市・自治区ごとに地区の電網を管理する電

16）この南方電網公司の資本金600億元の出資比率は、国務院国有資産監督管理委員会が26.3％、広東省政府が38.3％、海南省政府が3.2％、中国人寿保険公司が32％であった。（启信宝 https://www.qixin.com/company/102ad9f5-d632-4e81-8197-00e565a00aca?token=7f1a78be71cfaceab89cf5b5b241705d&from=bkdt による）。

17）曾培炎《西电东送：开创中国电力新格局》，載《中共党史研究》，2010年5月，2010年第3期。こうした電網の全国的連携を優先する方針は、次のようなことに表現された。国家電網公司は、内蒙古自治区において、単独の地区電網公司を設立しようとしたが、この設立は内蒙古地区における「省為実体」を基盤にした「省の障壁」を形成する恐れがあり、「西電東送」に不利になるとして、認められなかった（《2004年中国電力年鑑》，24頁）。

表 3 - 5　二大電網公司及び各地区における電網公司（子公司）

国家電網公司の地区公司及び省級電網公司				
① 地区公司				
華北電網 有限公司	東北電網 有限公司	西北電網 有限公司	華東電網 有限公司	華中電網 有限公司
② 省級電網公司				
北京市 電力公司	遼寧省 電力有限公司	陝西省 電力公司	上海市 電力公司	湖北省 電力公司
天津市 電力公司	吉林省 電力有限公司	甘粛省 電力公司	浙江省 電力公司	湖南省 電力公司
河北省 電力公司	黒龍江省 電力有限公司	寧夏回族自治区 電力公司	江蘇省 電力公司	河南省 電力公司
山西省 電力公司		青海省 電力公司	安徽省 電力公司	江西省 電力公司
山東省 電力集団公司		新疆ウイグル 自治区電力公司	福建省 電力有限公司	四川省 電力公司 重慶市 電力公司
③ 供電企業				
唐山供電公司・秦皇島電力公司・張家口供電公司・承徳供電公司・廊坊供電公司・北京超高圧公司・大同超高圧供電公司・済南供電公司等	赤峰供電公司・通遼供電公司・長春供電公司・吉林供電公司・瀋陽供電公司・大連供電公司・ハルビン電業局・大慶電業局等	西安供電公司・蘭州供電公司・西寧供電公司・銀川供電公司・ウルムチ供電公司等	徐州供電公司・南京供電公司・杭州市電力局・巣湖供電公司・福州供電公司・アモイ供電公司等	武漢供電公司・長沙供電公司・鄭州供電公司・南昌供電分公司・成都供電公司・銅梁供電公司・彭水供電公司等

南方電網公司及び省の電網公司				
広東電網公司	広西電網公司	雲南電網公司	貴州電網公司	海南電網公司
南方電網公司超高圧輸変電公司				

出所：≪2004年中国電力年鑑≫，227頁，255頁，≪2005年中国電力年鑑≫，275頁及び中国国家電網のホームページ（http://www.sgcc.com.cn/）による。

図3-2　各電網公司の管理する地区の状況

出所：本書の記述による。

注：西蔵電網は国家電網公司の代理管理である。

力公司が設立され、それぞれ輸・変電業務を担当した[18]。さらに、この省・市・自治区の電力公司の下に、市級の供電企業（公司）が設けられ（表3-5では、その一部を示した）、配電（供電）関係の最終責任公司として、全国に計310の供電公司が設立された。これらの供電公司は、所在の省または直轄市の電力公司の管理を受け、配電収入は、省・市・自治区の電力公司ごとに統合された。また、市級の供電公司の下には、県級の供電公司が設けられた。

　このほか、国家電網公司や南方電網公司に暫時的に所有された発電企業があり、今後、徐々に処理していくとされたが、その後の大きな課題とされた。国

18）なお、地区内にあったかつての旧省級電力公司は、地区電網公司の分公司（法人資格のない支社）または子会社に改組された。

家電網公司では、なお「36個の全資企業、1個の持株支配企業、38個の発電企業」を抱えていた。南方電網公司は、超高圧輸変電公司、魯布革発電所、天生橋二級発電ステーション、広州揚水蓄電所などを所持していた[19]。

国家電網公司は、各地区の電網間における電力の取引と調達、地区電網公司間における日常的な協調関係の維持、区を跨がる輸配・変電と電網連結工程への投資・建設などを主な職務とした。地区電網公司は、電網の経営・管理、電力の安定供給、地区電網の拡充計画、地区電力市場の育成、及び「電力調達・取引センター」の設立・管理などを主な職務とした。国家電網公司の本社、各地区の電網公司及び省級の電網公司（表3–5を参照）には、それぞれの「電力調達・取引センター」が設立され[20]、それぞれの電網公司が取引契約・購買販売協議の調印、また電力量の決算、取引統計の分析などに責任を負った。同時に、各担当の電力市場の規則制定、及び取引情報公開プラットホーム（中国語では「平台」）による情報発信に責任を負った。特に本社に隷属して設立された「電力調達・取引センター」の職能は、政府及び関係部門並びに「電監会」の指導の下に、責任を持って次のことを執行することであった。①電力市場体系の樹立と管理、②季度・月度の電力取引市場の管理、③電力取引の組織化、④公開・公平・公正を原則とした取引契約や購買販売協議の調印、⑤電力市場規則の制定、⑥取引情報公開プラットホームの設立と管理、⑦「電監会」への取引情報の報告などであった。

他方、南方電網公司は、国家電力公司の資産であった雲南省・貴州省・広西チワン族自治区の電網と国家電力公司の管轄外であった広東省・海南省の電網を管理した。この南方電網公司の下にもそれぞれの地区の電網公司が設立された。

---

19) 前掲≪国務院关于组建国家电网公司有关问题的批复≫及び各電網公司の章程の「規定」を参照（≪2004年中国電力年鑑≫, 32–33頁）。

20) これを「三級電力取引センター」といい、公司本社に隷属する「電力調達・取引センター」は「国家電力調達通信センター」を母体にして成立した。各地区の「電力調達・取引センター」は各地区の「電力調達センター」から生じ、省級の「電力調達・取引センター」は省級の「電力調達センター」から分離して成立した（国家発展改革委体改司編≪电力体制改革解读≫人民出版社, 2015年, 39–40頁）。

表3-6　電網公司が国家電力公司から引き継いだ発電資産　　　　　　　　単位：万キロワット

電網	揚水発電所、ピーク調整用発電所		ピーク調整用以外の発電所	
	支配容量	権益容量	支配容量	権益容量
国家電網公司	1968.0 （火力1326.0、 水力642.0)	1573.24 （火力1105.51、 水力467.73)	870.0 火力のみ	647.3 火力のみ
南方電網公司	372.0 水力のみ	256.2 水力のみ	―	―

出所：≪2003年中国电力年鉴≫，15-22页。
注：「―」は数値が与えられていないことを示す。

　国家電網公司及び南方電網公司、並びにこれらの公司の下に設置された各地区電網公司は、国有独資の公司であるが、「現代企業制度」に基づき、「産権明晰」・「権責明確」・「政企分離」・「科学管理」を実行し、資産価値の保全と増殖の責任を引き受けるとされた[21]。

　「5号文件」によれば、地区電網公司は、原則として、揚水蓄電発電所ないし少数の応急的電力調節発電所（中国語では、「調峰発電所」という）の所有を認められたが（表3-6参照）、再編時点において、順次売却されることになっていた。こうした暫時的に保留された「揚水蓄電」及び「電力調整」のための発電所（支配容量642万キロワット）と「売り出し中（あるいは売り出し準備中)」の発電所（支配容量870万キロワット）のほか、補助事業にも保留された発電所（支配可能容量920万キロワット）があった。これらの発電所の総発電設備容量は、全国の2割以上に達していたので、先に指摘したように、課題として残されることになったのである。

---

21) 各地区の地区電網公司を設立する際、多元投資主体による電網公司の設立が考慮されたが、克服するには困難な障壁が多く、しかも、この地区電網公司の設立は喫緊の課題であったため、「総体設計に基づき、段階的に実施する」原則を採用することにした。それは、①国家電網公司が全額出資し、「中華人民共和国公司法」に基づく国有独資公司を設立し、②その後、条件を整えて、国家電網公司が持株者となる、あるいは独立の株式会社にするというものであった（≪2004年中国电力年鉴≫，29-30页）。

（3）「四大電力補助事業集団」の設立

旧国家電力公司の傘下にあった発電所の設計・建設などの補助事業部門も、それぞれ独立した組織となり、4つの補助事業会社として再編成された。中国電力工程顧問集団公司・中国水電工程顧問集団公司・中国水利水電建設集団公司・中国葛洲壩集団公司であった（図3-1参照）。中国電力工程顧問集団公司は火力発電所の設計関係業務、中国水電工程顧問集団公司は水力発電所の設計関係業務を担当する会社である。中国水利水電建設集団公司はダム・発電所の建設工事を受け持ち、中国葛洲壩集団公司は長江中流部にある葛洲壩発電所の管理・運営を行った。

（4）「電監会」による管理体制の整備

国務院は、2002年3月、「電力体制改革」の総体を指導・調整するため「電力体制改革作業グループ」を成立させた。すでに指摘したように、この組織は非常設の会議組織であり、決定権も備えていなかったが、当時の国家発展・計画委員会の先頭に立って活動した。この構成メンバーは、国家発展・計画委員会のほか、国家経貿委員会、国家電力公司、中央組織部、中央企業工作委員会[22]、中央編制委員会辦公室、国家計画委員会、財政部、法制辦公室、体制改革辦公室、及び広東省人民政府などの関連部門であった。この組織のトップリーダーは国家発展・計画委員会であり、主任を担当した。主な職責は、電力体制改革を実施する際の指導と調整であり、メンバー間における連絡と疎通、及び改革の状況と問題の共有などであった[23]。

他方、2003年3月に開催された「第10期全国人民代表大会第1回会議」は「国務院機構改革方案」を採択して、「経貿委」を廃止し、これまでの電力工業の

---

22) 1999年12月、中国共産党は、国有企業の改革と発展を推進し、国有重要基幹企業における指導班を強化・改善し、企業における党組織の役割をいっそう発揮させるため、「中央大型企業工作委員会」を廃止し、「中共中央企業工作委員会」を成立させた。

23) 《電力体制改革工作小組第1次工作会議紀要》，載《中国水利》，2003年第10期，B刊。この「作業グループ」の辦公室は、最初、国家計画委員会に設置されたが、「電監会」が成立すると、この「電監会」に移された。

管理・技術改革・投資などに関連した職能を国家発展改革委員会（以下、「国家発改委」と略称)[24]に移管し、電力市場の監督・管理職能を「電監会」に移管することにした。すでに指摘したように、「5号文件」が実施されるとすぐに「電監会」が設置され、2003年3月20日、「電監会」は国務院直属の事業単位として正式に成立し、その活動を開始した。「電監会」は、中国の「基礎産業領域（公共部門）」における最初の政府の監督・管理機構であり、行政による監督・管理を排除することを目的にした機構であった。「電監会」は、国務院の直属事業単位であり、国務院より授権された主要任務は市場の監督・管理を実施することであり、法令に則り、特に電力価格について専門的見地から監督・管理を行った[25]。

　「電監会」は、全国の電力工業を監督・管理する業務を果たす際、これまでの多機構分散の管理体制を転換して、統一的管理体系の構築を目指すとした[26]。「電監会」による監督・管理は新たな監督・管理のあり方を示したが、それは市場経済の要求に適合的な管理体制の構築に踏み出したことを意味した。「電監会」が成立するまで、「経貿委」と「計画委員会」が共同して電力政策に関する職能を担っていたが、これが「国家発改委」に移管され、電力政策におけ

24）「国家発改委」は、2002年に成立した。前身は、「国家計画委員会」、「国家発展・計画委員会」である。当時、エネルギー工業を主管部門として担当するエネルギー部が廃止されたため、電力工業に対する長期的な企画（総体的エネルギー政策、需給予測、エネルギーに関する選択など）、特に重要な投資プロジェクト（発電と輸配電）の計画・実施の指導に当たった。また、ミクロの監督・管理職能として、例えば、「国家発改委」価格司は電力体制改革の核心である電力価格の改革を主導し、発電公司・電網公司の電力販売価格を批准する職能を担った（国家電力監管委員会編《電力改革概覧与電力監管能力建設》中国水利水電出版社, 2006年, 263頁）。2008年、新たな国務院機構改革方案が提出され、「国家エネルギー局」が成立し、「国家発改委」がそれまで担当してきた「エネルギー企画・政策などの電力工業に対する管理職能」は、この国家エネルギー局に移管された。この点については、次節において検討する。

25）2003年2月2日、国務院は「国家電力監督管理委員会に関する職能配置内設機構及び人員編制の規定」（《国家電力監管委員会職能配置内設机構和人員編制規定》国弁発［2003］7号）を発布した。「国家電力監督・管理委員会条例」（《国家電力監管委員会条例》）は、5月に正式施行された（《2004年中国電力年鑑》, 28頁）。

る協調性・統一性を向上させただけでなく、電力に対する中央の産業政策の執行力をも強化した。「電監会」という専門の監督・管理機構の設置によって、行政による上からの命令的な監督・管理方式が改められたのである。また、それまでの単純な中央と地方政府による「分級管理」という行政的対応も、市場分野におけるそれぞれの管理職能の任務を遂行することに改められた。こうして、電力取引市場の秩序や競争秩序が強化され、それを保障する一連の電力監督・管理に関する法制が整備されていった。2005年 2 月、「電力監督・管理条例」が公布され（ 5 月 1 日施行）[27]、電力に対する監督・管理の規範化が進められた。それによって、電力市場の秩序を遵守し、電力への投資者・電力経営者・電力の使用者の権益を法によって保護し、社会公共の利益を守るとした。この「条例」は、監督・管理が、法に基づいて行われること、統一的であること、公開であること、職責の範囲が規則で決められていることを原則的に定め、違反した場合の法的責任（罰則等）が明示された。この条例によって、電力取引市場、輸配電業務、供電業務、安全保持などに関する監督・管理の法的措置が進展した[28]。

　「電監会」の重要な職責の 1 つは、全国統一の監督・管理システムを構築することであった。そのため、全国各地に派出機構を置いて、中央による統一的指導体制を実現することに努めた。だが、監督・管理における法的な体制、とりわけその職能に対応する法的根拠がきわめて不備であったため、職務執行に必要な管理システムが欠如し、また、他の政府部門間との職能の交錯・重複・

26）前掲≪電力改革概覧与電力監管能力建設≫，249-250頁，264-265頁，前掲≪理解中国電力体制改革：市場化与制度背景≫を参照。当時の国有企業改革の現状を考えれば、「電監会」の成立は、新たな電力市場の構造に対応する必要な制度準備であった（冯永晟≪从"5 号文件"到"9 号文件"的电改：摆脱"为市场化"的尴尬，警惕"伪市场化"的风险≫，載"中国社会科学院财经战略研究院"http://naes.cssn.cn/cj_zwz/ry/yjry/fys/fysxszl/201504/t20150409_4355223.shtml，2015年 4 月 9 日（この文章のタイトルは≪新电改方案抛弃结构分拆路线≫であり，載≪东方早报≫，2015年 3 月31日）とされている。

27）≪电力监管条例≫第432号（≪2006年中国电力年鉴≫，524頁）。

28）具体的な法律等について、≪2006年中国电力年鉴≫，164-170頁参照。

牽制が生じ、十分にその職責を果たすことができないこともあった。もう１つの重要な職責は、電力市場の運営モデルとして設立された電力の取引機構（「電力調達・取引センター」）を管理・指導することであった。「電監会」は、電力工業における「市場化改革」によってもたらされる市場構造の変化と市場主体の多元化に対応して各方面の利益バランスを考慮し、市場運営における矛盾と問題を解決し、「部門分離・地域分離・省間障壁の打破」を実現しなければならなかったからである[29]。以上のような職責を果たすため、「電監会」は、国家電網公司の「分公司（子会社）」が所在する５地区及び南方電網公司の各地区に、表３-７のような６個の「地区電監局」を設置し、その地区の省・市による電力管理の業務に対する監督・管理をいっそう徹底した。さらに、太原・済南・蘭州・杭州・南京・福州・鄭州・長沙・成都・昆明・貴陽の11都市に都市電力監督・管理機構を設置し、所在の省級市、及び県級以上の市の電力工業の監督を行った[30]。

「電監会」は、成立と同時に正式に業務を開始した。主な職能は次のようであった。

①発電・輸配電・供電業務を監督・管理する。電力の監督・管理に関する法律、法規の制定・改定を研究する。

②国家の電力発展計画の制定に参与し、電力市場の発展計画及び地区電力市場に関する電力市場運営モデルを制定する。

③電力取引市場の運営を監督し、電力取引市場の秩序を規範化し、公平な競争を維持・保護する。このための電力取引市場に関する運営規則を制定する。

④電力技術の安全や質・量の基準を制定し、それらの監督・検査に参与する。

⑤電力市場の状況を踏まえ、政府の価格主管部門に電力価格に関する提案を行う[31]。また、電力価格の監督・検査を行う。

⑥環境保護部門と共同して電気事業の環境保護政策、法規及び基準の実行を監督・検査する[32]。

---

29) ≪2004年中国电力年鉴≫，31页。

30) 2012年12月６日、「電監会」の西蔵業務辦公室の成立により、監督・管理の業務は全国に普及したとされた（表３-７に表示したURLを参照）。

表3-7　各地区の電監局の管理地域

地区	華北地区電監局	東北地区電監局	西北地区電監局	華東地区電監局	華中地区電監局	南方地区電監局
所在地	北京市	瀋陽市	西安市	上海市	武漢市	広州市
管理省・市・区	北京市	遼寧省	陝西省	上海市	湖北省	広東省
	天津市	吉林省	甘粛省	江蘇省	湖南省	広西チワン族自治区
	河北省	黒龍江省	寧夏回族自治区	浙江省	河南省	雲南省
	山西省	内蒙古自治区東部	青海省	安徽省	江西省	貴州省
	山東省		新疆ウイグル自治区	福建省	四川省	海南省
	内蒙古自治区西部				重慶市	
市	太原済南		蘭州	杭州南京福州	成都鄭州長沙	貴陽昆明

出所：≪2005年中国電力年鑑≫，8頁，≪2006年中国電力年鑑≫，47頁、及び中国政府網ホームページ（http://www.gov.cn/gzdt/2012-12/11/content_2287768.htm）による。

　加えて、「中電聯」による電力企業への適正なサービス提供を促進することも、職能の1つとされた。

　しかし、当初、「電監会」は、職権においても、身分においても、監督・管理機構としての実権を持たなかったので、最も重要な電力価格メカニズムに対する役割においても、投資規制といった役割においても、実質的な決定権を掌握していなかった。「電監会」は、形式的な監督・管理の機構にすぎないものに終わってしまう可能性があった[33]。しかも、「電監会」の市場経済における

31）「電監会」は、電力取引市場に関する監督・管理の権限を有してはいたが、電力価格の決定権は「国家発改委」にあり、「電監会」は意見を述べ、助言を行うだけであった。

32）≪2004年中国電力年鑑≫，31頁。

33）「電監会」の意義について、≪2004年中国電力年鑑≫，31頁を参照。このことについては、さらに後述する。

監督・管理に関連する以上のようなさまざまな職能や職責が、電力工業の企業にとっては、新たな理念としての国家による直接コントロールと勘違いされ、完全に受け入れられるまでにはならなかった。そのためには電力工業のいっそうの「改革の深化」が要請されたのである。

3　新電力価格メカニズムの形成に関する措置

これまで、「5号文件」が提示した電力改革の具体的な政策のうち、「廠網分離」による国有電力公司資産の再編、及び「電監会」の設置について、「新体制の成立」として考察・検討した。次に、ここでは、もう1つの残された具体的な政策、「競価上網」という新電力価格メカニズムを創出することについて、考察・検討する。

電力価格の改革について重要なことは、すでに指摘したように、電力価格にいかに市場調整を反映させるかということであった。それは、国家規制を反映する（電力が公共的性格を持つということの反映）「定価制度」（政府が定める電力価格）に市場調整機能の価格形成メカニズムを導入して、いかに合理的な電力価格体系を構築するかということであった。こうしたことを踏まえて、これまで指摘してきた「電力価格の改革」に関する政策の変遷をここで総括すると、次のようである。すでに第1章でみたように、電力工業の「改革」が始動するまでは、発電から最終消費までの電力市場では、国家が決めた目録価格による「定価制度」という価格政策が実施されていたが、それが「改革」されることになったのである。

第1段階は、「還本付息方式」の電力価格（優先的に元本償還と利息支払を賄える電力価格）という改革であった。1985年から「集資弁電」が行われたが、これに対応して「多種電力価格制」（電力価格の弾力化）が実行された。「還本付息方式」の電力価格は、当時の「集資弁電」による発電所建設に対応する政策として、元本償還や利息支払を補償することによって、発電開発を促進しようというものであった。そういう意味では、電力価格についての「燃運加価（燃料や運輸などの価格によって電力価格を調整する）」政策も、この電力価格政策の一環であった。しかし、こうした方策は、新規発電所の価格形成を重視したもの

であったので、新・旧の発電所の電力価格形成における格差を除去して、電力取引における価格の均衡化を図ることはできなかった。

第2段階は、「経営期電力価格」という改革であった。1998年、「還本付息方式」の電力価格は「経営期電力価格」に切り替えられた。「経営期電力価格」とは、電力項目（設備等）の「経営寿命」期内における発電に関係する設備の当年コストと資金返済コストを算出し、これに基づき、一定期間の「寿命期」における各年度の収支が一定の収益率を満たすことを条件にして、電力価格を確定するというものであった。従前の「還本付息方式」電力価格のやり方では、電力価格が無制限に上昇するリスクがあるだけではなく、電力価格が発電に関係する市場動向というよりも、利子の動向を反映する金融市場はもとより、石炭や鉄道といった別の市場状況に影響され、本来的な発電コスト等を反映しなかったことの反省から実施された価格政策であった。この「経営期電力価格」政策は、外部要因に大きく規制された「還本付息方式」電力価格の決定から、新・旧発電所を包括する発電の平均コストの算出による電力価格の決定への転換を意味し[34]、発電企業全般にわたる「資金収益率」を向上させた。しかし、先に指摘した「一廠多制」を反映する「一廠一機」という事態から生じる、それぞれの発電所の発電機の容量ごとの電力価格の違い、また、そうしたことが「一年一価」（毎年、価格が異なる）であったなどの事情から、こうした電力コストの計測による電力価格は、混乱をもたらすことになった[35]。

第3段階は、「5号文件」に基づいて実現された発送電分離が完成した場合の「上網価格」[36]政策である。発電企業と電網企業間における「上網価格」に市場競争を反映させる「競価」である。第1段階の「還本付息方式」の電力価

---

34) この「経営期電力価格」は、電力工程における独自のコスト計算に基づいて、電力価格を定める方式で、電力そのものの市場の需給関係に関係なく、経費の実費を計測して、電力価格を定めた。

35) 刘谦、杨选兴、梁欣漾、张海≪对上网电价形成机制的探讨≫．载≪价格理论与实践≫．2007年第01期を参照。このことについては、後述する。

36)「5号文件」では、さまざまな発電所が「上網価格」で平等な競争を実現するまでは、ある一定の期間、過渡的な「競価」方式を採用してもよいとしたが、そうした方式は「電力調達・取引センター」において、制定しなければならないとした。

格であろうと、第2段階の「経営期電力価格」であろうと、電力価格決定の算定方式が異なるということであって、政府が電力価格に大きな影響力を持っていたことには変わりがなかった。しかし、「改革」以前にみられた不詳（詳細について知ることができない）とされてきた電力価格決定の根拠が明示され、政府がやみくもに上から「定価」を提示するという方式が、この「5号文件」以降、新たな電力価格形成のメカニズムに転換されていったのである。

　2003年7月、国務院は「電力価格の改革方案に関する通知」[37]を公布して、新たな電力価格の価格形成メカニズムによる政策を決定した。この「改革方案」が提示した長期目標は、「上網価格」（発電企業と電網公司間の取引価格）・「輸配電価格」（送配電価格）・「小売価格」（電力消費価格）をそれぞれ明確に区分し、発電公司と電網公司の「上網価格」を市場競争によって形成させ、規範的で透明な電力価格の管理制度を作り出すということにあった。短期の目標は、「廠網分離」を基礎にして、発電公司による適度な競争に対応する「上網価格形成メカニズム」を構築すること、電網の発展を促進する「輸配電価格形成メカニズム」を構築すること、最終的消費者に対する「小売価格」と「上網価格」との連動を実現すること、最適な「小売価格」の構造を創出することであった。また、このような電力価格の「改革」は、長期的な電力投資を誘導するようなものでなければならず、さらに効率を引き上げ、環境保護と有機的に結合するものでなければならないとされた。続いて、2005年3月、「国家発改委」は、「電力価格の実施辦法に関する通知」を公布し[38]、「上網価格管理暫定辦法」・「輸配電価格管理暫定辦法」・「小売価格管理暫定辦法」を明示し、5月1日から実施するとした。

　この2つの「通知」によって実施されるとした、この期の電力価格の「改革」についてみていくことにする。電力価格の「改革」を意味する「競価」（競争

---

37) ≪国務院辦公庁関于印発電価改革方案的通知≫国辦発［2003］62号（≪2004年中国電力年鑑≫, 13-16頁）。
38) ≪国家発展改革委関于印発電価改革実施辦法的通知≫発改価格［2005］514号（≪2006年中国電力年鑑≫, 532-537頁）。これは上述した≪国務院辦公庁関于印発電価改革方案的通知≫国辦発［2003］）62号の内容についての実施方法の説明である。

による市場調整の導入による新価格メカニズムの形成）の主要な内容は、新たに設立された「電力調達・取引センター」において、「競争価格に基づく電力販売（「競価上網」）」を実施することであった。そのため、電力価格を「上網価格」・「輸配電価格」・「小売価格」に区分し、このうちの「輸配電価格」は、政府が定める「定価制度」を原則とし、電力の最終消費者に対する「小売価格」は、「上網価格」と「輸配電価格」を基礎にして定めるとされた。

　第 1 に、「上網価格」であるが、これは次のようであった。「廠網分離」の際、旧国家電力公司の系統に直属していた、元々「上網価格を持たない発電所」（「集資辦電」以外の発電と輸配電が一体化していた発電所）[39]を分離させたが、その正常な運営を保つために「臨時上網価格（政府の価格主管部門がコスト補償を原則として定めた価格）」[40]を確定し、当分、それで経営させ、逐次、次のような措置（第 7 条）に移行させるとした。この第 7 条の措置は、「廠網分離」以前にすでに独立経営を行い（例えば、「集資辦電」により経営される発電企業等）、「上網価格」を持っていた発電所に対する「上網価格」であり、原則として、政府の価格主管部門が発電設備の「経営寿命」に基づき算出された合理的なコスト補償費に合理的な収益及び法により算出された税金を付加して査定した「上網価格」である[41]。こうした政府主導の「上網価格」に競争メカニズムを導入し、最終的には、電力供給者と需要者の競争による「上網価格」の形成を目指すとされた。しかし、当面、過渡期の「上網価格」として、「両部制電力価格」（政府が制定する発電設備容量に応じた「容量価格」と市場競争により決定される「電量価格」の組み合わせ）を実施するとされた[42]。この場合、各地区は実際の状況に合わせた

39）この期には発送電分離が実施され、所属の異なる発電所が存在することになった。旧国家電力公司系統から分離された発電企業のほか、電網公司が当分の間保留している発電所、さらに電網公司が自ら独資で作った発電所もこのうちに含まれる。

40）この「上網価格」は、原則上、「廠網分離」の 1 年前の発電所の発電コスト・財務費用・税金、及び上網（販売）電量を基礎にして確定する（但し、当年の発電コスト・財務費用・税金、及び販売電量の状況が正常でない場合、適当に調整してもよいとされた）。

41）ここでの合理的なコスト補償費の発電コストは社会的平均コストとされ、合理的収益は内部収益率を指標に長期国債利率を考慮して算出するとされた。

過渡的方式を採用するとした。ここでいう政府制定の「容量価格」は、投資者に対する部分的な収入保障、かつ電力への長期投資を誘導するものとされ、「容量価格」水準は、「電力調達・取引センター」に参加する発電企業の発電設備容量の平均投資コストの一定の割合に基づいて制定されるとし[43]、原則上、「同一電網・同一価格」にして、その安定を維持するとした。

他方、「電量価格」は、基本的には、「電力調達・取引センター」における供給と需要の市場競争で形成される。それは、有効な競争を促進するだけでなく、価格の異常なまでの騰落を回避させることになるが、発電企業がすべての電量について「競価上網」を実行している地区では、現物取引市場の建立を前提条件として、市場参加者が「価格差契約」等の措置を講じて、取引リスクを回避することを認めるとした。また、現物取引市場での価格が異常なまでの騰落を示した時、関係部門は価格の上限・下限を定めることができるとされた。各地区の電力取引市場は、その地区の実際に合った「競価」方式を採用するが、同一地区の電力取引市場では、「電力調達・取引センター」の「競価」規則は一致させるものとした。政府の「容量価格」が公開され、十分に競争的な市場が形成されている場合、電網企業は発電企業と長期取引を行ってもよいとされ、電網企業が単一の購買方である電力市場では、現物取引市場での「競価上網」は、発電企業の一部電量でも全電量でも実行できるとした。

その他、全体的に電力の価格水準が安定している場合、時間的な「用電（電力消費）のピークや谷」あるいは渇水期と豊水期による季節変動を平均化させる「調整価格」や「季節価格」を採用してもよいとされた。また、「高信頼性価格」（収益保障の価格）、「中断可能価格」（特別な時間帯の利用価格）などの電力価格を使用することもできるとされた。

このように、「上網価格」が整備され、「競価上網」が進展するなかで、これ

42）こうした「競価上網」に参加しない場合、（第7条の）政府主導の「上網価格」で取引を行うものとされた。

43）「容量価格」は「容量電費」を実際発電設備容量で除したもので、「容量電費」は減価償却と財務費用の合計値にK（市場の需給関係により確定される比例係数）を乗じた数値であるとした。

までの契約電力価格は廃止されていった。こうした契約電力価格は、主に外資企業と結ばれるものが多かったが、これにも次のような措置が実施された。1994年以前に建設され、すでに電力価格の契約を結んでいる外資企業、及び1994年以降国務院が電力価格あるいは投資収益率を承認した外資企業に対しては、投資者の収益を保障することを条件に、再度、協議を行い、できるだけ新体制に即する方式に転換させていくとした。

「上網価格」の改革では、もう1つ注目すべきことがあった。発電企業と需要者の双方が参加する電力市場が形成されている場合、高電圧あるいは大口電力需要者、及び独立採算の配電公司（省の独立電網公司）が発電企業（公司）と直接取引することを許可し、この際の電量及び価格は双方の協議で確定する（取引方法については別に規定を設ける）とされた。これは、大口電力需要者、高電圧使用者、独立採算の輸配電公司等を対象とした発電業者による電力の直接供給の試みであり、電網企業による独占的売電を競争市場に転換させていく試みの1つでもあった。

こうして、この「上網価格」政策は、基本的に電力需給を安定化させることに成功し、しかも「両部制電力価格」を採用することで、投資資金比率を電力価格に反映させ、長期的な電力投資を保障し、また燃料や運送の価格変動をもできる限り電力価格に連動させることに成功した。しかし、一方、「競価」による電力取引の市場化があまり進展しなかったので、失敗に帰したという見解もあった[44]。

第2に、「輸配電価格」については、政府の価格管理部門が「合理的なコスト・合理的な利益・法に準じた税金・公平的な負担」の原則に基づいて制定するとされたが、この「輸配電価格」[45]は、「共用聯網価格（電圧級別の電網公司の

44）張霞≪一次次倒逼，电改三十年坎坷路≫，載≪南方周末≫，20151210。さらに、こうした「上網価格」において、新設及び既設の原子力発電企業は競争市場に参入させるが、風力・地熱などの新エネルギー及び再生可能エネルギーはこれに参入させないとした。将来、電力市場の成熟後、電力供給企業の電量のうち、新エネルギー及び再生可能エネルギーの電量の比率を規定して、新エネルギー及び再生可能エネルギーには、特定競争市場を構築するとされた。

電網利用価格)」「専用輸配電価格（発電所との連結・輸電専用・販売サービスからなり、コストを基礎に確定)」・「補助価格（有償使用のもので、その具体的方法は別に定める)」に区分された。政府が目標とする「輸配電価格」の制定方式はインセンティブ作用の強い価格設定方式であり、「廠網分離」の際には、平均販売価格から平均購入価格を差し引く方式を採用し、同一電圧の需要者の「輸配電価格」は同一価格という「単一電量価格」を実施する。しかし、「競価」実施後には、運営コストと収益で計算する方式へ移行させるとした。運営コストは規則により社会的平均水準に基づいて確定し、収益は電網企業の有効資産及び資金調達コストを基準に確定するとされた。その他、電網の輸電業務と配電業務は、逐次、財務上独立採算にするとした[46]。

　第3に、「小売価格」であるが、目標は、すべての電力消費者が自由に供給先を選択できることを前提とした市場価格の制定である。「競価」の初期、政府が制定した価格を「小売価格」とするが、逐次、市場動向と軌を一にする「定価制度」の規範化・科学化を実現するとされた。政府制定の「小売価格」は、「公平な負担・電力需給の有効な調節・公共性の兼顧」を原則にして、「上網価格」との連動メカニズムを構築するとした。「競価」の初期の「小売価格」は、①電力購入費・②輸配電の損耗・③輸配電価格・④政府基金から構成された。①は電網公司が発電企業に支払った「上網価格」と納税分であり、②は輸配電過程に生じた正常な損耗分、③は政府が定めた「輸配電価格」であり（このうちに電力販売費用を含む）、④は法的に定められた消費電量に基づく徴収金である。「小売価格」は、逐次、調整して、居民生活用電力価格、農業生産用電力価格、貧困県農業排水・灌漑用電力価格、大工業用電力価格（中小化学肥料電力

45）政府が制定する「輸配電価格」について、政府の価格管理部門は、統一指導・分級責任という原則で管理するが、重大な価格決定の場合は、電力の監督・管理部門、「中電聯」及び市場主体（電網企業等）の意見を聴取しなければならないとされた。

46）しかし、この「輸配電価格」について、「中国電力価格と電力発展」という専門家の研究報告（≪2005年中国電力年鑑≫，117-121頁参照）が発表され、電網建設が大いに必要とされているなかでは、国家電網公司は、当面の「輸配電価格」では「赤字」を余儀なくされ、独立した発電企業に輸配電業務を提供できないとしている。

価格を小分類として含む）、一般工商業及びその他電力価格に 5 分類し、消費者
の等級別消費電力によって電力価格が定められた。居民生活用電力価格と農業
生産用電力価格は、単一の電力使用量に基づく電力価格、一般工商業及びその
他電力価格は、受電変圧器容量に応じた基本電力価格と使用量電力価格の「二
部制」を採用する。また、この「小売価格」は、一般居民の生活水準の維持に
関連する電力の公共性を考慮して、使用者の耐えられる能力に基づき調整して
いくとされた。この調整には、定期調整と連動調整の 2 種があり、定期調整は、
政府が毎年価格を検査して調整するもので、大きな価格変動がない場合には行
わないとした。連動調整は、「上網価格」にある程度の幅を超過した変動が生
じた場合、これに連動させて調整するというもので、その調整は一般工商業及
びその他電力価格に限るとされた。

　こうして、発電の「競価上網」が実行されることになったが、当初、「試行」
として開始された。2005年に「電力市場運行基本規則」が発布され、4 月、東
北地区において、10月、華東地区において、11月、南方地区において、地区の
「電力調達・取引センター」が設立され、「競価」の試行が開始された[47]。また、
政府の価格主管部門及び「電監会」は、それぞれの責任において、電力取引市
場参加者の行為を監督及び検査するとされた。

第 2 節　電力工業における新管理体制の構築

1　管理体制の整備

　これまで考察してきた「発送電分離」が進展した後の電力工業の供給・消費
体制と管理機構の体制を総括して図式化すると、図 3-3 のようである。電力

47）《电力市场运行基本规则》（《2006年中国电力年鉴》，47頁参照）。「電監会」は
　　「東北地区電力市場の設立に関する意見」（《关于建立东北区域电力市场的意见》）
　　及び「華東電力市場の試行活動を推し進めることに関する通知」（《关于开展华东
　　电力市场试点工作的通知》）を制定した。電網企業は積極的にこれに参加し、この
　　試行は大きな成果を上げたとされたが、順調に継続させていくのは難しかったとも
　　される（《中国电力年鉴》编辑委员会编《中国电力十年跨越与发展》中国电力出版
　　社，2013年，53頁）。

監督・管理機関

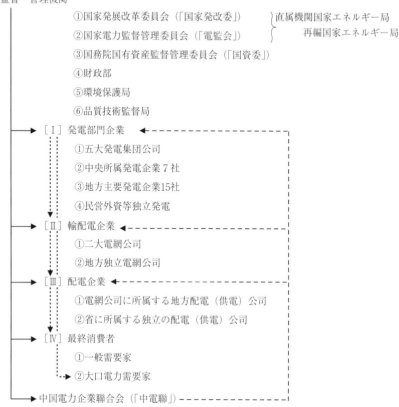

図3-3　新管理機構の体制
出所：本文の記述による。
注：「──▶」は監督・管理関係、「‥‥‥▶」は生産・供給関係、「---▶」はサービス提供関係。

工業の監督・管理機関としては、①国家発展改革委員会（「国家発改委」）、②国家電力監督管理委員会（「電監会」）、③国務院国有資産監督管理委員会（「国資委」）、④財政部、⑤環境保護局、⑥品質技術監督局があり、それぞれが関連分野の規制を行い、監督・管理を担当した。こうした管理機構の下に、事業部門として、［Ⅰ］発電部門における、①「五大発電集団公司」、②中央所属発電企業（7社）、③地方主要発電企業（15社）、④民営外資等の独立発電企業があり（前掲表3-2も参照）、［Ⅱ］輸配電（電網）を担当する、①「二大電網公司（国家電網公司と

南方電網公司」）及びこれらに所属する各地区の電網公司（前掲表3-5も参照）、
②地方の独立輸配電企業があった[48]。その下に、[Ⅲ]電力の最終消費者に電
力を供給する各地の配電・供電公司として、①電網公司に所属する地方配電（供
電）公司、②省に所属する独立の配電（供電）公司が位置した。最後は、[Ⅳ]
電力の最終消費者である。

　この期の中央の監督・管理機関としてのエネルギーの主管部門は「国家発改
委」であった。すでに述べたように、それまで「経貿委」と国家計画委員会の
両者によって担われていた電力政策に関わる行政上の管理や技術改善及び投資
等に関する業務が「国家発改委」に統一化された。「国家発改委」には、電力
の監督・管理に関わって3つの部署が置かれた。第1の部署はエネルギー辦公
室であり、主に電力工業の発展戦略・発展企画・発展政策の制定、電力項目に
関する批准などを担当した。第2の部署は価格司であり、電力価格の管理、発
電企業・電網公司の販売価格の批准を担当した。電力価格に関する方針や政策
の決定、及び価格の制定・変更は、エネルギー辦公室と価格司が共同して申請
を行い、国務院での審議・承認を経た後、施行された。価格の局部的な変更に
ついては、各地区の電力管理部門である省級政府の「発展改革委員会」が「国
家発改委」へ申請して、審査・承認後に実施された。第3の部署は、資源節約・
環境保護司であり、エネルギー効率の向上、エネルギー資源政策の制定、エネ
ルギー環境保護の政策と指導を行った[49]。

　他方、電力市場に対する監督・管理等に関する業務は「電監会」に移された。
この「電監会」は、電力工業全般にわたる監督・管理の機構であり、主たる職

48）この地方の独立電網公司としては、内蒙古電力集団有限責任公司・湖北丹江電力
　　株式有限公司・広西桂東電力株式有限公司・広西チワン族自治区百色電力有限責任
　　公司・重慶三峡水利電力（集団）株式有限公司・重慶烏江電力有限公司・湖南金垣
　　電力集団株式有限公司・山西国際電力集団有限公司・吉林省地方水電有限公司・広
　　西水利電業集団有限公司・深圳招商供電有限公司・雲南保山電力公司・陝西地方電
　　力公司・四川水電投資経営集団公司・湖南彬電国際発展株式有限公司などがあった
　　（国家エネルギー局 http://www.nea.gov.cn/2014-08/03/c_133617050.htm）。これら
　　は、発電部門や供・配電公司をも所有していた。
49）前掲≪電力改革概覧与電力監督管理能力建設≫，263頁。

能は、電力市場の監督・管理、電力の安全監督・管理であった。「電監会」については、すでに述べたので、ここで省略する。

　国務院国有資産監督管理委員会（以下、「国資委」と略称）は、電力工業における国有企業（発電企業・電網企業等）の国有資産の所有者としての職能を行使して、国有資産の価値維持と増殖、及び企業経営管理者の審査に当たった。この期の電力工業の管理体制において、その１つとして、この「国資委」が組み込まれたことは特筆すべきことであった。1999年、「中国共産党第15期四中全会」において、「国有経済構造の戦略的調整」構想が明確化され、2003年の「中国共産党第16期三中全会」において、「改革深化の方向は現代財産権制度の建立」であるとされ、「現代財産権制度」における国有財産について、「帰属清晰・権責明確・保護厳格・流転順調」という「十六字方針」が提起された[50]。同年、「第10期全国人民大会第１回会議」は、国務院の「機構改革方案」を批准して、「国資委」を設置した（４月６日）[51]。この「国資委」は、国務院から授権して、「中華人民共和国公司法」等の法律及び行政法規に基づき、国家を代表し、国家の国有資産出資者としての職責（主要なものは、①国有企業の改革と再編を推進すること、②国有資産の価値保全を監督・管理すること、③国有企業の現代化を促進することであった）を履行した。「国資委」の国有資産の「監督・管理」の範囲は、中央所属の企業（金融関係の企業を含まない）とされた[52]。

　財政部は、電力企業の財務規則、財務コストの規則などの制定を担当した。環境保護局は、電力工業のプロジェクトに関する環境審査や企業の環境保護についての監督・管理を担当し、品質技術監督局は、電力工業の技術・品質の標準を制定することを担当した。また、県級以上のすべての地方政府の経済総合主管部門は、当該行政範囲内における電力工業の監督・管理を担当した。

50）呂政、黄速建主編≪中国国有企業改革30年研究≫経済管理出版社，2008年，176頁。

51）同上≪中国国有企業改革30年研究≫，163頁。

52）邱宝林≪央企真相≫山西教育出版社，2011年，26頁。「国資委」における具体的な内容は、2003年５月27日「企業国有資産監督管理暫定条例」（≪企業国有资产监督管理暫行条列≫）（中华人民共和国国务院令　第378号）（≪2004年中国电力年鉴≫，17-20页）を参照。

2　電力管理体制のいくつかの課題

　前節で指摘したような電力供給体制の整備及び電力市場の形成によって、「電力工業の改革」が進展したが、こうした「新体制」をいかに合理的に管理し、残された課題や新たな課題をいかにうまく解決していくかということが電力工業の管理体制の課題であった。「5号文件」によって整えられた管理体制の意義は、「廠網分離」・「主補分離」、及び独立した監督・管理体制の構築などの重大な改革を実現したことにあり、さらに、こうした「新体制」に相応する「電力市場化の改革」をも進展させたことであった[53]。電力工業において、発送電分離が基本的に完成し、発電市場における競争状態の基本的な実現が、市場メカニズムを通して、電力価格の制定のみならず、いっそうの電力投資を実現する条件を作り上げた。しかしながら、こうした管理体制にも、いまだ以下のような課題が残されていた[54]。

　第1は、「5号文件」が実施するとした「廠網分離」・「主補分離」による体制の構築をより完全にするという課題であった。とりわけ「5号文件」によって成立した「二大電網公司（国家電網公司・南方電網公司）」には、すでに指摘したように、さまざまな企業や事業が残留されたままで、電力の輸配電サービス（電網建設を含む）に関する業務に専念できるような状態にはなっていなかった。体制の整備の徹底化という改革は明らかに必要とされる課題であった。

　第2は、政府による管理であるが、電力取引市場の進展状況に即応して、行政的な監督・管理が調整されるという状況にはいまだなっていなかった。「廠網分離」が基本的に完成し、市場メカニズムを通して価格を確定する体制が基本的に整えられ、投資を誘導する市場条件が基本的にできあがっていたが、依然として、行政による許可制を主とする市場競争を制約する事項、例えば、「上網価格」における政府制定の「容量価格」などの制約が残されていた。さらに、政府の管理職能についても、十分に整備されたものにはなっていなかった。例えば、電力市場の主体を担っていたのは独占的な電網企業（公司）である（二

53）前掲《理解中国电力体制改革：市场化与制度背景》。
54）以下の課題は、国家電監会研究室課題組《我国电力管理体制的演变与分析》，載《电业政策研究》，2008年第4期に基づいて、筆者が5項目にまとめた。

大電網公司の市場占有率は80％を超えるとされる[55]）が、ここでは旧例が踏襲され
て、一部の政府機能を引き受けるという現実があったとされる。この電網公司
は、これまでみてきたように、元々電力工業の主管部門を母体としていたもの
で、いくつかの改革を経過して成立した。このため、実際の管理上の業務にお
いて、どの部分が企業経営の範囲であり、どの部分までが行政の職能に関係す
るのか、区分するのが困難な状態にあった。しかも、それが独占的企業として
存在していたので、これを区別すること自体の必要性も認識されなかった。「政
企分離」が実施され、それまで主管部門が担っていた監督・管理の職能は、特
定の関係部署に移行され、管理の業務サービスについても「中電聯」に移行さ
れたが、一部のものについては、種々の原因から、移行されずに電網公司に残
留していた。その主要なものは、供・配電分野や消費者の「用電」（電力消費）
といった分野に集中していたので、国家電力公司の時期にはあまり問題として
意識されていなかったが、発電と輸配電が分離され、それぞれが独立した業務
を担当する経営主体になると、こうした弊害が突出した。電網公司側は、公権
力に関係する部分を手中に収めて利益の拡大を図ろうとしたが、それは、市場
取引の公平性に影響を与えるだけではなく、行政の法執行上における公平性、
さらには政府管理の有効性や権威性にも関係するものであった。

　第3は、監督・管理の機構についていえば、図3−3にみたように、監督・
管理を担当する規制機関はいくつもの部署に分かれている「多頭」制を特徴と
した。こうしたことは、政策を実行する段になると責任主体が不明確になると
いう欠点を有するだけではなく、各部署が政策をめぐって牽制し合うことにも
なり、企業負担を重くするという事態を招きかねなかった。また、監督・管理
の機能の分散化は、他所がやるかもしれないので、特に積極的にやる必要もな
いとして、その効果を発揮させないことにもなりかねなかった。しかも、各部
署は自己が担当する個別的な監督・管理にだけ専念することになり、全体を見
通す監督・管理の重要性を失わせ、電力工業の全体の戦略的管理や国家の産業
政策との関連性を希薄にする危険性さえあった。

55）《2006年中国電力年鑑》，28頁。

　第4は、中央（政府）と地方政府との関係であるが、これに関しては、明確に規定することができず、中央と地方政府がいかに協調していくかという問題を等閑にさせていた。そのため、結局、中央による統一管理か、中央と地方政府の分級管理かのいずれかに陥ってしまい、行政管理の介入を許すことになる（例えば、行政による認可や計画分配などにおける項目の増加）。中央と地方政府の利益の衝突や政策目標の衝突が生じた場合、いかに協調体制を取りつけるかなど、早急に検討する必要があった。

　第5は、第4の課題に関連して、中央と地方政府の協調がうまく取れないとなると、電力工業の発展とその他エネルギー資源との関係を正確に処理できなくなる恐れがあるということであった。現行の電力工業は火力主体の構造からなっており、石炭が電力工業を支える重要な資源となっている。したがって、電力市場の形成が石炭の市場化に後れを取ることになれば、石炭市場に左右される電力工業が成立することになり、電力価格の市場形成に支障が生じ、国家統制の強い電力価格が維持されることになる。こうしたことは、天然ガス等の市場とも関連する。マクロ的なエネルギー政策の下で、電力工業の発展戦略が立てられなければならない。また、環境問題（クリーン・エネルギーの利用など）への政策的配慮も総合的に行われなければならない。

　以上のことから、総じて、電力工業に対する政策分野の担当機関と監督・管理分野の規制機関、及び中央と地方政府との意思疎通と協調関係を作り上げ、政策の執行状況を正確に把握し、市場による規制を十分に発揮させる体制を構築しなければならなかった。それが、電力工業のさらなる改革深化の新たな方向であった。

　こうしたなか、「電力体制改革作業グループ」の「班長」であり、「国家発改委」の主任である馬凱は「第6次作業会議」（2003年7月18日）における「講話」において、電力工業の具体的な問題を次のように指摘した[56]。①電力供給体制の「改革」（国家電力公司の改組）は大きく進展しているが、この「廠網分離」のなかで、資産分割に関する「産権問題」（財産所有権の帰属問題であり、例えば、

56）《2004年中国电力年鉴》，24-28页を参照。

地方政府と中央政府の合弁、中外合資や合弁の場合など、どちらがどれほどの財産権を有するか）が重要な課題として生じているとした。次いで、②この「産権問題」にも関連する発電企業の「一廠多制（1つの発電所において所有権の異なる発電設備が所有されていること、つまり、投資主体が個々の発電機を所有したり、発電所内に別企業を設置したりすること）」の問題である。しかしながら、このような問題が存在するなかでも、③電力工業における「産権」構造の多元化が、「電力の発電・電網企業に対する管理の規範化の促進や資金不足問題の解決にとって有利である」とされ、発電企業での所有の多元化を進め、より合理的に権益の流動化を図るべきであるとされた[57]。④さらに、電力工業の発展方向を明確に戦略化し、いかなる分野にいかに国有資産（資金）を投入すべきかの総体目標を提示すべきであるとされた。

　すでに第2章で指摘したが、この「一廠多制」問題は、電力工業の「改革」の発端ともなった「集資辦電」の時期、「集資辦電」に付随して発生した特有の問題であった。政府は電力建設資金の問題を解決して発電事業を拡大させ、欠電問題を克服しようとして、第2章で指摘した具体的な方式のほかに、電力工業の各機関、とりわけ電網企業、発電企業などの役員・従業員などを含む各種の投資主体を動員し、発電企業のみならず、発電機等にも投資させたのである。そのため、発電企業には、さまざまな投資主体がさまざまな形で共有する生産施設あるいは発電機が存在することになり、それらが異なる投資主体に所属していたのである[58]。「5号文件」では、発電と輸配電を分離し、各自の所有権を明確にしなければならないとされたが、「廠網分離」後も、電網企業や発電企業などの役員・従業員などは、依然、投資主体として、発電企業の一部の設備に対する所有権を所持していた。これは、「5号文件」の原則と矛盾するだけではなく、ようやく形成された電力市場における公平競争にも大きく影響を与えることにもなっていた。

　この問題については、「国資委」が主導して、財政部・「国家発改委」・「電監会」・国家電網公司及び南方電網公司・地方政府・その他投資企業など、政府

---

57)《2006年中国电力年鉴》，28页，29页。
57)《2006年中国电力年鉴》，28页，29页。
58) 周放生《何谓"一厂多制"》，载《国有资产管理》，2008年第5期参照。

部門と企業は共同でこの問題の解決に当たることになった。「国資委」は「電監会」と共同で、発電企業からの意見や要求に基づいて調査・確認を行い、その調査結果から、所有権の肩代わりや有償譲渡を基礎にした整理を行い、その結果の投資比率に基づいて企業再編を行う、あるいはまた、所有権と経営権を分離し、第三者に委託して発電所を運営するといった方法などで解決するとした。こうして、国家の「許可文件」に定められた投資比率を基礎とする清算が進められ、所有権の割合が確定され、株式制への改革（株式による持株制）が進展した。

　こうしたなかで、「国資委」は、国有企業の規範化と国有資産の流出防止の方策として、2008年１月、「電力工業に関連する企業・事業の役員・従業員の発電企業への投資を規範化することに関する意見」[59]を公布し、電力関連企業の役員・従業員の持ち株についての規範化を指示した。これまで、電力工業に対するこれら役員・従業員の投資行為には規範がなく、既述のように、それが電力取引の公平さやコスト計算に悪影響を及ぼし、ひいては、国有企業の利潤上納及び国有資産の流出などの問題を引き起こしていた。とりわけ電網企業の役員・従業員による持株制が電力取引に関連しないように、また、不当な市場競争を生み出さないようにする規範化が進められた。特に省級の電網公司の指導幹部・中層管理者・電力供給の担当者・財政事務の関係者の持ち株について、この「意見」に基づいて、当該の省級、市級の関連企業への投資の「清算と整理」が行われた。

　電力工業における「改革」が一段落したこの段階で、これまで指摘した電力工業の管理体制をひとまず総括しておこう。1980年代、「集資辦電」の展開とともに市場経済の導入を促進するといった政策転換が実現されるなかで、「省為実体」が提唱され、高度集中的な、行政命令に依存した垂直的な管理方式は、省級の行政範囲で問題を処理していくようになった。1990年代には、「国家電力公司」と電力工業部という「双軌制」の管理方式が採用され、独立した発電

59）≪关于规范电力系统职工投资发电企业的意见≫国资发改革［2008］28号（≪2009年中国电力年鉴≫，646–647頁）。これは、国務院の承認を経て、「国家発改委」・財政部・「電監会」に通知された。

企業もしだいに大きくなり、それらが電力市場で無視できない力量を形成していくなかで、管理と企業経営が一体化する「政企合一」とされる問題の解決方法が模索された。こうしたなかで、独立した発電企業を主体とした経営・投資の利益集団は、すでに指摘したように、垂直一体的な経営を継続する独占的な国家電力公司に対して、正常な市場経済に基づく経営のあり方を要求していった。2003年以降の改革目標は、こうした事態を市場経済の導入によって、また監督・管理の強化によって、打破しようというものであった。そのため、「廠網分離」を通して国家電力公司の独占的な垂直一体化経営を打破し、発電分野において競争体制を形成し、市場経済を進展させようとした。また、これまでの政府による行政管理とは異なる、専門の監督・管理機構としての「電監会」が設置され、国家電力主管部門と電力管理を専門とする部門による共同管理を成立させたのである。

　こうしてみると、中国の社会主義経済における「改革開放」政策が行われるまでは、管理概念があいまいで、電力主管部門にとって、管理とは、行政上の隷属関係を通して、行政命令を貫徹させることであった。こうした伝統的管理体制の特徴は、「政企合一」あるいは「管辦不分（管理と企業経営の一体化）」・「垂直一体の管理と経営」・独占的経営・高度集中であった。電力主管部門による管理は行政隷属関係に基づく管理であり、これがなければ、管理の根拠や管理の正当性も持ちえなかった。こうした管理体制下においては、行政による管理は分層的であり、電力の主管部門が担った職能は、きわめて制限的で、不完全なものであり、重要な投資項目に関する審査や指示、経営に重大な意味を持つ電力価格制定等の権利は、他の政府部門（例えば、国家計画委員会・国家物価局・国家経貿委など）が掌握していた。とはいえ、電力主管部門による管理は「多重身分・多種内容管理」といえるもので、政府機能（発展戦略や企画、政策など）もあり、企業所有者としての「企業職能」（経済責任制政策・下級組織の経営成果の審査・国有資産の管理など）もあった。さらに、それらが電力関連企業や事業（例えば、科研、教育、設計、修理、施工、新聞、出版、医療衛生など）の多くに及んでいた。

　「集資辦電」後、電力に関連する企業経営の「人・財・物・産・供・販」に

関する管理が一段と重視され、経済手段による管理がいよいよ多くなっていった。「集資辦電」によって設立された独立の発電企業は、「三自（自建・自管・自用、つまり建設・管理・運営すべて自己が行うということ）」方針を実践し、電網調達や計画的外貨調達、さらに技術標準などの項目以外、行政の管理を受けなかった。

　以上のように、電力管理体制の「改革の歴史」をみれば、電力管理体制の「改革」の過程は「政企合一」の電力主管部門が、その「政府機能」を放棄して、「企業職能」を強化していく過程でもあった。その結果、国家電力公司が成立し、各地に分・子公司機構が作られ、企業単位が設置され、電力主管部門が持っていた「政府職能」は、政府の総合経済管理部に移譲され、そのことによって、「政企分離」が実行された。しかし、いまだこの「政府職能」が電力工業において大きな影響力を有しているので、これをなくしていくことが「改革」の継続であった。

　電力工業に対する監督・管理が規範化され、法的規制に則った管理に踏み出せるようになり、中央と地方政府による職能に基づく単純な分級式管理方式が改変され、市場取引を主体にする市場における管理の枠組みを構築していこうという動きが生まれていった。そのことによって、電力政策の執行状況及び電力取引市場の秩序に対する監督・管理機能を強化することができるようになり、ある程度、中央による政策の実効性を高めることができたといえる。この「改革」を深化させるには、さらにいくつかの課題を解決する必要があった。しかし、それはまた、こうした「改革の方向」が中国の「社会主義的市場経済」との関連において、それに適合的であるかどうかを見極めることにも関係していた。このことについて、さらに検討してみたい。

3　電力工業における「改革」の深化の方向（2008年以降）

　上述した課題に対応する「改革」が徐々に進展していった。この「改革」の深化にとって重要なことは、「5号文件」で提示された電力管理体制の構築をより完全にしていくといった課題であった。それはまた、政府機能の転換に関する問題でもあった。この転換が不十分であることから、政策執行上における

各種の企画や調達に欠陥が生じていた。例えば、電力に関する企画は、主とし て数量拡張をその特徴としており、「下から上へ」と上がっていく「企画」に は、幾重もの許可が必要とされるシステムが採用されていたが、そうした際、 「電源間の資源調達」・「電源と電網間の資源調達」・「供給側と需要側間の資源 調達」において、数量等を決めるための情報交換が欠如したままの「企画」が 提出されるという問題を生じさせた。そのため、電源・電網・生産設備製造な どにおける特定企画と電力企画が十分な関連性を持たず、また電力企画と他の エネルギー企画との関連がうまくいかず、エネルギー資源の利用率の低下がも たらされていた[60]。

　政府の行政的な監督・管理職能を審査・許可制に転換していく必要性が「電 力体制改革作業グループ」による「十一・五の期間（2006—2010年）に電力体 制改革を深化させることに関する実施意見」（2007年4月）[61]において提出され た。これによって、健全な監督・管理体制を完成させ、電源構造の優位化を図 り、環境保護政策を貫徹させ、発電・輸変電・配電の協調的発展を実現すると した。しかし、当面、すでに指摘したように（図3-3を参照）、監督・管理を 担当する規制機関はいくつもの部署に分かれている「多頭」制を特徴としてい るので、これを整理して統合し、監督・管理の機構の整備・強化を通して、先 に課題として挙げた中央（政府）と地方政府との関係及び電力工業の発展とそ の他エネルギー資源との関係を正確に処理していく必要があった。そのために、 「国家エネルギー局」及びその後の「国家エネルギー委員会」の設立を経て、 さらに多くのエネルギー部門を統合した「国家エネルギー局の再編」を実現し

60）2002年以来、発電企業は中・東部地域に多くの石炭による火力発電を「企画」し て投資・建設を行ったが、鉄道運輸・石炭供給・輸配電線の整備など、条件が整わ ないまま、それを実行した。また、「十一・五」計画期には、風力発電が急速に拡 張したが、新エネルギーや再生エネルギーの発電をいかに電力工業が調達するか（受 け入れるか）という統一企画がなかったため、後述するように、さまざまな「齟齬」 （例えば、再生可能エネルギーの過剰生産、電力工業の企画と財政・価格・経済の 政策との不調和など）が生じることになった。

61）《国务院办公厅转发电力体制改革工作小组关于"十一五"深化电力体制改革实施 意见的通知》国办发［2007］19号（《2008年中国电力年鉴》，40-42页）。

ていくことになったのである。

　2008年7月29日、中央編制委員会辦公室が制定した新たな「国務院機構改革方案」によって「国家発改委」の直属の機構として、「国家エネルギー局」が設置された。これまで「国家発改委」が担当していたエネルギーに関する企画・政策などの管理職能は、この「国家エネルギー局」に移管された。これは、エネルギー産業全般に関する監督・管理機構が新たに設立されたことを意味した。電力工業をエネルギー部門の1つに位置づけ、総合的なエネルギー政策の下で、発展させようと意図したものであった。

　この「国家エネルギー局」の主な職責は、元の「国家エネルギー指導小組（グループ）辦公室」の職責、「国家発改委」のエネルギー産業の管理に関する職責、及び元の国防科学技術工業委員会の原子力発電の管理に関連する職責などを引き継ぎ、①エネルギー発展戦略に関する企画・政策の制定、②エネルギーに関連する体制改革の建議、③石油・天然ガス・石炭・電力などのエネルギーの管理、④国家石油の備蓄の管理、⑤新エネルギー（再生可能エネルギーを含む）及び省エネに関連する政策提案、⑥エネルギー全般に関する国際協力などであった。そのため、総合・政策法規・発展企画・省エネと科学技術装備・電力・石炭・石油及び天然ガス・新エネルギー及び再生可能エネルギー・国際協力の9つの「司」が設置された。「国家エネルギー局」の設置は、エネルギー産業に対する集中した統一管理を強化し、国内のエネルギー問題、さらには国際的なエネルギー問題にも対応して、国民経済の持続的発展を保障することを目的とするものであった[62]。

　また、中央編制委員会辦公室は、「国家発改委」の「2008年の経済体制改革の活動を深化させることに関する意見」（2008年7月29日）[63]を承認し、「電力体制の改革」において、「国家発改委」・「国資委」・「電監会」・「国家エネルギー局」は、電網企業の「主補分離」、地区電力市場の設立、農村の水電体制改革などについて、責任を負って実施することを要求した。さらに、資源節約・環

---

62)　《2009年中国電力年鑑》，31頁。
63)　《2009年中国電力年鑑》，31頁。この「意見」は行政管理体制など、9項目があったが、多くは電力工業に関連するものであった。

境保護を経済的効果と利益に結びつけて、いっそう力を入れるよう指摘した。具体的には、健全な資源環境価格形成メカニズムの創出（差別価格の導入・小火力発電価格の引き下げ・脱硫価格の付加など）・再生可能エネルギーを発展させる電力価格メカニズムの創出（省エネ発電の調達など）等を実施するとした。

　こうした動きのなかで、「国家エネルギー戦略」を統一して調整するため、2010年1月22日、「第11期全国人民代表大会第1回会議」は「国務院機構改革方案」を可決し、「国務院辦公庁の国家エネルギー委員会の成立に関する通知」[64]を公布して、「国家エネルギー委員会」を成立させた。この「国家エネルギー委員会」は、最高順位の国家機構として位置づけられ、国家のエネルギー発展戦略の研究・制定、エネルギー安全保障に関する重大問題の審議、国内のエネルギー開発とエネルギーの国際協力の統一的計画と協調に関する重大事項といった職責を担う機構とされた[65]。

　次いで、2013年3月10日、「第12期全国人民代表大会第1回会議」が批准した「国務院機構の改革と職能の変更に関する草案」及び「部委が管理する国家局設置の通知」に基づき[66]、エネルギーの発展とエネルギー体制の改革を統一的に調整し、エネルギーに対する国家の監督・管理を強化するため、「国家発改委」に下属していた「国家エネルギー局」と「電監会」の職責を統合して、「国家発改委」が管理する、より完備した監督・管理機構である「国家エネルギー局」を新たに再編するとした。主な職責は、エネルギーの発展戦略・企画・政策の制定、エネルギー体制改革の研究・建議、エネルギーの監督・管理に責任を負うことなどであった[67]。この再編において、電力工業の監督・管理の機構であった「電監会」は、その歴史的使命を終えて、廃止された[68]。

64）≪国務院办公厅关于成立国家能源委员会的通知≫国办发［2010］12号。

65）国家エネルギー局 http://www.nea.gov.cn/gjnyw/。

66）「第12期全国人民代表大会第1回会議」が可決した≪国务院机构改革和职能转变方案≫及び≪国务院关于机构设置的通知≫国发［2013］14号。

67）≪国家能源局主要职责内设机构和人员编制规定的通知≫国办发［2013］51号（≪2014年中国电力年鉴≫，561页）。

68）≪2014年中国电力年鉴≫，8页。张纯瑜≪中国电力监管探索≫，载≪华北电力大学学报（社会科学版）≫，2015年8月第4期を参照。

　新たに再編された「国家エネルギー局」には、12個の内設機構としての「司」
が設けられた。それは、総合司、法制・体制改革司、発展企画司、省エネ・科
技装備司、電力司、原発司、石炭司、石油天然ガス司（国家石油蓄備辦公室）、
新エネルギー・再生可能エネルギー司、市場監督・管理司、電力安全監督・管
理司、国際協力司などであった。こうして、電力工業の管理という枠組みを超
えて、総合的な国家エネルギー戦略を担う国家エネルギー監督・管理体制を構
築する方向への第一歩が踏み出されたのである。

　こうした監督・管理体制の整備が進められるなかで、具体的な作業が実施さ
れていった。この作業は２つあった。１つは、すでに指摘したように、「二大
電網公司（国家電網公司・南方電網公司)」に残留されたままになっていたさまざ
まな企業や事業の整理であった。このままでは、電網公司は電網建設を主とす
る電網の整備や電力の供給サービスに関する業務に専念できるような状態にな
らないという懸念が大きくなっていたからである。「電力体制改革作業グルー
プ」は、2007年４月、「『十一・五』の期間（2006—2010年）に電力体制改革を
深化させることに関する実施意見」[69]を提出し、「廠網分離」後の遺留問題とし
て、電網公司における事業の「主補分離（補助性企業の分離)」を進めるとした。

　2007年、「国資委」は、自ら先頭に立って「電網の主補分離改革、及び電力
の設計と施工が一体化している企業を再編する方案」を制定し、国務院に報告
した[70]。2008年、中国全国とりわけ南方において、めったにない雨雪結氷の被
害が生じ、「二大電網公司」は、電力供給サービスに専念するため、この「再
編方案」に則して、早急に補助事業の範囲を改めて確定し、それを分離するこ
とにした。2010年５月、「国家発改委」の「2010年の経済体制改革の重点任務
に関する意見」[71]は電網企業の「主補分離」改革を再度強調し、これが承認さ
れた。これを受けて、2010年９月、「電力体制改革作業グループ」は、先の「国

　69）前掲≪国務院辦公庁転発電力体制改革工作小組関于"十一五"深化電力体制改革
　　　実施意見的通知≫国辦発［2007］19号参照。
　70）≪電網主輔分離改革及電力設計、施工企業一体化重組方案≫（≪2012年中国電力
　　　年鑑≫，8頁）。
　71）前掲≪中国電力十年跨越与発展≫，52頁。

資委」の「主補分離」に関する「再編方案」を批准して、国務院に報告した。
2011年2月、国務院は、「電網公司における主補分離の改革方案」を批准し、輸・変電企業を除く、調査・測量及び修理・建造に関係する企業は、すべて電網公司から分離すると「通知」した[72]。受け皿として、「中国電力建設集団公司」と「中国エネルギー（能源）建設集団有限公司」が設立された（9月29日）[73]。こうして、「二大電網公司」及び中国水利水電建設集団公司と中国水電工程顧問集団公司に所属する河北、吉林、上海、広西、福建、江西、山東、河南、湖北、海南、四川、重慶、青海、寧夏など14の省級電網公司に所属する測量・設計企業22社、施工企業50社、修理・建造企業49社の合計121社の補助事業公司（企業）が分離され、「中国電力建設集団公司」に組み入れられた。また、「二大電網公司」及び中国葛洲壩集団公司と中国電力工程顧問集団公司に所属する黒龍江、遼寧、天津、山西、江蘇、浙江、安徽、湖南、陝西、甘粛、新疆、北京、広東、雲南、広西など15の省級電網公司に所属する測量・設計企業、施工企業、修理・建造企業の合計68社の補助事業公司（企業）が分離され、「中国エネルギー（能源）建設集団有限公司」に組み入れられた[74]。

　この2つの新公司（「中国エネルギー（能源）建設集団有限公司」と「中国電力建設集団有限公司」）の成立によって、電力工業における「企画設計・工程施工・設備製造・プロジェクト実行などが整合的・統一的に実現されることになり、中国の電力建設企業は全産業と結合して国際競争力を備えるまでになり、電力建設企業の総合力と国際市場を開拓していく能力を向上させた」[75]とされた。

---

72) ここで、輸・変電企業が除外されたのは、電網公司側が「主補業務」の「範囲を明確に確定すること」を要求した際、輸・変電企業と設計院は補助業務として分離すべきではないという見解を提示したからであったとされる（≪2012年中国電力年鑑≫，8頁参照）。

73) ≪2012年中国电力年鑑≫，13頁によると、国務院の批准を経て、2011年9月29日、「中国電力建設集団有限公司」及び「中国エネルギー建設集団有限公司」が北京で正式に成立し、国家電網公司と南方電網公司はこの2つの新集団公司と「企業分離の全体分割移管」という協定に調印した。

74) 各集団公司に組み入れられた具体的な企業については、≪2012年中国电力年鑑≫，319–328頁を参照。

75) ≪2012年中国电力年鑑≫，13頁。

　もう 1 つの作業は、電網公司に預託されていた「674万キロワット発電資産」
と「920万キロワット発電資産」の処理であった。電網公司側にこの 2 つの発
電資産が遺留されていたが、2007年 5 月に「国資委」・「電監会」・電網側・発
電側の協議が成り立ち、これら資産が現金評価され、「674万キロワット発電資
産」は 8 個の独立した発電所に移譲された。「920万キロワット発電資産」は、
中央発電企業10社、地方政府発電企業18社、外資企業 2 社、民間企業 1 社に移
譲されたが、地方政府発電企業が最も多い37％の権益を取得した[76]。

　「体制改革」が進展するなかで、電力工業における法的規制の不備の問題が
浮上していた。立法及び法律修正といったことが停滞し、政府監督と法規制と
の間で、齟齬が生じていた。すでに指摘した「中華人民共和国電力法」の公布
からすでに20年が経っているのに、これまで一度も修正されることなく、一部
の規制内容は電力工業の発展に対応できないという状況にあった[77]。とりわけ、
電力工業発展の目標は、以前のような単一的な「発展を加速して、供給を保障
する」ということから転換して、いまや「発展と省エネをともに重視する」こ
とにあった。国家のエネルギーの総合的発展の方針の中に組み込まれた電力工
業には、「電力法」ではもはや適応できない状態が生じていた。また、電力供
給と電力市場の市場メカニズムに関する問題も、さらに社会主義市場という体
制問題にまで波及して、新たな改革をしなければならない問題を呈していたと
された。

第 3 節　電力体制の改革の進展と電力工業の発展

1　電力工業の発展と特徴

　「十・五」計画期（2001—2005年）、「十一・五」計画期（2006—2010年）、さら
に「十二・五」計画期（2011—2015年）において、前節で検討したような「5
号文件」による「改革」の進展、さらにその後の次章で検討する「9 号文件」
による継続的な改革が始動し、電力需給状況に大きな変化がもたらされた。

76）≪2008年中国电力年鉴≫，42-43頁。
77）前掲≪电力体制改革解读≫，8 頁。

2001年3月、「第9期全国人民大会第4回会議」は「『十・五』計画綱要」を可決し、同年、国家「経貿委」は「電力工業『十・五』計画」を公表した。こうした動きに対して、2001年、「国家計委」は「『十・五』エネルギー重点項目企画」、同年12月、国務院は「国家環境保護『十・五』企画」を公布した。さらに、2004年6月には、国務院常務会議は「エネルギー中長期発展企画綱要（2004―2020）草案」を議決した[78]。こうしたことは、すでに「十・五」計画期の計画段階において、電力工業の発展に関する計画に当たっては、電力工業の発展ということだけにとどまらず、国家エネルギーの安全保障や環境問題といったことが考慮されるようになっていたことを示唆している。とはいえ、実際には、「国家エネルギー戦略」を前提にした「再生可能エネルギー」などの新エネルギーやクリーン・エネルギーが「5ヵ年計画」に反映されるのは、「十一・五」計画からであった。ここでいう「再生可能エネルギー」とは、中国の「再生可能エネルギー法」（2005年2月成立、2006年1月施行、2009年12月に修正された）によって定められた、「太陽光・風力・水力・バイオマス・地熱・海流などの非化石エネルギー」である[79]。2005年頃からクリーン・エネルギーが重視されるようになり、水力発電が重きをなすようになったが、こうしたエネルギーが「5ヵ年計画」の「完成目標」の達成値として表示されるのは、2010年であった。

　「十・五」計画の目標では、電力消費の増加率を年平均7.9%と見込んでいたが、後述のように、実際はその見込みを超えて拡大した。この期の発電設備容量の増加率はこうした消費動向に見合うまでに至らず、一部の地域では、電力の需給に緊張がみられたが[80]、発電機の使用時間の増加によって、さらには電力建設規模の拡大等によって、何とか対応することができたので、特に大きな電力制限を要請する必要はなかった[81]。電網の拡大についても、後述するよう

78）この経緯について、前掲≪中国电力十年跨越与发展≫，67頁参照。

79）「再生可能エネルギー法」（≪中华人民共和国可再生能源法≫）は、2005年2月28日、「第10期全国人民代表大会常任委員会第14回会議」で議決されて成立し、翌2006年1月に施行された。この法律は、各種所有制経済の主体が再生可能エネルギーに参加することを奨励すると同時に、国務院のエネルギー主管部門がこのエネルギーの開発・利用を管理することを規定したものであった（≪2006年中国电力年鉴≫，519頁）。

に、順調に推移し、この期に新疆・西蔵・海南を除くと、隣接する省級間の電網は基本的に連繋されるようになり、このことによって、電力調達の範囲・規模が広がり、大規模な停電が発生するという事態を回避できるまでになった。

　表3-8は、この期の電力工業の発展を示したものである。この表3-8によれば、発電量は順調に増大している。2003年から2012年までの10年間に、電源建設に3.24兆元が投じられ、新規に約8億キロワットの発電設備容量が増設された[82]。この10年間に、年平均7884万キロワットが増加したことになる。「十一・五」計画期に、電力建設や電網建設が急がれ、発電設備容量は世界第1位の地位にまで達した。そのため、2011年に中国の発電量は4.73億キロワット/時になり、これも世界第1位の地位に就いた[83]。

　この「十一・五」計画期に電力工業が掲げた目標は、「科学的発展観に基づく方針を貫徹し、不断に社会責任意識を増強し、エネルギー節約・排ガス減少・資源節約・環境保護・気候変化への対応などを十分に認識して、持続可能な社会の実現」[84]をすることであった。電力供給が安定してきた2006年4月18日、「国家発改委」・国土資源部・鉄道部・交通部・水利部・国家環境保護総局・中国銀行保険監督管理委員会・「電監会」の8部門が連合して、「電力工業の構造調整によって健全で秩序ある発展を促進することに関連する任務を加速させることに関する通知」[85]を公布し、小型火力発電機（所）の破棄・閉鎖を加速する指示を出した。そうしたなかで、大型発電機に切り替える工程も進展していった

80）2007年頃まで、エネルギー多消費産業が集中する地域の電力消費量は増加しており、これに対応して電力供給も拡大したが、一部地域では、電力供給不足のため、電力制限が行われた。

81）こうした事態に対応して、2005年国務院は、石炭・電力・石油・運送等の協調を強化するため、それらに対する投資の強化とエネルギー高消耗経済を減速させ、エネルギー需給の緊張を緩和しようとした。電力の需給の緊張は一時的なものとして緩和された（前掲≪中国電力十年跨越与発展≫，92-93頁）。2005年、電力供給量は大きく増加し、2004年に比べて14％もの増加をみた（≪2006年中国電力年鑑≫，37-39頁）。

82）前掲≪中国電力十年跨越与発展≫，125頁の表6-1。

83）同上≪中国電力十年跨越与発展≫，124頁。

84）≪2007年中国電力年鑑≫，7頁参照。

表 3-8　発電量・発電設備容量・年間発電機使用時間の推移（2001—2015年）

年	発電量 (億キロワット／時)			発電設備容量 (万キロワット)			年間発電機使用時間 (時)		
	合計	火力 (%)	水力 (%)	合計	火力 (%)	水力 (%)	総合	火力	水力
「十・五」計画期（68.3％／52.7％）									
2001	14839	81.2	17.6	33861	74.8	24.5	4588	4899	3145
2002	16542	81.7	16.6	35657	74.5	24.1	4860	5272	3289
2003	19052	82.9	14.8	39141	74.0	24.2	5245	5767	3239
2004	21944	82.5	15.0	44239	74.5	23.8	5455	5991	3462
2005	24975	81.8	15.9	51719	75.7	22.7	5425	5865	3664
「十一・五」計画期（47.8％／54.9％）									
2006	28598	83.3	14.6	62370	77.6	20.9	5198	5612	3393
2007	32644	83.3	14.4	71822	77.4	20.6	5020	5344	3532
2008	34510	81.2	16.4	79273	76.0	21.8	4648	4885	3589
2009	36812	81.8	15.5	87410	74.5	22.5	4527	4839	3264
2010	42278	80.8	16.2	96641	73.4	22.4	4650	5031	3404
「十二・五」計画期（21.3％／43.6％）									
2011	47306	82.4	14.1	106253	72.3	21.9	4730	5305	3019
2012	49865	78.7	17.2	114676	71.5	21.8	4579	4982	3591
2013	53721	78.6	16.6	125768	69.2	22.3	4521	5021	3359
2014	56045	75.4	18.9	137018	67.4	22.2	4318	4739	3669
2015	57399	73.7	19.4	152527	65.9	20.9	3988	4364	3590

出所：各年の《中国電力年鑑》「統計資料」の公表データによる。
注：各計画期の後の（　）に示した数値は、発電量と発電設備容量のこの期間における増加率である。

が、2007年1月29日、全国の電力工業は、「上大圧小（大型発電機を発展させ、小型火力発電機を圧縮する）」ための「省エネ会議」を開催し、今後4年間に全国の小型火力発電機5000万キロワットを閉鎖するという計画を決定した。こうした電力工業における省エネの成果は、表3-9にみるように、発電所の電力消費率も、送電ロス率も、2010年頃から顕著に減少したことに表れていた[86]。

　この3つの「5ヵ年計画期」において特徴的なことは、火力発電の比率が2008

---

85) 《关于加快电力工业结构调整促进健康有序发展有关工作的通知》发改能源［2006］
　　661号（《2007年中国电力年鉴》，587页）。

年から顕著に下降したことである。「十・五」計画期、「十一・五」計画期には、火力発電と水力発電との基本的構造に変化はなかったが、「十二・五」計画期に入って、顕著に火力発電の比率が減少し、水力発電の比率が増大し、20％弱にまで達した。後述するように、2005年頃から、再生可能エネルギーといったクリーン・エネルギーが重視されるようになったからである。

この期間の電力供給の増大とともに、大きな変化が現れた。表3-8によって、年間発電機使用時間をみると、年間総合の発電機使用時間数は、2003年よ

表3-9 発電所の電力消費率と送電ロス率

年	発電所の電力消費率（％）	送電ロス率（％）
2001	6.2	7.6
2002	6.2	7.5
2003	6.1	7.7
2004	6.0	7.6
2005	5.9	7.2
2006	5.9	7.0
2007	5.8	7.0
2008	5.9	6.8
2009	5.8	6.7
2010	5.4	6.5
2011	5.4	6.5
2012	5.1	6.7
2013	5.1	6.7
2014	4.9	6.6
2015	5.1	6.6

出所：「中電聯」ホームページ（https://www.cec.org.cn/）2015年公表データによる。

り2007年まで、5000時間を超えており、それが特に火力発電機の使用時間数の増大によってもたらされていた[87]。それが、2008年以降顕著に減少し、2012年には4500時間台になり、2015年には4000時間を割って3900時間台になった。また、2008年以降、発電設備容量の増加率がしだいに減少しはじめ、「十二・五」計画期になると、その勢いは顕著になった。2010年の対前年増加率は10.5％であったが、2011年以降、7.9％、9.7％、8.9％と減少した。発電設備容量の増

86）劉玉寧≪電厂厂用電率及対策≫，載≪東方電気評論≫，2002年9月第16巻第3期を参照。この論文によれば、「標準」を超えた用電率には罰金が科せられたという。
87）世界平均水準によれば、発電機使用時間数が4300～4500時間の間が正常供給だとされ、4500時間以上の場合は、供給が需要に応じきれていない状態とされる。また、火力発電設備の使用時間数では、5000時間が合理的だといわれ、5000時間を超過する場合であれば、供給が需要に応じきれないとされ、5500時間以上は供給不足とされる（前掲≪中国電力十年跨越与発展≫，89頁を参照）。

加率の減少と発電機使用時間数の減少は、電力供給が十分に保障されるように
なったことの反映であった。特にこうしたことが、火力発電部門に顕著にみら
れることから、後述するようなエネルギー転換を示唆する1つの事態であった
ともいえる。

2 再生可能エネルギーへの対処

ところで、すでに述べたように、2006年に再生可能エネルギーに関する法律
が施行され、再生可能エネルギーの開発利用が促進され、エネルギー供給の増
加とともにエネルギー構造の改善（化石エネルギーから非化石エネルギーへの転換）
が推進されるようになった。この法律に先立って、1997年に「エネルギー節約
（省エネ）法」[88]が成立し、これが2007年10月に修正可決された。この2つの法
律の実施は電力工業に対して大きな影響を与えた。国家の関連部門は、この2
つの法律を根拠にして、次のようないくつかの関連の規定や辦法、意見を提出
したが、それが電力工業の発展に大きく関係した。それらの規定・辦法・意見
は、「再生可能エネルギーの発電価格と費用分担を管理する試行辦法」、「再生
可能エネルギーの発電に関する管理規定」、「再生可能エネルギー発展の特別資
金管理暫定辦法」、「省エネ電力調達辦法（試行）」、「電力系統の災害防備能力
の強化に関する若干の意見」、「電力の需給及び電力用石炭の供給のモニタリン
グ管理辦法」などであった[89]。これらの法規によって、電網公司がすべてのク
リーン・エネルギーの発電を買い取ることを前提にして、クリーン・エネル
ギー発電の促進と普及に対する方向性が示された。1つは、再生可能エネルギー
の発電価格についてであり、もう1つは、再生可能エネルギーによる発電の買
い取りについてであった。前者について、発電価格は、①政府定価と②政府指
導価格（これは入札を通して確定された落札価格）の2種の方法で決定するとし、
再生可能エネルギーの種類によって異なるとされた。例えば、風力の発電価格
は政府指導価格であり、太陽光、海洋エネルギー、地熱による電力の「上網価

---

88) 《中华人民共和国节约能源法》（《2008年中国电力年鉴》，8頁）。
89) 前掲《中国电力十年跨越与发展》，55頁。各規定の内容については、《2007年中
国电力年鉴》、《2008年中国电力年鉴》、《2009年中国电力年鉴》などを参照。

格」は政府定価（国務院の価格主管部門が合理的コスト＋合理的利潤の原則で決める）であるとされた。後者の買い取りについては、再生可能エネルギーの電力価格が当地の脱硫石炭火力の「上網価格」より高くなる場合、及び国家投資あるいは国家補助によって建設された公共の再生可能エネルギーの電力を輸電する独立電網の運営維持費が当地の省級電網の販売価格よりも高くなる場合、さらに再生可能エネルギーの発電を取り込む「接網費（電網と結びつく諸費用）」等が当地の省級電網の販売価格よりも高くなる場合、その差額を電力価格付加として、全国省級以上の電網で販売した発電量に応じてそれぞれが分担する。この電力価格付加は、省級以上の電網企業を通じて、特定の電力消費者（省級電網公司の供電社など、自家発電所、発電所から直接購入する大口電力消費者）から徴収する[90]。

「十一・五」計画期、「十二・五」計画期には、計画的な電力供給に関する事項について、従来のように、電力工業の発展計画に基づいて企画・立案されるということはなく、とりわけ再生可能エネルギーといったクリーン・エネルギーに重点を置いた「国家エネルギーの戦略的観点」から企画・立案されるようになっていた。このクリーン・エネルギーの中心は風力と太陽光であった[91]。表3-10によれば、2009―2010年頃から発電設備容量が顕著に拡大しはじめ、発電量もほぼ同じような伸びを示した。2005年の風力・太陽光などの再生可能エネルギーの発電設備容量は、約128万キロワットと全体のわずか0.3％を占めるにすぎなかったが、2010年の風力発電の発電設備容量は3107万キロワット（総

---

90) ≪2007年中国電力年鑑≫，579-580頁参照。

91) 中国の風力発電は主に陸上風力発電である。東北地域、華北北部、内蒙古、西北地域（甘粛、寧夏、新疆など）で行われている（≪2011年中国電力年鑑≫，71-72頁）。他方、太陽光発電については、最初、辺鄙な地域における小規模な生活用電として始められ（≪2008年中国電力年鑑≫，33頁）、「十一・五」計画期においても、太陽光発電の発展方針は、依然として無電地域の電力建設を中心として、西蔵、青海、内蒙古、新疆などの辺鄙地域の無電生活問題を解決するものであった（≪2009年中国電力年鑑≫，26-27頁）が、「十二・五」計画期に太陽光発電が大いに発展した。それは、2011年、「国家発改委」は「太陽光発電の上網価格の政策に関する通知」を公布し、早急に竣工稼働した太陽光発電に優遇策を与えるとしたからである（≪2012年中国電力年鑑≫，583-584頁，参照）。

発電設備容量の3.2％）、太陽光の発電設備容量は26万キロワット（総発電設備容量の0.03％）になり、発電量は505億キロワット/時（総発電量の1.2％）になった[92]。2013年には、発電設備容量は9249万キロワット（総発電設備容量の7.4％）、発電量は1470億キロワット/時（総発電量の2.8％）に増大した[93]。2015年には、発電設備容量は1億7302万キロワット（総発電設備容量の11.4％）、発電量は2252億キロワット/時（総発電量の3.9％）に達した[94]。風力発電・太陽光発電など再生可能エネルギー発電の割合は増加してゆき、電源構造の調整と合理化が進展した[95]。

　こうしたクリーン・エネルギー（再生可能エネルギー）あるいはその他の新エネルギーは、最終的に電気エネルギーに還元され、これまでの電力工業の発展によって構築されてきた電網体系を通して消費者に供給されなければならない。すでに中国は、長期にわたる飛躍的な経済発展の過程を経て、いまや世界最大のエネルギーの生産国及び消費国に成長した。新エネルギー、再生可能エネルギーを含めた総合的なエネルギー供給体系を構築し、技術向上による生産、さらに消費における省エネを実行し、世界的な地球環境問題に対処しなければならいと自己認識されるようになった。電力の「十一・五」計画は、「エネルギー発展『十一・五』企画」、「省エネルギー・排ガス減少総合業務方案」、「再生可能エネルギー中長期発展企画」、「原子力発電中長期発展企画」のなかで企画・立案されたが、「十二・五」計画は、さらに省エネや排ガス規制といった環境保護の観点が強化されるとともに、国家エネルギーの戦略的観点（国務院による「国家戦略の新興産業発展企画」）に基づき、新エネルギーや再生可能エネルギーといった各種エネルギーの発展企画が重視されることになった[96]。

92）前掲≪中国电力十年跨越与发展≫，68-69頁の表4-1参照。この資料の記述では、バイオ・地熱・海流の発電設備容量は344万キロワット（総発電設備容量の0.4％）とされ、表3-10と異なるが、そのまま紹介しておく。

93）同上≪中国电力十年跨越与发展≫，74-75頁，81頁。

94）≪2016年中国电力年鑑≫の「統計資料」に基づいて算出した。

95）前掲≪中国电力十年跨越与发展≫，74頁以下参照。クリーン・エネルギーの生産量は、2008年にはインドを超え、アジアの1位、世界の4位となった（≪2010年中国电力年鑑≫，230頁）。

表3-10 「十一・五」計画期及び「十二・五」計画期の風力発電と太陽光発電の状況

年	発電設備容量（万キロワット）			発電量（億キロワット／時）		
	風力	太陽光	その他	風力	太陽光	その他
2006	261 (0.4)	8	—	25 (0.1)	—	—
2007	590 (0.8)	10 (0.0)	—	57 (0.2)	—	—
2008	1217 (1.5)	15 (0.0)	4 (0.0)	148 (0.4)	—	2 (0.0)
2009	2600 (3.0)	18 (0.0)	3 (0.0)	276 (0.8)	—	2 (0.0)
2010	3107 (3.2)	26 (0.0)	3 (0.0)	501 (1.2)	1 (0.0)	3 (0.0)
2011	4623 (4.4)	222 (0.2)	3 (0.0)	741 (1.6)	7 (0.0)	2 (0.0)
2012	6142 (5.4)	341 (0.3)	21 (0.0)	1030 (2.1)	36 (0.1)	5 (0.0)
2013	7652 (6.1)	1589 (1.3)	8 (0.0)	1383 (2.6)	84 (0.2)	3 (0.0)
2014	9657 (7.0)	2486 (1.8)	19 (0.0)	1598 (2.9)	235 (0.4)	5 (0.0)
2015	13075 (8.6)	4218 (2.8)	9 (0.0)	1856 (3.2)	395 (0.7)	1 (0.0)

出所：各年の≪中国電力年鑑≫の「統計資料」、及び「中電聯」ホームページの公表データによる。
注：「—」はデータが記載されてないことを指す。（ ）は、総量（表3-8参照）に対する比率。

　しかし、この段階では、いまだ個々の再生エネルギーなどを組み込んだ「電力の総合企画」は欠落したままであった。「十二・五」計画期、風力・太陽光・

96) 前掲≪中国電力十年跨越与発展≫，74頁，79-81頁参照。例えば、「十二・五」計画期には、これらに関連する「エネルギー発展『十二・五』企画」、「国家エネルギー科学技術『十二・五』企画」、「再生可能エネルギー発展『十二・五』企画」（この再生可能エネルギーの個々のエネルギー、風力・太陽光・バイオマスなどに関する企画）、「クリーン石炭技術発展『十二・五』企画」、「省エネ減排ガス『十二・五』企画」、「重点地域大気汚染防除『十二・五』企画」など合計17にも上る企画が提出された（各「企画」の概要の詳細について、≪2013年中国電力年鑑≫，53頁以下参照）。

水力などの再生可能エネルギーについて、それぞれの「企画」が公表されたが、最終的な「電力総合企画（電網企画を含む）」は作成されなかったので、この再生可能エネルギーに関する「計画」と電力の「十二・五」計画の統一化は図られなかった。そのため、各種エネルギー源間における整合性や電源と電網間のマッチングの欠如など、エネルギー供給に関して統一性を欠き、各種の多元的な電源の電力を電網に取り込むことができない状態に置かれた。こうした状態は「棄水、棄風、棄光、棄核」などと呼称され、エネルギー供給上の大きな問題とされた[97]。こうしたことと同時に、電力における統一企画の欠如に由来する企画の不整合性・不協調性の問題が悪い結果をもたらすことがしばしば生じた。例えば、2002年以来、中・東部地域では、火力発電の「盲目的認可」やそれに伴う無秩序な建設が行われたが、鉄道輸送や石炭の供給との協調的発展は考慮されなかったので、当該地域では発電用石炭輸送が滞るといった事態が繰り返し現れた。また、「十一・五」計画期以来、再生可能エネルギーとりわけ風力発電が急速に発展したが、電力工業との協調的企画に基づく指導を欠いていたため、一部の地域では、風力発電の発電設備容量が電網の吸収能力をはるかに超過してしまい、「棄風」現象が大量に出現し、風力発電の健全な発展を阻害してしまう事態にまで至った。さらに、経済・財政・価格などの政策と電力のみならずエネルギー全般との発展計画とが「齟齬」するという事態も生まれたとされた[98]。

ところで、国務院が公布した「エネルギー発展『十二・五』企画綱要」の概要[99]によれば、この企画の目標の1つに「エネルギー構造の優位化」が掲げら

97）「棄水、棄風、棄光、棄核」とは、既存の電網との連繫問題から、水力発電・風力発電・太陽光発電・原子力発電の稼働が制限されてしまうことをいう。こうした「棄水、棄風、棄光、棄核」はきわめて重要な問題とされ、四川・雲南の「棄水」、新疆・甘粛の「棄風」、陝西・新疆・甘粛・寧夏・青海の「棄光」が特に目立った。また、多くの原子力発電基地では、原子力発電設備使用時間数と設備利用率が両方とも減少し、原子力発電設備の平均利用率は75％と低くなった（肖宏伟≪2016年电力形势分析与2017年展望≫，載≪中国物价≫，2017年第1期）。

98）前掲≪电力体制改革解读≫，5－6頁。

99）≪2013年中国电力年鉴≫，53-57頁。

れ、非化石エネルギーの比率を11.4％に引き上げ、非化石エネルギーの発電設備容量の比率を30％に引き上げ、エネルギー源としての天然ガスの比率を7.5％に引き上げ、石炭消費比率を65％前後にまで圧縮するとされた。また、「五大国家総合エネルギー基地」(山西・オルドス盆地・内蒙古東部地区・西南地区・新疆)を建設し、電力については、この「総合エネルギー基地」との大容量・高効率・遠距離の輸電技術による特別高圧線による輸電を強化し、西南エネルギー基地は華東・華中及び広東との連携、山西、オルドス盆地、内蒙古東部地区（シリンガル盟）のエネルギー基地は華北・華中・華東との連携を図るとされた。さらにエネルギー総消費の削減や省エネにも力点を置く企画を推進するとした。

　こうしたなかで、2012年末、「中国共産党第18回全国代表大会」において、初めて「エネルギーの生産と消費の革命を推進する」という方針が提出された。この「大会」では、上述した「十二・五企画綱要」で提出された「エネルギーの生産と利用方式の変革を推進する」は「エネルギーの生産と消費の革命を推進する」に改められ、これに関連して、「エネルギー消費総量を合理的に統制する」という文面の「合理的」という語句が削除され、「統制すること」、「節約すること」が強調された[100]。ここでいう「エネルギーの消費革命」は、エネルギー総量の削減であり、社会全体で省エネを達成できるように、産業構造の省エネ構造への転換、スマートな省エネ都市化の実行、省エネ消費観の樹立などを推進していくことであった。もう1つの「エネルギーの生産（供給）革命」は、多元的なエネルギー供給体系を作り上げ、非化石エネルギー源を増加・発展させ、こうしたエネルギーの輸配網の強化と備蓄基地を建設することであった。こうした「エネルギーの生産と消費の革命」を追求するなかで、エネルギー技術革命を推進し、これらを着実に成功させるために、エネルギーに関する法治体系を完備させ、いっそう広範な国際的協力体制を築いていくとされた[101]。

---

100)　《中国科学報》2013年3月14日，第1版。
101)　これらのことは、「中央財経指導グループ」長の習近平の「エネルギーの生産と消費の革命を推進する」ことに関する「5点要求」として報道された（「人民網─中国共産党新聞網」2014年6月16日、及び2014年8月28日の《人民日報》における国家発展と改革委員会副主任・国家エネルギー局局長呉新雄の談話を参照）。

こうしたことを受けて、2013年5月、中国における技術分野の最高研究機構としての中国工程院は、副院長謝克昌院士を中心に研究チームを結成し、このことに関する「戦略研究」を行った[102]。謝克昌チームの研究によれば、「エネルギーの生産と消費の革命」は「3段階」を経て完成されるとされ、現在（2013年）から2020年までの「第1段階」では、石炭エネルギーのクリーン化（低炭素化、高効率化など）を主要内容として良質石炭の集中的利用率を高め、エネルギー比率においては、石炭60％、天然ガス25％、非化石エネルギー15％にするとされた[103]。

このように、「エネルギーの生産と消費の革命を推進する」方針が提出され、その目標も徐々に定まってきたが、しかし、これを推進していくには、なお越えなければならない制約（難問）も多かった。第1は、こうした政府の重大なエネルギー戦略がいまだ一般的・普遍的な承認事項になっていないということであった。この「エネルギー革命」の内容についてさまざまな解釈がなされ、徹底したエネルギー構造の転換を主張するものもあったが、謝克昌チームの研究にもみられたように、多くは化石エネルギーをめぐる技術改善による低炭素化や排ガス減少技術の向上にあるとして、この「提言」はせいぜいエネルギーの生産と利用の方式の変革ぐらいに考えられた。第2は、中国は、エネルギーに関する技術装備の多くを外国からの輸入に依存していたから、エネルギー技術の水準ではきわめて遅れた状態にあり、こうした技術体制の革新が早急に実現されない限り、「エネルギー革命」の実現は困難であるとされた。第3は、「エネルギー管理体制」の内部に存在する次のような問題であった。①エネルギー市場の体制が整備されていないことである。市場には、エネルギー企業の独占（例えば、国家電網公司など）が存在し、この独占と無秩序な競争が並存してい

102）張茜《如何推動能源革命》，載《中国青年報》，2017年10月16日，09版。

103）2020年から2030年までは「第2段階」とされ、クリーン・エネルギーとりわけ再生可能エネルギーによる石炭代替戦略が推進され、石炭、石油・天然ガス、非化石エネルギーの比率をそれぞれ、50％、30％、20％にするとされた。2030年から2050年までは「3段階」で、この時には、石炭、石油・天然ガス、非化石エネルギーの比率はそれぞれ、40％、30％、30％にするとされた（前掲《如何推動能源革命》）。

る。さらに、エネルギー市場に参加する主体が健全に成長しておらず、市場競争も不十分な状態にある。②エネルギーの価格メカニズムが十分機能していないことである。現存のエネルギー価格には、生産コスト以外の社会的コスト（サービス業務）が包括されていない。さらに、重要なことは、クリーン・エネルギーの開発・利用を激励するような効果的・長期的な価格メカニズムがいまだ形成されていない。③エネルギー産業の管理体制の合理的な調整が進展していないことである。そのため、風力発電・太陽光発電・小水力発電などの再生可能エネルギーの「上網」（輸配電網への接続）が大きな制約を受けている。④新エネルギーやクリーン・エネルギーによる電力を電網に連繋する場合の費用の問題（連繋技術の問題を含めて、電圧を高めるほど費用は嵩むが、これを誰が負担するか）が体系的に整備されていないのである。電網企業が発電企業から「統購統銷」（統一買い付け、統一販売）する取引メカニズムに根本的な変化がなければ、こうした新エネルギーやクリーン・エネルギーの開発・利用は大きく制約される。新エネルギーや再生可能エネルギーの分布は比較的集中しているので、地域的には「窩電」（大量の電力が滞留して、輸配電できない状態にあること）が生じてしまう。発電企業と電網公司の間にある「上網価格」体制の下では、新エネルギーや再生可能エネルギーのエネルギー源の合理的な価格（「容量価格」）を確定できず、電網との連携がほとんどできなくなっている。⑤エネルギーに対する行政の監督・管理にはいまだ多くの欠陥があり、エネルギーに関連する通常的なサービス水準も低位な状態にとどまっている[104]。

　以上の第1及び第2の問題は、国家のエネルギー戦略に関連した問題点であったが、第3の問題については、エネルギー供給の重要な地位にある電力工業が、いかに「エネルギーの生産と消費の革命を推進する」方針、及び新エネ

104）鐘史明《学習我国"能源生産和消費革命"》，載《瀋陽工程学院学報：自然科学版》，2015年第1期（論文の記述を参考に、筆者なりにまとめた）。なお、「国家発改委」と国家エネルギー局が『エネルギーの生産と消費の革命戦略（2016-2030）』を通知・公開したのは2016年12月29日であり、このような「エネルギー革命」の実施方策を検討・研究するよう各部門・地方に要請し、それが動き出すのは2017年以降であったと推測される。

ルギーやクリーン・エネルギー（再生可能エネルギー）の開発・利用の方針に対処すべきか、という問題であった。電力工業の発展は、これまでの経緯を踏まえて考えれば、火力発電の拡張であり、それは石炭消費の増大をもたらし、技術的に不安定なエネルギー供給にとどまる非化石のクリーン・エネルギーなどの発展を制限する。しかし、国際的な環境問題や地球温暖化の問題に対し、責任ある対応を示すには、「エネルギーの生産と消費の革命を推進する」戦略を実施する以外にはない。そのためには、電力工業の発展が構築してきた「電力管理体系」を再生可能エネルギーなどの多様な電源を包摂する「エネルギーの総合的管理体系」に転換させ、さらに電力のみならず新エネルギーや再生可能エネルギーを「国家エネルギー戦略」の一環として統一する必要があった。これまで指摘してきたように、そうした準備が継続され、「5号文件」改革をこうした観点から乗り越える「改革」が要求されていたのである。

　電力工業におけるこのような管理体制の不完備は、新エネルギーや再生可能エネルギーの開発・利用を困難にしていた。こうしたエネルギー源による発電を今後の方向として確保するには、それを保障する国家による「買い上げ制度の設定」という政策が全面的に実施されなければならない[105]。しかも、こうした新エネルギーや再生可能エネルギーは地域的に処理される能力に限界があり、「棄水、棄風、棄光、棄核」現象はますます厳重になってしまうのである。すでに指摘したように、「十二・五」計画期以降、電力工業における電力供給の増進、及び後の第4項の電力消費の動向でみるように、電力消費構造にも変化が生じ、電力供給形勢に「増速緩慢・構造優位・動力転換」[106]が常態化する

---

105) 先に挙げた「再生可能エネルギーの発電価格と費用（コスト）を分離して管理する試行辦法」は、再生可能エネルギーごとに電力価格の決定方法を定め、このエネルギーの生産に関わる「費用」の負担は「省級以上の電網企業が供給する範囲にある電力消費者」が負うとした（第3章）が、この「試行規定では」政府がどのような「定価」を提起し、それがいかに再生可能エネルギーの発展に結びついたかはっきりしない。また、「試行」の成果も、この段階では、明らかになっていないと思われる。

106) 前掲《2016年电力形势分析与2017年展望》を参照。こうした傾向は、2014年以降堅調になっているとされる。

ようになって、そうした現象がますます厳重になっていった。

　しかし、再生可能エネルギーの発電そのものにも、電網の安全運行に関して、大きな問題があった。新エネルギーや再生可能エネルギーの発電には、電力供給の不安定さや間欠性があることから、大量の「調整発電所」（中国語では、「調峰発電所」という）が必要とされる。新エネルギーや再生可能エネルギーに対するこうした「調整発電所」の補助サービスに関するメカニズムが欠如しているため、新エネルギーや再生可能エネルギーの建設プロジェクトにも大きな影響を与え[107]、資源配置の有効性が市場において十分に発揮されていないとされた。

3　電網の整備と発展

　「十・五」計画及び「十一・五」計画の期間、電網は順調に拡張を続け、この期に「電網建設の高峰期」を迎えた[108]。2003年から2012年までの10年間に、2.6兆元（総電力投資の44.6％）の資金が電網建設に投入され、22万キロボルト以上の電線が50.7万キロメートルに延長された。2011年には、電網規模（距離数）は世界第1位になった[109]。

　2003年、国家電網公司は、各区を跨いで387億キロワット/時を送電し、「計画」数値をはるかに超える発展を示した。南方電網公司においても、「西電東送」の地域において、249億キロワット/時を送電した。2004年には、全国の地区を跨ぐ輸配電が大幅に増加し、653億キロワット/時に及んだ。省級の公司間における電力交換は1535億キロワット/時も増加した。こうした地区や省級間の電力交換によって、一時的な電力不足の状態に対応することができるようになった。「十・五」計画期において、22万ボルト以上の輸電線は約8万9000キロメートル増加し、地区電網・省級電網とも大いに強化された。さらに、「六

107）前掲≪電力体制改革解読≫，4頁，6頁参照。
108）前掲≪中国電力十年跨越与発展≫，125頁。以下の電網に関する記述は、この≪中国電力十年跨越与発展≫，67-88頁，125-131頁による。
109）同上≪中国電力十年跨越与発展≫，124頁。電網については、すべての省区が連結され、電網の覆蓋面積とその面積に居住する電力消費者の数も世界第1位となった。

大広域電網」では、50万ボルト輸配電線が架設され、すべての電網が連結された。華北電網では、姜高線（河北姜家営—遼寧綏中発電所の高嶺）が開通して、東北電網とつながり、辛嘉線（河北辛安変電所—河南新郷獲嘉変電所）を通して、華中電網と連結された。西北電網では、河南省の霊宝ステーションを通して、華中電網との連結が完成した。こうして、広域電網間における電力の交換能力の強化によって、輸配電量はいっそう増加した。2005年、全国の広域電網間の交換電力量は774億キロワット/時であり、前年より17％増加したが、それは三峡ダムの発電量が489億キロワット/時（対前年比25％増）から611億キロワット/時（対前年比25％増）増加したことによった。2007年には、全国22万ボルト以上の輸配電線の距離が32.7万キロメートル（対前年比14％増）に達した[110]。2010年に44.3万キロメートルになり、2014年には57.2万キロメートルに達した[111]。この期には、電網における技術改造に力点が置かれるようになった。国家電網公司は、2006年末までに、各電圧等級別に2164項の輸配電能力の改善に関するプロジェクトを実施し、そのうちの912項目が完成し、輸配電能力は8526万キロワットの増加が実現された。こうした電網の技術向上によって、輸配電ロス率も低下し、とりわけ「十・五」計画期の2007年には、ロス率を7.0％に下げるという成果を実現し、2009年には6.7％、2010年には6.5％にまで引き下げることに成功した（表3-9参照）。

「十一・五」計画期、22万ボルトの輸電線は76％増加した。電網の電圧は引き上げられ、特別高圧線も架設され、75万ボルトでの各地区の連携が可能とされた。2009年、甘粛の永登と新疆のウルムチとの輸配電線の連携が完成し、新疆と西北電網が連結された。また華中電網では、江城線（三峡荊門—広東恵州）を通して、南方電網とつながり、龍政線及び葛滬線を通して、華東電網と連結した。広東湛江から瓊州海峡を抜け海南海口までの50万ボルトの地上電線と海底ケーブルによって、海南と南方電網の連結も完了した。2010年には、全国の電網の最後の電網連結工程とされる青蔵（青海—西蔵）線の建設工程も開始され、「十二・五」計画期には、この青蔵線及び川蔵（四川—西蔵）線の2つの送

---

110) ≪2015年中国电力年鉴≫，25頁。

111) ≪2015年中国电力年鉴≫，25頁参照。

電線が完成した[112]。2010年、全国における地区を跨ぐ輸配電量は、1492億キロワット/時（対前年比11％増）であった（このうち、三峡ダム発電所は834億キロワット/時（対前年比6％増）と56％を占めた）。この1492億キロワット/時のうち、各区の電網の輸配電量は、華北電網は238億キロワット/時（対前年比7％増）、東北電網は89億キロワット/時（対前年比27％増）、華東電網は8億キロワット/時（対前年比4％減）、華中電網は753億キロワット/時（対前年比14％増）、西北電網は161億キロワット/時（対前年比236％増）、南方電網は243億キロワット/時（対前年比13％増）であった。全国における省を跨ぐ輸配電量は587億キロワット/時（対前年比12％増）であった。

「十二・五」計画期、継続的に電網建設が進められた。この頃から、すでに指摘した大型エネルギー基地の集約化が開始され、クリーン・エネルギーの高効率の利用が模索され、電源と電網、エネルギー基地の電源と輸電線、電圧別電網線において、それぞれの協調的発展が推し進められた。2012年も、電網の規模は世界第1位を維持した。

他方、電力の国際取引も拡大された。電力の国際取引は、多くは地理的状況から南方電網公司（広東・雲南・広西において取引が行われた）に関わるものであり、主たる取引先は、香港・マカオ・ベトナムであった。国家電網公司は、黒龍江とロシアとの取引に限られた。表3-11は、『中国電力年鑑』等の記述に基づいて、中国の電力の国際取引を一覧表にしたものである。2002年の電力輸出入総計は125.4億キロワット/時で、香港と広東との取引であったが、2011年には257.8億キロワット/時へと、10年間で倍増した。取引相手先では、2004年には、香港・マカオにベトナムが加わり、2008年には、ミャンマー、2009年には、ラオス・ロシアが加わった。すでに近隣諸国・地域との電線連結が実現されたことを意味している。2011年には、500キロボルトの電線がロシア・ベトナム・ミャンマー・香港・マカオと連携された。こうした国際取引は2005年以降活発化し、電力の輸出入の比率は、輸出が3に対して輸入が1であり、輸出入はいずれも増大した。

112）≪2016年中国电力年鉴≫，29頁。

表3-11 中国の国際電力取引 　　　　　　　　　　　　　　　　　　単位：億キロワット／時

年	国・地域別 項目	香港 ↓↑ (広東)	マカオ ↑ (広東)	ベトナム ↑ (雲南・広西)	ミャンマー ↑ (雲南)	ラオス ↑ (雲南)	ロシア ↓ (黒龍江)
2002	計125.4	123.5	1.9	—	—	—	—
	入 21.8	21.8	—	—	—	—	—
	出103.6	101.7	1.9	—	—	—	—
2003	計164.4	162.6	1.8	—	—	—	—
	入 30.1	30.1	—	—	—	—	—
	出134.3	132.5	1.8	—	—	—	—
2004	計131.0	129.0	1.5	0.5	—	—	—
	入 30.9	30.9	—	—	—	—	—
	出100.1	98.1	1.5	0.5	—	—	—
2005	計162.0	154.6	3.4	4.0	—	—	—
	入 44.9	44.9	—	—	—	—	—
	出117.1	109.7	3.4	4.0	—	—	—
2006	計173.7	154.0	9.6	10.1	—	—	—
	入 45.3	45.3	—	—	—	—	—
	出128.4	108.7	9.6	10.1	—	—	—
2007	計195.0	149.8	16.9	28.3	—	—	—
	入 40.4	40.4	—	—	—	—	—
	出154.6	109.4	16.9	28.3	—	—	—
2008	計204.6	148.3	23.1	32.7	0.5	—	—
	入 35.5	35.5	—	—	—	—	—
	出169.1	112.8	23.1	32.7	0.5	—	—
2009	計240.6	153.0	22.3	41.4	15.3	0.1	8.5
	入 45.8	37.3	—	—	—	—	8.5
	出194.8	115.7	22.3	41.4	15.3	0.1	—
2010	計249.0	—	—	—	—	—	—
	入 53.1	—	—	—	—	—	—
	出195.9	—	—	—	—	—	—
2011	計257.8	143.1	34.6	43.9	23.8	—	12.3
	入 66.3	30.2	—	—	23.8	—	12.3
	出191.4	112.9	34.6	43.9	—	—	—
2012	計247.0	131.5	39.0	31.0	19.5	—	26.0
	入 64.0	18.5	—	—	19.5	—	26.0
	出183.0	113.0	39.0	31.0	—	—	—

出所：各≪中国电力年鉴≫データによる。
注：「—」は数値が与えられていないことを示す。矢印の方向は電力の輸入・輸出を示す。

　このような電力の国際取引とともに、国際協力も進展した。対外的政策対話・相互交流・国際会議への参加・国際組織活動（例えば、電力研究国際協力機構IERE・東アジア西太平洋電力工業協会 CEPSI・国際水力発電協会 IHA・グローバルな持続可能な発展のための電力協力 GSEP 等）などを通して、各国同業者間の交流は日常的に行われた。この頃、国家戦略として「走出去」（海外進出）が打ち出され、電力工業もこうした戦略を受け入れるだけの成長を遂げ、外国の電力プロジェクトを請け負うだけの競争力を備えるまでになっていた。こうした協力・交流を基礎にして、2006年以降、中国の海外電力投資が進展した。第 1 に、電力の対外投資規模が拡大していったことであり、第 2 に、投資方式が多様化していったことであり、第 3 に、投資先や投資領域が拡大・多様化していったことにあった。重大項目を一覧表にすれば、次のようである（表 3-12参照）。

　こうした投資のほかにも、中国の電力工業が海外の電力開発事業を請け負うプロジェクトも数多くあった。こうした請負は、2003—2005年頃から開始され、その後一貫してその数は増加していった。市場も、伝統的な東南アジア・アフリカ市場から中央アジア・西アジア・ラテンアメリカへと拡大し、火力発電・水力発電・送変電施設、新エネルギー開発から、石炭開発・鉱産物開発・橋梁港湾建設・飛行場建設・ビル建築など多領域に拡大した。「中国の電力工業の海外事業請負は環境保護や双方利益、相互の人文交流や法律運用などの面において、大きな国際的影響力を持つようになった」とされる[113]。

4　電力の社会消費の動向

　2001年から2015年までの「電力の社会消費の構成比率」（表 3-13を参照）によれば、全社会の電力消費量は年々増加した。総消費量の増加率をみると、2001年の増加率は9.0％、その後、11.6％、15.3％、15.2％、13.9％と急速に増加し、2005年には、2000年の1.8倍に達し、1978年以来の最高を記録した[114]。こうした増加の傾向は「十一・五」計画期にも継続され、2010年には15％近くの増加率を示したが、「十二・五」計画期に入ると、その増加率は鈍化し、2012

113）前掲《中国電力十年跨越与発展》，215頁参照。
114）同上《中国電力十年跨越与発展》，69頁。

表3-12　中国の電力会社の海外投資

年	対象国	中国側企業	内容等
2003	オーストラリア	中国華能集団	火力発電会社の株式50％取得
2004	ベトナム	南方電網公司	国家間電網連携共同事業、2007年3月までに8076万ドルの電力販売
2004	ラオス	長江三峡公司	水力発電の経営権を取得
2006	ミャンマー	中国華能集団 雲南連合電力開発公司	水力会社と共同で水力発電所建設（中国側80％）、総投資32億元（華能29.6億元）
2006	インドネシア	中国華電公司	水力発電の投資・建設・運営を2.5億ドル投資して行う
2007	ロシア	国家電網公司	黒河地域における電網連結
2007	フィリピン	国家電網公司	フィリピン国家輸電網の株式40％取得、25年間の電網経営権の獲得
2007	ベトナム	南方電網公司	合弁で水力発電、2.32億元の投資
2007	ミャンマー	大唐集団	水力発電に17億元投資、90％以上の電力を南方電網公司に販売、期間35年
2008	ベトナム	南方電網公司の雲南電網	共同出資の中越電力公司建設（中国49％、ベトナム51％）、2012年電力販売開始
2008	シンガポール	中国華能集団	シンガポールのエネルギー会社を買収（約30億ドル）
2008	インドネシア	神能集団公司	石炭採掘と一体化した火力発電所を建設
2009	シンガポール	中国華能集団	シンガポールのエネルギー会社と熱発電と水処理事業を合弁、100億元投資
2009	南アフリカ	中国国電集団	南アフリカで風力発電所建設
2009	カンボジア	大唐集団公司	カンボジアで水力発電所を建設
2010	ブラジル	国家電網公司	ブラジルの輸電特許会社買収（9.89億ドル）、30年の輸電資産経営権取得
2010	ベトナム	南方電網公司 中国電力国際	ベトナムの炭鉱会社と3社で火力発電所建設（南方55％、国際40％）
2010	ラオス	大唐集団公司	ラオスで水力発電所建設、投資額140億元
2010	カンボジア	中国華電公司	水力発電所建設、投資総額5.8億ドル
2010	インドネシア	中国華電公司	インドネシアで火力発電所建設
2010	カンボジア	中国国電	水力発電所の建設、投資総額280億元
2011	複数国	華能集団 広東省粤電集団	イギリス・オランダ・メキシコ・オーストラリア・フィリピンで経営する国際電力公司のインド株を華能集団と広東省粤電集団が12.3億ドルで買収

2011	ロシア	中国家電公司	ガス発電所の投資・建設・運営のため合弁(中国51%、ロシア49%)
2011	カナダ	中国国電の龍源公司	風力発電を買収
2011	パキスタン	長江三峡公司	風力発電所建設、20年間
2012	ポルトガル	国家電網公司	ポルトガルのエネルギー会社の株式25%を取得し経営管理に参加
2012	カザフスタン	大唐集団公司	水力発電所を建設
2012	オーストラリア	神能集団公司	オーストラリアの風力発電会社の株式75%を取得
2013	ラオス	南方電網公司	ラオスの会社と共同して投資総額28.3億元の水力発電会社設立（南方80%）
2013	ギリシア	長江三峡公司	太陽光発電所の建設

出所：前掲《中国电力十年跨越与发展》，207-214頁の記述による。
注：ここでは、原子力発電関係や直接電力開発に関係しない項目を除いた。

　年以降、5―6％ほどに落ち着いた。このことの意義については、電力供給の分析の際にすでに指摘した。

　分野別の電力消費状況をみると、重工業と軽工業を合わせた工業が相変わらず圧倒的な比重を維持し、特に重工業の比重が高く、2007年には62％近くに達し、最も高い比率を示した。重工業が依然として社会の電力消費の主導地位にあった[115]。重工業は電力消費の増大の主要要因であったが、どのような重工業がその主要要因であるかを確かめたものが、次の表3-14である。重工業における電力多消費工業の主要なものは、化学原料・化学製品、非鉄金属製品、非鉄金属精錬・加工、鉄金属精錬・加工、石油化工・コークス製造等であり、この「五大工業」は、「十二・五」計画期以降、重工業で消費する電力の半分以上（55~57％）を占めた。重工業における電力消費の増加は、この電力多消費の「五大工業」、とりわけ鉄を含めた金属の精錬・加工の発展と歩調を合わせたものであったということができる。しかし、2010年頃から、この電力多消費

　115)「十二・五」計画期末には、重工業の比重が低下してくるが、これは、中国工業のモデルチェンジやグレードアップなどの要因を主体にした「成長の量から質への転換」が進展したからであり、重工業にも、電力消費の比重が徐々に減少する省エネの勢いが現れた結果である（《2016中国電力年鑑》，17-18頁）。

表 3-13　電力の社会消費の構成比率（2001—2012年）　　　　　　単位：億キロワット／時、（%）

年	総消費量	住民生活	農林牧漁	重工業	軽工業	公共事業・交通・通信等	IT産業	商業・ホテル・飲食	金融・住宅・居民サービス等	その他
2001	14683 (9.0)	12.5	5.2	56.4	15.1	2.0	—	3.1	—	5.8
2002	16386 (11.6)	12.2	4.7	56.4	15.6	2.0	—	3.3	—	5.8
2003	18891 (15.3)	11.9	4.1	57.3	15.9	2.1	—	3.3	—	5.9
2004	21761 (15.2)	11.3	3.7	58.8	15.4	2.0	—	3.4	—	5.8
2005	24781 (13.9)	11.4	3.1	59.5	14.9	4.7	0.5	3.0	2.0	0.9
2006	28368 (14.5)	11.4	2.9	60.3	14.5	4.5	0.5	3.0	2.0	1.0
2007	32565 (14.8)	11.1	2.7	61.8	13.7	4.4	0.5	2.9	2.0	1.0
2008	34380 (5.6)	11.9	2.6	61.1	13.3	4.6	0.6	3.0	2.1	1.0
2009	36595 (6.4)	12.5	2.6	60.4	12.7	4.8	0.6	3.1	2.3	1.0
2010	41999 (14.8)	12.1	2.3	61.0	12.7	4.7	0.6	3.1	2.3	1.2
2011	47026 (11.9)	12.0	2.2	61.4	12.4	4.7	0.6	3.2	2.3	1.2
2012	49657 (5.6)	12.5	2.0	60.4	12.3	4.9	0.7	3.4	2.5	1.2
2013	53423 (7.6)	12.7	1.9	60.3	12.0	5.0	0.7	3.5	2.5	1.2
2014	56393 (5.6)	12.3	1.8	60.9	11.8	5.0	0.8	3.6	2.6	1.0
2015	56933 (1.0)	12.8	1.8	59.7	11.9	5.3	0.9	3.7	2.7	1.3

出所：各≪中国電力年鑑≫データ，前掲≪中国電力十年跨越与発展≫，310頁による。

注：住民生活には都市と農村を含む。公共事業・交通・通信等には郵政、倉庫などを含む。総消費量の（　）は年の増加率。「―」は新しい統計方法に変わり、数値が与えられていないことを示す。

表 3-14　電力多消費工業の状況　　　　　　　　　　単位：億キロワット／時、（%）

年	化学原料・化学製品	非鉄金属製品	鉄金属精錬・加工	非鉄金属精錬・加工	石油化工・コークス製造・原子力燃料加工	合計	増加率
2001	1185	717	1164	793	266	4125（49.8）	—
2002	1356	880	1323	824	331	4714（51.0）	14.2
2003	1630	1031	1648	1072	336	5717（52.8）	21.3
2004	1849	1209	2064	1258	413	6793（53.5）	18.8
2005	2130	1420	2551	1473	314	7888（53.5）	16.1
2006	2439	1676	3039	1830	357	9341（54.6）	18.4
2007	2779	1856	3662	2398	410	11105（55.2）	18.9
2008	2761	1960	3693	2511	424	11349（54.0）	2.2
2009	2907	2126	4021	2576	475	12105（54.7）	6.7
2010	3145	2449	4612	3129	565	13900（54.2）	14.8
2011	3528	2918	5248	3502	607	15803（54.7）	13.7
2012	3936	2951	5221	3819	595	16522（54.9）	4.5
2013	4341	3149	5704	4114	678	17986（55.8）	8.9
2014	4628	3324	5796	4399	719	18866（54.9）	4.9
2015	4754	3105	5333	5506	780	19478（57.3）	3.2

出所：国家統計局能源統計司、国家能源局綜合司《中国能源統計年鑑2000-2002》、《中国能源統計年鑑2008》、《中国能源統計年鑑2012》、《中国能源統計年鑑2017》による。
注：合計の（　）内の比率は、重工業合計に占める「五大工業」の比率。

工業においても、省エネ化の傾向がみられ、増加率の大幅な減少がみられた。この 3 つの「計画期」を通して、工業の電力消費は総消費の75%弱を占めたが、傾向的には減少しており、特に顕著に軽工業の消費比率が低下している。これは省エネが進展していることの表れであったとみていいであろう。

　工業に次いで大きな電力消費分野は住民生活における消費電力であり、11―13%の比率を維持した。住民生活における安定的な電力消費が継続され、都市・農村において電化生活が進展し、安定した生活が各地の都市・農村にも浸透していることを反映している。また、金融・住宅・居民サービス等、及び市民に対するサービス提供としての公共事業等も電力消費の重要な分野に成長していることがわかる。こうしたことと関連しているのは、商業・外食の安定的な比

率の推移であろう。生活の安定化とともに、レジャーに連なるホテル・レストラン等の産業が成長を遂げ、いわゆる外食産業の伸長をもたらしていると考えられる。こうしたことが第三次産業におけるサービス業の電力消費の比率増加に連なっていった。

　しかし、一方、第一次産業である農業及び漁業等の電力消費の比重が減少しており、2001年には5.2％を占めていたが、2015年には、わずかに1.8％を占めるだけになった[116]。

　この期には、電力消費の分野別分類区分に変更があり（2005年から）、新たにIT産業と金融・住宅・居民サービス等の項目が建てられた。これまでは、主にその他項目に入れられていた分野の電力消費が重視されるような地位になったことを意味している。金融・住宅・居民サービス等における電力消費は、2008年以降増加傾向にあり、産業構造の転換を反映した動きを示している。新興産業のIT産業における電力消費もそうした動きを反映しているが、電力消費比率に大きな変化はなく、こうした産業の登場は、これまでのように、電力消費の増加を伴うような発展ではなく、IT産業における技術進歩によるインターネットやビッグデータの処理、さらにクラウドコンピューティングによる多方面にわたるサービス提供などによる業務の効率化が電力消費を増大させない省エネ技術として展開されていることを看取しうる。

　表3−15は、地区別の電力消費状況を示したものである。華東・華北・華中といった沿海地域のこれまで中国経済をけん引してきた地域の電力消費は堅調であり、中国全体の電力消費量の動きと同じような傾向を示しており、この3地区の電力消費が総消費量のほぼ70％を占める。この3地区のうち、華北の内蒙古電網の電力消費の増加率が目立っている[117]。東北地区は、2007年以降、電

116）この減少は「農電改革」政策（≪2004年中国電力年鑑≫，30頁「いっそう農電管理体制の改革を深化させることに関する意見」（≪关于进一步深化农电管理体制改革的意见≫国家电网农［2003］456号）や中国の都市化などのさまざまな要因に関わると考えられる。すでに述べたように、「農電」については、別稿で論じるつもりである。

117）表3−15には表示しなかったが、各地区の管理地域の内訳をみると、2005年以降、10年間で4倍に増大している。

表3-15　各地区における電力消費量の比率　　　　　　　　単位：億キロワット／時、（％）

	2001	2003	2005	2007	2009	2011	2013	2015
華北地区	2902 (23.0)	3706 (22.9)	5984 (24.2)	8281 (25.4)	9130 (24.9)	11651 (24.8)	13035 (24.4)	14327 (25.2)
東北地区	1276 (10.1)	1472 (9.1)	2045 (8.3)	2451 (7.5)	2692 (7.4)	3294 (7.0)	3507 (6.6)	3506 (6.2)
華東地区	2865 (22.7)	3914 (24.2)	6095 (24.6)	7983 (24.5)	9026 (24.7)	11476 (24.4)	13050 (24.4)	13567 (23.8)
華中地区	2425 (19.3)	2944 (18.2)	4502 (18.2)	5826 (17.9)	6695 (18.3)	8706 (18.5)	9661 (18.1)	9947 (17.5)
西北地区	947 (7.5)	1003 (6.2)	1838 (7.4)	2422 (7.4)	2811 (7.7)	4054 (8.6)	5283 (9.9)	6058 (10.6)
南方地区	2182 (17.3)	3149 (19.5)	4309 (17.4)	5603 (17.2)	6241 (17.1)	7844 (16.7)	8886 (16.6)	9530 (16.7)
総計	12597 (100.0)	16186 (100.0)	24773 (100.0)	32565 (100.0)	36595 (100.0)	47025 (100.0)	53422 (100.0)	56935 (100.0)

出所：各年《中国电力年鉴》による。
注：「六大広域電網」による管理地域で区分している。（　）は全体に占める割合。

力消費は伸びず、消費比率を大きく減退させている。この期間、電力消費を増加させたのは西北地区であり、傾向的にいえば、先に指摘した内蒙古の増大を含めて、「西部大開発」政策によって地方の電力消費量が増加し、「西部大開発」の地域に重工業などの高電力消耗産業が徐々に移転していっていることを意味している[118]。中国の産業構造の転換を反映するものであった。南方地区は全体の消費量の16—17％を占めて、大きな変化はない。

　地域の需給状況についていえば、華北、華東、華中、南方はほぼ均衡しており、西北、東北は供給過剰状態であったとされる。東北地方の発電機使用時間数はわずか3758時間で、これに基づけば、1400万キロワット近くを余すことになるが、こうした供給過剰は、産業の生産能力過剰に基づく電力消費の減少によってもたらされたものだという[119]。

***

118)　蔡昉（西川博史訳）『中国の経済改革と発展の展望』現代史料出版、2020年、155
　　-158頁参照。

119）前掲≪中国电力十年跨越与发展≫，90–100页参照。黒龍江・吉林・内蒙古では
電力供給に余裕があり、安徽・江蘇・福建・河南・江西・甘粛・貴州などの地域で
は電力の過剰状態が始まっていたとされる。

終章　総括と展望

一　総括

1　国家体制改革の一環に位置した電力工業の改革

　国有企業の改革が新たな段階に入り込んだ。それは、社会主義中国の国家体制の「改革」を示唆するものであった。2012年11月に開催された「中国共産党第18期全国代表大会」は「企業改革の深化」を標榜し、2013年11月の「第3回中央全体会議（三中全会）」において、「中共中央の改革の全面的深化についての若干の重大問題に関する決定」を可決した[1]。

　中国の特色ある社会主義経済の基本的な経済制度は「公有制」であり[2]、その主要な形態は、公的な主体（中央・地方の政府、その他政府機関など）による、さまざまな所有形態（持株制によって全部所有から部分所有までの諸形態があり、国有資産管理委員会が管理する「全人民所有制」である）からなる「国有企業」であった。これには次の3つの分類があるとされた。第1の分類は、一般的な競争市場の産業分野に属する国有企業であり、第2の分類は、国家安全保障に関係する基礎的戦略的産業分野ないし人民生活に直接関係する重要な産業分野に属する国有企業であり、第3の分類は、公益分野に属する国有企業であった。それぞれの分類において、それぞれの「改革」が行われるべきであるとされたが、このようなことを明確に指示したのは、2015年8月24日に中共中央及び国務院

1）《中共中央关于全面深化改革若干重大问题的决定》。また、邵丁、董大海著《中国国有企业简史（1949–2018）》人民出版社，2020年，430頁以下も参照。詳細は中華人民共和国国務院新聞辦公室ホームページ（http://www.scio.gov.cn/zxbd/nd/2013/document/1374228/1374228.htm）を参照。

2）裴长洪、杨春学、杨新铭《中国基本经济制度—基于量化分析的视角》中国社会科学出版社，2015年，参照。

によって公布された「国有企業の改革を深化させることに関する指導意見」であった[3]。この「指導意見」は、①総体要求、②分類化改革、③「現代企業制度」の改善、④国有資産管理体制の改善、⑤混合所有制経済の発展、⑥国有資産流失を防止する監督強化、などの面から国有企業の改革に関する具体的措置を提起した。①総体要求では、指導思想として、中国の特色ある社会主義の発展を堅持し、改革の方向を社会主義市場経済の確立に定め、基本原則として、国有企業を中心とした公有制を発展させることを堅持して、2020年を国有企業改革の目標年にして、②以降の改革項目を進展させるとした。

　②分類化改革では、国有企業を上述した3分類に区分することを要求し、③「現代企業制度」の改善では、公司株式制改革の推進、社会主義市場経済に適応的な報酬制度の構築などを要求し、④国有資産管理体制の改善では、国有資産管理機構の職能を転換して資本管理を主とするものにする等を要求し、⑤混合所有制経済の発展では、非国有資産を国有企業改革に引き入れ、国有企業の株主に非国有企業を参加させて株式の多元化を図り、さらに混合所有制の職員・労働者の持株を奨励するなどを要求し、⑥国有資産流失を防止する監督強化では、内部監督・外部監督のみならず、情報公開による社会的監督を受けるメカニズムの構築などを要求した。こうした要求を実現するために、多くの関連文件が発出され、国有企業改革の「1＋N文件」を形成したとされる[4]。

　これらの「1＋N文件」によって、国有企業の改革に関する「4つの重大任務」が明確にされた[5]。その第1の任務は、「公有制」経済における「国有企業主体」を堅持し、国有企業に主導的作用を発揮させることであった。第2の任務は、各種の国有企業の機能（役割）を確定し、それを国家戦略に奉仕させること（具体的には、公共サービスを重点的に提供し、重要な先進的な戦略的産業を発展

3）≪中共中央、国務院関于深化国有企業改革的指導意見≫中発［2015］22号。この「指導意見」は、2013年4月頃から各地区・各部門から種々の意見を聴取し、2013年11月15日に「中国共産党第18回全国代表大会」において決議された、先に挙げた「中国共産党中央の改革を全面的に深化させるいくつかの重大問題に関する決定」を貫徹するために公布した「文件」であり、新時期の国有企業（「新国企」）の改革を指導・推進する「綱領的文件」であるとされた。

させ、生態環境を保護し、科学技術の進歩を支持し、国家の安全保障を実現する）であった。第3の任務は、国有経済の管理について、「資本管理」を主として、この「資本（資産）」に関する監督・管理を強化することであった。第4の任務は、国有経済の企業制度に関して、「現代企業制度」に則り、健全な運営や有効なチェックアンドバランスが作用する「公司法人」制を完備することであった。国家体制の「改革」は、この重大任務及びこれに関する具体的な「改革措置」を通して、最終的には、「新国企（新型国有企業）」を主とする国有経済を形成し、それを社会主義市場経済に適合させていくことであるとされた。

　改めて指摘するまでもなく、電力工業は、国有企業の分類でいえば、第2の分類に属する国家安全保障に関係する基礎的戦略的産業分野ないし人民生活に直接関係する重要な産業分野に属する国有企業であり、上記のような国家体制

4）「国有企業改革の深化に関する指導意見」を1とするいくつかの「文件」の体系は「1＋N文件」とされる（但し、このN文件の数や内容について、研究者によってさまざまであり、統一されていない）。主要なものを本文の分類に沿って紹介すると次のようである。②分類化改革では、≪关于国有企业功能界定与分类的指导意见≫（「国有企業の機能と分類に関する指導意見」2015年12月）など、③「現代企業制度」の改善では、≪国务院办公厅关于进一步完善国有企业法人治理结构的指导意见≫（「国務院辨公庁の国有企業法人ガバナンス構造をさらに改善することに関する指導意見」2017年4月）など、④国有資産管理体制の改善では、≪关于改革和完善国有资产管理体制的若干意见≫（「国有資産管理体制の改革・改善に関する若干の意見」2015年10月）など、⑤混合所有制経済の発展では、≪关于国有企业发展混合所有制经济的意见≫（「国有企業の混合所有制経済を発展させることに関する意見」2015年9月）、≪关于鼓励和规范国有企业投资项目引入非国有资本的指导意见≫（「国有企業の投資項目に非国有資本を引き入れることを激励し規範化することに関する指導意見」2015年9月）など、⑥国有資産流失を防止する監督強化では、≪关于加强和改进企业国有资产监督防止国有资产流失的意见≫（「企業の国有資産の流失を防止するために企業の国有資産監督を強化・改良することに関する意見」2015年6月）、≪关于进一步加强和改进外派监事会工作的意见≫（「いっそう外部派遣監事会活動を強化・改良することに関する意見」2016年4月）などである。

5）黄群慧≪"新国企"是怎样炼成的—中国国有企业改革40周年回顾≫，載≪China Economist≫，Vol. 13，No. 1，Jan-Feb. これには中国語版（2018年第1期）もあり、ここでは、中国語版を参考にして、上記のような「4つの重大任務」に筆者がまとめた。

の「改革」の一環に位置づけられ、これ以降、電力体制の「改革」が推進されていくことになるのである。こうした電力工業における「改革」が国家体制の「改革」の一環に位置して展開されるようになることに関して、以下のように指摘することができる。

　先の第1の任務（国有企業を主体とする公有制を堅持する）との関連でいえば、世界の電力工業（電力事業）において、この業種の、とりわけ電網の「自然独占的」特性と人民生活の安定に直接関係する公共性が認識され、国有ないし国家による相当程度の管理が実施されていた。しかし、国有企業は効率が低く、政治的な方面からの圧力等によりコストが嵩み、さらにそうしたことが継続されると公共的サービスは劣るものになるとして、私有化の傾向（例えば、イギリスやノルウェーなど）が強くなっている[6]。こうしたことに対応する施策は国によって異なるが、中国では、「中国共産党第18期全国代表大会三中全会」で可決された「若干の重大問題に関する決定」は、「自然独占的」な産業に対して、「網運分離の実行と競争的業務分野の開放」[7]を要求した。例えば、「自然独占的」特性を有する電力工業では、この「自然独占的」な部分に関連する競争的業務を分離して市場に引き渡すとした。後述する「継続される電力体制の改革」の項（「9号文件」による改革）でみるように、電力体制の「改革」は、国有企業の主導性を発揮させることに主眼があり、完全に市場調整や競争的市場に移行することを目的にしたものではない。しかし、同時にまた、だからといって、常に国有企業が絶対的優勢を保持する状態を維持しなければならないとい

6）他国の電力事業の実態については、李敏、王洪奎≪国内外電力体制改革研究≫，載≪電网与清洁能源≫第33巻第8期，2017年8月。

7）「網運分離」とは、鉄道・水道・ガス・電力などといった産業のネット型結合で構成される「自然独占的」環節の基礎設備とこの設備の運営を分離することである。電力工業についていえば、下記に示すように、「管住中間・放開両頭（電力工業の両先端である発電環節と電力小売環節を競争的領域として開放して市場取引の導入と市場参加主体の多元化を実現し、中間環節の輸配電環節を国家がしっかり管理する）」体制を構築することであった。具体的には、輸配電業務を「管住」し、電力の売買業務を「放開」することであった（国家発展改革委体改司編≪電力体制改革解読≫人民出版社，2015年，17頁参照）。

うことを意味するものでもなかった。「9号文件」による「改革」では、「管住中間・放開両頭（電力工業の両先端である発電環節と電力小売環節を競争的領域として開放して市場取引の導入と市場参加主体の多元化を実現し、中間環節の輸配電環節を国家がしっかり管理する）」体制を整備することが指示された。この「両（頭）端」の競争的領域では、国有企業であっても、企業効率の低い企業の市場からの退出を促すとされた[8]。また、この市場化には所有制改革ということも含まれるが、この所有制改革の方向性がなお確定していない段階で、電網の「自然独占的特性」を前提にして、両端の競争的環節を開放し、競争によって価格を決定させることは、非常に困難な課題である。しかも、「自然独占」の環節（電網）と競争的環節がいまだ有効に分離されていないなかでは、競争的環節における電力価格の市場化は、実質的な効果を発揮しえないといえるかもしれない。こうしたことは、この第1の任務に則して解決される長期的な課題である。

　第2の任務（国家戦略への奉仕）との関連では、このことは、電力工業において、公共サービスの充実、及び具体的なエネルギー総体に関する国家戦略に相応する管理体制の構築が志向されることを意味する。さらにまた、国家の戦略的産業政策では、経済成長における「量から質、計画重視から効率重視への成長戦略の転換」が行われている。このなかには、環境問題に配慮したクリーン・エネルギーへの転換、排ガス対策、社会福祉の社会的規模での拡大に依拠した民生の充実なども含まれる。電力体制の「改革」では、これまで主体であった電力エネルギー戦略が資源エネルギー全般にわたる戦略に転換されることを意味するが、この課題も、電力体制の改革の深化を通して長期的に解決されなければならない。

8）この「放開両頭」の施策について、実質的な効果はきわめて小さいとする見解もある。元々、「管住中間・放開両頭」の施策は「9号文件」に初めて登場した施策ではなく、国家電網公司が輸配電業務を分離した際（「5号文件」による「改革」）の対応策であったとされる。そこでの「管住中間、放開両頭」では、前者の「管住中間」に重点があり、これまで政府が長期にわたって実施してこなかった電網環節に対する規制を求めたものであって、「両端」の市場化を目的にしたものではなかった（冯永晟《理解中国电力体制改革：市场化与制度背景》，载《财经智库》，2016年9月号，第1巻第5期）。

第3の任務（「資本管理」の側面からの監督・管理）に関連して、電力工業においても、これからは、国家による「業務管理」から「資本管理」を主とする監督・管理体制に移行し、国務院国有資産監督管理委員会（「国資委」）による「資本管理」が本格的に進展していくことになる。2003年に「国資委」が成立するまでは、国家資産の流出が相次ぎ、国有資産の管理も杜撰で、政府と企業の区分は明確でなく、両者の関係も混乱していた。「国資委」成立後、こうした状況は徐々に改善されていったが、「国資委」の管理権限はいまだ確定されていなかったので、「政企分離」は徹底されず、国有企業の本来の資産規模などは明確にされなかった。特に電力工業では、国有資本（資産）が圧倒しており、電網資産はすべて国有であり、発電資産の大部分も中央と地方政府による「公有資産」であり、電力工業は国家資金の投入あるいは融資という「国家的な待遇」を受けてきたといえる。こうした状況は、電力工業からいえば、歴史的・伝統的な問題であったが、「資本管理」はこうした問題を電力市場の「改革」によって解決しようとした。そのため、「5号文件」による「改革」以降、各分野の専門的業務の分離・独立が進められた。「9号文件」による「改革」では、さらに進んで、下記にみるように、「輸配電価格」を「電網使用料」（中国語では「過網費」である、意味上から「電網使用料」とした）として明確に定義し、これを国家資産の「使用料」にして、これに関連する電網の国有企業を電力市場から完全に分離・排除し、国有資産価値の維持と増殖に関わる電網の建設と保全に専念する企業に作り上げ、これを管理することにした。こうすることで、電力の卸売・小売といった電力の売買市場に競争関係を導入することも可能にされ、その合理的な監督・管理体制の構築も容易に実現されるとした。こうしたことがどのような電力体制の下で運営されていくかは、電力工業の改革の深化に関係している。
　第4の任務（「公司法人」制の完備）に関連して、いっそう「公司法人」による「現代企業制度」の完備が進展することになるであろう。こうしたことは、政府の直接的な「関与」がしだいに減少していくことを意味するが、そうしたなかで、「中央と地方」の関係も整備されていくことになる。「5号文件」による「改革」が進展し、国家電網及び南方電網の「二大電網公司」と「五大発電

公司」は、中央政府を代表する電力企業として有力な支持を受けて大いに発展したが、発展すればするほど、地方企業を代表する地方政府の利益との協調が難しくなった。すでに指摘したように、電源の開発と運営、及び電網の建設と運営、さらに電源資源の配置等については、ほとんど中央が計画の立案・実行の当事者として責任を負う範囲内にあった。とはいえ、電力はあくまでも第二次エネルギーである。電力が依存する第一次エネルギー資源は、逆に、ほとんど地方の責任の範囲内に置かれていた。こうしたことが、計画経済体制下において、中央と地方の利益分配の不公平状態を造成していった。多くの地方、とりわけ電力が必要とする資源を豊かに賦与された地方は、電力の発展にあずかって大きな利益を取得した。しかし、これは、電力体制の「改革」によって「中央と地方」の関係を処理したことを意味しなかった。一部の地方が中央とともに利益を拡大しただけであったからである。政府がなしえたことは、「改革」が進展するなかで、「継ぎ当て」方式の対処法（例えば、資源税の改革と火力発電の投資審査権の地方政府への移譲など）を採ったにすぎなかった[9]。こうした対処法は、地方の積極性を引き出すことは引き出したが、電力体制の「改革」と呼応する関係を作り上げることはできなかった[10]。こうした方策が電力体制の「改革」と連携するかどうかは、長期的な検証が必要とされる。

2　継続される電力体制の改革

　以上のような国有企業改革の一環にあって、電力工業における「改革」はさらに継続的に進展していった。2015年3月15日、中共中央及び国務院は「電力体制改革をさらに深化することに関する若干の意見」[11]（以下「9号文件」と略称）

9）前掲≪理解中国電力体制改革：市場化与制度背景≫を参照。
10）例えば、火力発電の投資審査権の地方政府への移譲は特定の地方の電力過剰に拍車をかけたし、火力発電への傾斜は、環境保護やクリーン・エネルギーを増加させるという「エネルギーの国家戦略」にも逆行した。そのため、この政策は2015年には中止された（≪中国電力年鑑≫編集委員会編≪2016年中国電力年鑑≫中国電力出版社, 2016年, 611頁の「電力項目の権限許可の下放後の企画建設に関する通知」（≪关于做好电力项目核准权限下放后规划建设有关工作的通知≫发改能源［2015］2236号を参照。以下≪中国電力年鑑≫については年次のみを付して表記する）。

を公布した。この「9号文件」の発表は、電力体制の改革における新たな重大な一歩であった。電力工業は、「指令的な計画体制」から脱皮し、すでに「政企不分」・「発送電一体」といった問題を基本的に解決して、「多元的な主体（市場の構成員）による電力市場における競争」を基盤にした電力体制を築き上げてきた。それは「5号文件」による「改革」の成果であった。

　これまで考察してきたように、中国における電力工業の管理体制の改革は、「改革開放」政策によって推進された。1985年、国務院は、「集資辦電を奨励し、電力価格の多様化を実行することに関する暫定規定」を承認した。これによって、これまで国家の財政支出にのみ依存していた電力工業の発展方式を転換させ、社会的な遊休資金を動員して電源開発を行い、電力供給の増大を図り、これまで「電力不足」状態にあった大きな問題を解決することになった。1996年には、それまで試みられてきた、自立した経営体としての電力企業を実現させるため、「政企分離」を目的とした改革が実施され、国家電力公司が設立された（「国務院の国家電力公司を組織・設立することに関する通知」）。この「改革」の目的は、電力工業において独立した企業を創出して、電力の市場取引を実現させることにあった。2002年には、「電力体制改革方案」（「5号文件」）が公布され、地区・省市（省級の「省為実体」）の区分によって分離されていた電力工業を全国的な規模で1つの統一事業にするため、2つの電網公司（国家電網公司と南方電網公司）を成立させ、発電部門では、5つの発電集団企業を成立させ、監督機関として、統一的な「電監会」を設置した。これによって、発送電分離の方向が緒に就くとともに、地域・業種別に分断していた電力工業は、ようやく統一的な形態を持つようになった。

　他方、電力の市場化については、大口電力消費者と発電企業との直接交渉が承認され、電力の地区における地域差をなくし、コストに見合う電力価格を設定するなど、電力価格の調整モデルの検討が開始され、電力価格を統一市場で処理していく方向が模索された。その目的は、電力工業の発電分野・電網分野・補助事業分野という「三大分野」において、独立した企業によって、その分野

---

11)《中共中央、国务院关于进一步深化电力体制改革的若干意见》中发［2015］9号（《2016年中国电力年鉴》，553頁以下，参照）。

の事業が運営される体制を構築し、各分野において相互の競争を促進することにあった。この段階では、こうした改革はいまだ徹底したものにはならなかったが、ともかく、部分的であるとはいえ、発送電分離と補助事業の分離（電網公司における主補分離）が進展した。これによって、電力市場における構成員（中国語では「主体」と表現される）の多元化による競争市場も形成されはじめた。発電分野では、さまざまな層に属する人々が参加する、多種の所有制を有する発電企業が設立された。電網分野では、国家電網公司と南方電網公司のほか、内蒙古電力集団有限責任公司などいくつかの独立の地方電網企業[12]が成立した。補助事業分野では、中国電力建設集団有限公司や中国能源（エネルギー）建設集団有限公司といった設計・施工を一体化した企業が電網公司から分離・独立した。

　こうした一連の「改革」を経て、中国の電力工業は大きな発展を実現し、2000年代中頃には、なかなか解決できずにいた電力不足問題は完全に解消された。2014年には、総発電設備容量は13.7億キロワット、発電量は5.6兆キロワット/時に達し（前章表3-8参照）、22万ボルト以上の電網規模は、距離にして57.2万キロメートルに及び、20万ボルト以上の変電容量は30.3億キロボルト/アンペアになり、発電能力及び電網規模において、世界第1位の地位に就いた[13]。こうしたなか、電力サービスは、全国の隅々にまで行き渡り、農村への電力供給もほぼ完成され[14]、都市と農村の電力について、基本的には「同一電網・同一価格」が実現され[15]、2014—2015年頃には、「電力を用いることができない人口」をなくす問題は、基本的に解決された[16]。他方、電力工業の技術水準も向

---

12) 本書前章の注48参照。

13) 前掲「9号文件」を参照。

14) すでに指摘したように、農村への電力供給は「農電網」管理であるが、本書では、関連する項目について論述したにすぎず、この「農電網」の実態を明らかにすることは、今後の課題とした。

15) 寧瑞琪≪対"両改一同価"決策的理解和分析≫，載≪電力技術経済≫，2003年第4期。

16) 中国語では、「無電人口用電問題」といい、2013年から2015年の間に完全に解決されたとされる（≪2016年中国電力年鑑≫，13頁参照）。

上し、整った電力工業体制がほぼ完成に近づいた。

　こうしたなかで、いっそう合理的な体制（市場調整に対応した体制）を構築していくには、次のようないくつかの電力市場に関係する課題を解決しなければならなかった。第1は、発電企業と電力小売業（配電・供電業務）との市場競争を通した直接取引を基礎に、これに適合的な電力価格体系を構築するという課題であった。加えて、今後、いよいよ重要視されるようになる省エネ・排ガス減少等の環境問題を考慮して、新エネルギーとりわけ太陽光・風力といったクリーンな再生可能エネルギーを電網公司がいかに買い取るかに関する「市場モデル」を構築していかなければならなかった。それは、脱硫・脱硝・減排ガスのエコ電力のコストをいかに「上網価格」（今後、「輸配電価格」の「改革」が進展し、従来の「上網価格」は廃止される）に反映させるかということであった。第2は、発電企業と大口消費者や独立採算の輸配電企業とで直接取引される「協議価格」、及び「二大電網公司」と配電企業の間の「輸配電価格」をいかに調整するかという課題であった。第3は、電力の小売販売に「差別価格」（例えば、居民に対する電力販売に等級別電価を設定するなど）の導入を図ることであり、政策的に電力価格の構造に対する優位調整を行う課題であった。第4は、いっそう合理的な「炭価・電力価格連動システム」を構築していく課題であり、第5は、「上網価格」における競争、電力販売者と電力消費者における競争、発電企業と大口電力消費者における競争、発電権の取引（環境対策）、区・省を跨ぐ電力取引における競争をいっそう促進するとともに、こうした電力取引を監督・管理するシステムを合理的なものにしていく課題であった。

　以上のような課題は、当然、電力工業における管理体制の「改革」のいっそうの深化を必要とした。そのためには、次のようなことが実現されなければならなかった。

　第1は、電力の市場取引をいっそう高次の段階に引き上げ、資源の利用効率を高める管理体制を構築することであった。これまで、「二大電網公司」は発電企業から電力を「統一購入」し、それを電力の小売業者である配電（供電）公司に「統一販売」していた。国家電網公司と南方電網公司は、電力の輸配電企業として、多くの電力の取引において、「統一買付・統一販売」という旧来

の取引方式を継続する主体であり続け、その指導的地位のために、発電企業や電力消費者の選択権が制限され、市場によって資源配分を行うという市場調整機能が十分に発揮されず、ある地域では、電力の過剰や不足の状態が生じることもあった。こうした状況を改革し、電網公司を電網建設・輸配電網の保全・電網の公平開放を担う企業に限定する必要があった（このため、継続して「主補分離」を実行する）。

　第2は、電力価格の設定に市場調整を反映させるシステムを合理的に形成することであった。これまで、電力工業においては、価格形成の合理的なシステムを構築することができなかった。政府が電力価格形成へ参与する「定価」政策は、市場におけるコストの変動を電力価格に十分反映させることにはならなかった。今後、クリーン・エネルギーの発電が重要な意味を持ってくると、環境保護費用をいかに市場に反映させるか考えなければならない。それを、政策的介入によって補助するのか、市場システムを利用してコストの変化を何らかの形で解消していくのか、考えなければならない課題であった。

　第3は、電源・電網・設備製造業における計画と電力工業全体の計画性を調整する機構が不十分であったため、政府に有効で積極的な調整役割を果たさせることができなかった。これまでの電力の発展計画は、量的拡大を基本とし、「下から上へ」積み上げて認可を受ける方式を採用してきたため、政府の役割は不明確であった。また、電力工業全体の計画性において、各種の電源間での協調、発電と電網間での協調、輸配電と最終消費者間での協調があまり考慮されてこなかった。これらを早急に解決する体制を構築する必要があった。

　第4は、電力発展の計画性と中国経済の発展計画との関連性を強化することであった。発電企業は、根本的には「電力計画」に基づいて発電するので、新エネルギーやクリーン・エネルギーの発電になかなか取り組めず、環境にやさしい大容量の発電システムを最大限に活用することができなかった。そのため、クリーン・エネルギーの「棄水・棄風・棄光（水力発電・風力発電・太陽光発電で得た電気を捨ててしまうこと）」現象が生じていた。これを解決する「電力構造の優位化（環境保護を組み入れるなどの構成）」を進める体制を構築する必要があったが、それには、電力発展の計画性と中国経済の発展計画との関連性を強化し

なければならなかった。

3 「9号文件」による「改革」の内容

　以上のような要請があるなかで、2015年3月15日、「9号文件」による「改革」が打ち出された。「9号文件」による「改革」は、「中国共産党第18回全国代表大会」(2012年11月)及び「三中全会」(2013年11月)、「四中全会」(2014年10月)の精神[17]に則り、第1回エネルギー委員会の会議、中央財経指導小組の第6回会議等における国家エネルギー体制の改革や電力体制の改革に関連して提起された諸問題に対応したものであった。こうしたことから、「9号文件」は、国家エネルギー政策の一環に位置する、「新型の電力体制」を作り上げていこうとする「方策」を明示したものであり、これまでの電力分野における管理体制の改革を中心にしてきたものとは異なる、「国家体制のあり方」を基礎にした「改革」を指示するものであった。

　この「9号文件」には、さらに、国家エネルギー局及び国家発展改革委員会(「国家発改委」)が各部門と共同して提出した次のような5つの具体的事項に関する「実施意見」と1つの「指導意見」が付けられた(2015年11月26日付)[18]。それらは、「輸配電価格の改革を推進することに関する実施意見」、「電力市場の建設を推進することに関する実施意見」、「電力取引機構を設立し、規範的な運営を行うことに関する実施意見」、「発電計画・電力消費計画(電力需給をバランスさせる計画)を秩序的に開放することに関する実施意見」、「電力小売業(配電・供電業務)の改革を推進することに関する実施意見」、「石炭による自家発電の監督・管理を強化・規範化することに関する指導意見」であった[19]。

　電力体制の改革を深化させるために「9号文件」が指示したのは、第1に「総体的方向」、第2に「基本原則」、第3に「重要任務」であった。第1の「総体

---

17) この精神とは、「中国の特色ある社会主義の道を邁進する」ということである。
18) ≪2016年中国电力年鑑≫，613頁の「国家発展改革委員会・国家エネルギー局の電力体制改革の付属文書の配布に関する通知」(≪国家発展改革委、国家能源局关于印发电力体制改革配套文件的通知≫发改经体［2015］2752号)を参照。
19) 以下、これらの「文件」を指す場合、「付件」と記述する。

的方向」については、中国の特色ある社会主義的市場経済を基本にした「改革」を堅持し、国家エネルギー戦略を全面的に展開することであった。そのために、電力工業の「体制改革」で行うのは、総括していえば、「3開放・1独立・3強化」の実行であった[20]。「3開放（規制緩和）」とは、これまでの「政企分離」・「廠網分離」・「主補分離」の徹底化を前提として、①公益的・調節的以外の発電・電力消費の計画を秩序ある方式で開放すること、②輸配電以外の競争的な位置にある電力価格（「上網価格」及び最終電力消費者の「小売価格」）を秩序ある方式で開放すること、③社会資本に電力小売業（配電・供電業務）を秩序ある方式で開放することであった。さらに取引機構の相対的独立と規範的運営を推進すること、これが「1独立」であり、これらを実現するために、電網の建設と中国の国情に適した輸配電体制のあり方を研究して、政府による監督・管理、電力の統一計画、電力の安全・高効率の運営について、「3強化」を図るとした。

　第2の維持すべき「基本原則」については、①安全性の確保、②市場化改革の深化、③民生の保障、④省エネ・減排ガスの堅持、⑤科学的監督・管理の実行であるとした。以上のような「総体的方向」と「基本原則」に基づいて実施される第3の「重要任務」では、次の7つの任務が明示された。第1の任務は「電力価格の改革」であり、第2の任務は「電力取引体制の改革」であり、第3の任務は「相対的に独立した電力取引機構の創設」であった。第4の任務は「発電計画・電力消費計画」（電力需給をバランスさせる計画）を縮減する改革であり、第5の任務は「電力販売に関する改革」であり、これによって配電網の建設や配電網の効率的運営を図るとされた。第6の任務は「電網への公平な接続とさまざまな電源開発の奨励」であり、第7の任務は「電力の統一的企画と科学的監督・管理の強化」であった。

　上述した各重要任務には、さらにいくつかの具体的任務が指示されていた。主要なものについて、いくつか指摘しておこう[21]。

20）このような具体的な表現は「9号文件」にはないが、「文件」で記述されたことをこのように総括している、前掲《電力体制改革解読》，16-17頁を参照にして、ここではこうした表現を用いた。

21）以下の「任務のまとめ」に当たっては、「9号文件」と「付件」を参照にした。

第1の任務では、次のような具体的任務が指示された。

　①「輸配電価格」の決定である。これまで政府が定めていた「定価」の範囲を重要な公共事業・公益サービス部門などに限定し、この政府「定価」の「輸配電価格」は公告し、社会の監督を受けるとした。それ以外の「輸配電価格」は、電圧別の「認可された総収入（＝コスト＋合理的な利益＋税金）」の原則に従って、確定するとした。電力消費者あるいは電力小売業者（中国語では「售電主体」）は、接続電網の電圧別に対応する、「輸配電価格」を費用として電網公司に支払うとされた[22]。「輸配電価格」は「電網使用料」（「過網費」）としての「費用」とされ、発電価格や小売価格とは、形成の仕組上、別個であるとした。

　②電力の市場取引に参加する発電企業の「上網価格」の決定である。「輸配電価格」が「電網使用料」にされたことから、発電企業と電網企業の関係を表現する「上網価格」としての性格がなくなり、電力小売業者が発電企業から購入する電力価格は、小売業者と発電企業との協議ないし市場での「競価」を通して、自主的に確定されるとした。つまり、電力小売業者が電力消費者に販売する電力価格は、市場で競争を通して形成される市場購入価格（これまでは「上網価格」とされた）[23]に、「輸配電価格」（電網損耗費を含む「電網使用料」）と政府基金（法的に定められた消費電量に基づく徴収金）を加算したものとされた。しかし、電力の取引市場に参加しない、発電企業と大口電力消費者との直接取引の電力を含む「直接取引」は、従来通り協議価格とされ、また、居民生活用電力・農業生産用電力、それに重要な公共事業・公益サービス部門の電力は、既述のように、これまで通り継続して、政府が決める「定価」とするとした。

　③電力価格に対する「交叉補助」（さまざまな電力消費者間における異なった電

そ22) これによって、電網公司は電力取引業務から分離させられ、その本来の業務は電網の建設と管理に特定される。電網公司は「電網の使用料」を電力消費者あるいは小売業者から受け取る事業体にされた。したがって、「5号文件」で示したような電網公司が関わっていたこれまでの電力取引業務は、新設の電力取引機構に移され、政府の定める章程と規則に則って電力取引が行われるとされた（政府機関による有効な監督・管理の実施である）。

23) 前章（第3章）の「5号文件」による「新電力価格メカニズムの形成に関する措置」を参照。

力価格）は、電力価格の改革とともに処理すべきであるが、過渡的処理方法として、電網公司は、この総額を申告し、「輸配電価格」によって回収するとした。

第2及び第3の任務では、電力の取引機構について、次のことが指示された。

①市場を担う主体（発電企業・配電企業・供電企業[24]・小売企業・電力消費者など）の電網に接続する際の能力や地域的特性等を考慮して、それぞれの「認可基準」を定め、各主体の目録を作成するなどして、各主体同士が選択権を有して、多面的な直接取引をできるように誘導する。

②長期的・安定的な電力取引機構の独立した運営（取引双方の自主協議の決定）を目指し、法規に基づいた契約を実現する。

③区・省を跨ぐ電力取引を推進し、電力資源の優位配置（電力供給の多様化）を促進する。

④電力取引に参加する小売業者は、「輸配電価格」（「電網使用料」）を電網企業に支払った後、発電企業と電力取引機構において直接交渉する（上記のように、小売業者には国家基準資格を定め、電圧別の直接取引に参加することを承認する）とした。

⑤電網企業には、さらに専念して電網の建設・管理に当たらせ、以前のように、「上網価格」と小売価格の差額を収入源にするという方式を改める。したがって、今後、政府が定める「認可された総収入」を「輸配電価格」とし、これを電網企業は「電網使用料」として取得するとした。これが電網企業の収益である。こうした方式への転換は、同時に、これまで電網企業が設立してきた電力取引機構の「相対的独立」を保障することでもあり、電網企業の取引機構への関与を完全に解消するという転換であった。

⑥以前の「5号文件」に基づいて設置された電力取引機構は、設立から運営・管理まで電網企業と一体化した取引機構であり[25]、電網側の発信する市場情報

24）このうちには、地方（主に県級）の供電公司（企業）、市県の卸売商、経済技術開発区等における供電企業や機関が含まれ、以下、供電企業という場合、これらを含んでいる。

25）前章（第3章）の「5号文件」による電力取引機構の設置を参照。

を利用して、情報が届かないところでの市場参加者の積極性を高め、また、大電網公司を利用して、省・区を跨ぐ資源の調整をある程度行うこともできた。しかし、電力市場の特性を加味して考えてみても、この電力の取引機構が十分有効な働きをしたかどうかとなると、取引のプラットホーム（中国語では「平台」）の独立性、取引規則の規範性・健全性、政府の取引市場に対する監督・管理の合理性などの観点からして、十分有効であったとはいえないとした。したがって、電力消費者と発電企業との直接取引をさらに強力に促進するには、独立した電力取引市場を新たに設立し、購買・販売双方の取引をより多く展開しなければならないとし、それには取引機構による公平で規範的なプラットホームでのサービス提供が必要であり、また取引機構が独立性を堅持して、利害関係者からの牽制を受けないことも必要であるとした。この取引のプラットホームにおける「公平性と規範化」、及び取引機構の「独立性」が市場化のキーポイントであり、この点からして、旧来の「電力調達・取引センター」には、十分有効な「公平性・規範化・独立性」が確保されていたとはいえない。取引機構は、政府が批准した章程と規則によって組織・設立されるべきであるとした[26]。

第4の任務では、「発電計画・電力消費計画」（電力需給をバランスさせる計画）について、次のように指示された。

①これまで供給側の状況を主にして「発電計画」を策定していたが、今後、社会全体の発展方向や国家のエネルギー戦略に関連した「発電計画・電力消費計画」を策定する必要がある。そのため、②直接取引の電力量は「発電計画・電力消費計画」から除外するなどして、「計画」規模を秩序立てて減らし、③さまざまな発電組織を積極的に電力市場に参加させ、「計画」を電力市場の状況に任せるようにする。そのことによって、④政府の「発電計画・電力消費計画」は、公益用電力（居民用・農業生産用・重要公共事業など）を調節するものに限定していく。

第5の「電力の小売」に関する任務では、次のように指示された。

①電力小売業（配電・供電業務）への社会資本の参加を促し、「私有＋集体＋

---

26) 前掲≪電力体制改革解読≫，40-41頁を参照。

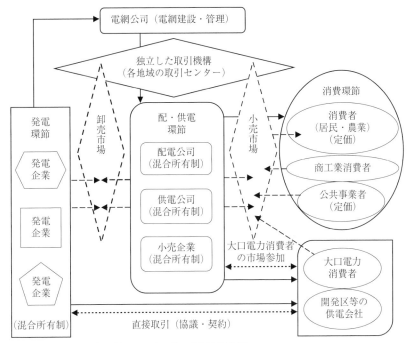

図4-1　「9号文件」に基づく電力工業の市場取引体制
出所：本書終章が参考にした資料等により作成。
注：━━▶は、電力の供給関係を示す。
　　- - -▶及び◀━━は、価格を提示して交渉し、市場で価格を決める（競価）。
　　◀・・▶は直接取引（協議・契約）。

国有の混合所有制」を発展させる。そのために、①配電網の拡大と運営業務の効率化を図り、②電力小売業の運営に関する権利・責任を明確にし、監督・管理を強化するとともに、電力小売業は、市場を通して、発電企業から電力を購入する方式を拡大する。③自家発電や自家電網を有する企業、「水供給・ガス供給・熱供給」の公共サービスを提供する企業、省エネサービスを運営する企業等にも、電力市場への参加を認め、電力の小売業務に進出することを促進する。④「高新技術産業園」や「経済技術開発区」などにおいて、供電公司を積極的に育成し、発電企業から直接電力を購入することも認める。⑤電網公司は無差別に「電力計量等に関するサービス」を提供し、市場競争を促進するとした。

　第6の「電網への公平接続とさまざまな電源開発の奨励」の任務では、①新

エネルギー・再生可能エネルギー・省エネ等のさまざまな電源と電網との接続を公平なものにし、これらエネルギーの買い取りを保障（制度化）し、②電力消費者（企業・機関・自治体・家庭等）には太陽光・風力・バイオ等による電源開発を促進することを指示した。

　以上のことを図式化して示すと、図4-1のようになる。

二　展望

1　継続される課題

　すでに指摘したように、電力供給については、ほぼ需要を満たしうるまでに設備の拡大が図られ、これまで量的増大を重視し、効率向上＝質的発展に重点を置く余裕があまりなかった発電部門に高効率の大型発電装置が導入されていった。他方、これまで電力工業の多くの分野に影響力を与えてきた「自然独占的」特性を有する電網公司（企業）に対して、電網の建設と管理に職能を限定する「改革」の方向が決定され、また、区・省を跨ぐ電網の基本的な接続が完成され、さらに、上述した電力供給の状況に合わせた配電網の建設が各地において展開されていった。国家エネルギー局は、2015年7月31日、「配電網の建設・改造の行動計画（2015—2020)」[27] を各関係部局（省市区・新疆生産建設兵団発展改革委・中国電力企業連合会・国家電網公司・南方電網公司）に通知し、各関係部局は、配電網の建設・改造を加速し、電網のバージョンアップを図り、社会経済の発展に尽力するよう指示した。この「行動計画」によれば、近年、電網建設は大いに発展してきたが、国際先進レベルと比べるといまだ差があり、また都市・農村の急速な発展と配電網の拡大とがバランスよく展開されているとはいえず、供電にはまだまだ改善の余地があるとされた。この5年ほどの期間に配電網の建設・改造を実施し、都市・農村に統一企画での電力供給を実現するとし、2020年の目標を表4-1のように示した。

　以上のような電力の供給と需要の状況のなかで、すでに指摘した「9号文件」

---

27) 《国家能源局关于印发<配电网建设改造行动计划（2015～2020)>的通知》国能电力［2015］290号（《2016年中国电力年鑑》，648頁以下参照）。

表 4-1　配電網の建設改造目標

指標	単位	2014年	2017年	2020年
1．供電供給率	%	99.35	99.69	99.82
中心都市（区）	%	99.95	99.97	99.99
城鎮	%	99.80	99.85	99.88
農村	%	99.16	99.45	99.72
2．年平均停電時間	時	57.0	27.0	15.7
中心都市（区）	時	4.4	2.6	1.0
城鎮	時	17.5	13.2	10.0
農村	時	73.6	48.0	24.0
3．総合電圧合格率	%	95.88	97.53	98.65
中心都市（区）	%	99.94	99.96	99.97
城鎮	%	96.92	97.95	98.79
農村	%	90.77	94.69	97.00
4．110キロワット以下の電線ロス率	%	6.2	6.1	6.0
5．高圧配電網配置比率	%	2.01	1.8—2.2	
6．1農家当り配電容量	kVA	1.55	1.8	2.0
7．配電自動化普及率	%	20	50	90
8．配電通信網普及率	%	40	60	95
9．AI計量器普及率	%	60	80	90

出所：≪2016年中国电力年鉴≫, 648-649頁の「配電網建設改造行動計画」による。

注：1．中心都市（区）は、市区内の人口密集で行政・経済・商業・交通が集中している地区。城鎮
　　　は、都市の建成区・企画区、県級以上の都市、工業・人口が相対的に集中している郷、鎮。農
　　　村は、中心都市（区）及び城鎮を除いた地区。
　　2．2014年の数値は、省級発展改革委員会（エネルギー局）・電網企業の上級への報告数値を加
　　　重平均したもの。

　及びその「付件」である「実施意見」と「指導意見」に基づいた「改革」が進
められ、これらの「改革方案（草案）」に則して、各種の電力体制改革に関連
する「文件」が次々と発出された[28]。ここでは、こうした「文件」のうち「改
革」の推進にとって主要なものを取り上げ、その実施の内容や過程を明らかに
して、電力体制の「改革」の展望をみてみようと思う。つまり、どのような課
題について、いかなる方式で、どのような解決法を採ろうとしたかを検討する
ということである。

国家エネルギー局が電力体制の「改革」を加速させるとした業務（課題）は、①電力市場を構築（電力市場取引規則及び監督・管理辦法の制定）すること、②電力取引機構を設立すること、③社会資本の電力小売業（配電・供電業務）への投資を加速すること、④「分布式エネルギー源」（天然ガス・太陽光・風力などのエネルギー源）の発展を図ることなどであった[29]。また、「全国電力体制改革工作テレビ会議」で強調された課題は、①輸配電以外の競争的環節を秩序よく開放する、②社会資本の電力小売業（配電・供電業務）への投資を促進する、③公益性・調節性以外の「発電計画・電力消費計画（電力需給をバランスさせる計画）」の秩序ある開放を実施する、④独立した取引機構の規範的運営を実現する、⑤電網の再生可能エネルギーに対する公平な開放・利用を推進する、などであった[30]。さらに、「国家エネルギー局改革協調指導グループ会議」が提議した課題は、①電力市場化取引の構築、②電力取引機構の設立、③新エネルギー及び再生可能エネルギーを一体化するための作業（文件の起草など）を行うことであった[31]。こうしたことから、「9号文件」による主要な「改革」の課題は、①電力取引機構の設立、②電力市場の構築（電力市場取引規則及び監督・管理辦法の制定）、③社会資本の電力小売業（配電・供電業務）への投資、④「分布式

28）「国家発改委」を主とした部署から次のような新たな電力体制の改革に関する4個の文件（1個の指導意見と3個の通知）が発出された（≪关于完善电力运行，调节促进清洁能源多发满发的指导意见≫，≪关于完善电力应急机制做好电力需求侧管理城市综合试点工作的通知≫，≪关于贯彻中发［2015］9号文件精神，加快推进输配电价改革的通知≫，≪关于完善跨省跨区电能交易价格形成机制有关问题的通知≫）（≪2016年中国电力年鉴≫，8頁参照）。この「指導意見」によれば、各省級政府の主管部門は、当該地域の「年度電力需給計画」を編成する際、再生可能エネルギー発電の「全額買い取り制度」を措置すべきであると指示し、これによって、クリーン・エネルギーの拡大・促進を図るべきであるとした。他の3個の「通知」は、電力需給に関する市場化草案の「試行」と「輸配電価格」に関する「試行」に関するもの、及び区・省を跨ぐ電力取引価格形成メカニズムに関するもの、「輸配電価格」を算出するコスト算定に関するものであった。

29）≪2016年中国电力年鉴≫，9頁。

30）≪2016年中国电力年鉴≫，138頁。

31）≪2016年中国电力年鉴≫，141頁。

エネルギー源（天然ガス・太陽光・風力などのエネルギー源）」の発展に関する措置（電網の再生可能エネルギーに対する公平な開放・利用）、⑤輸配電以外の競争的環節の電価の秩序ある形での開放（電力小売価格の改革）であったが、これらは、先に指摘した「9号文件」の「付件」において実施するとした課題に対応するものであった。

2 「改革」の「試行」方式

　こうした「改革」課題を秩序ある形で実現していくために採られた方法は、従来と同様、いくつかの「試行」方式を実施するというものであった。ある地点、ある範囲において「試行」を実施し、それを繰り返し、その成果を総括し、さらに「試行拠点」や「試行範囲」を拡大し、次いで、その成果を効果的に実行できるようにするための工夫を施し、さらにその「試行」に対して研究を継続し、一般的に普及させる方式をみいだすという方法であった。これは「試行を主として、その成果を広めていく」方法であり、こうした方法を採用した理由について、次のように指摘されている。中国の電力市場の形成はなお緒に就いたばかりであり、各省、各地区の発電資源及び電網の状態も一様ではなく、そのため、完全な電力市場を一気に作り上げようとしても不可能である。まずは、条件が比較的成熟し、改革の難度が比較的少ない地域から率先して「試行」を行い、経験を総括し、不断に改善して、さらにその他の条件の地域に広めていくのである。このような「試行」方式は、中国の国情、中国の電力工業の現状に相応したやり方であり、改革目標を実現するのに役に立つ、また比較的強い操作可能性を有する「改革」方式なのである[32]。

　このような「試行」は、電力改革について、①総合的な改革の試行、②「輸配電価格」改革の試行、③電力小売価格（小売業務）改革の試行、④配電業者を増加させる改革の試行という4項目[33]において実施されたが、2016年末には、表4-2にみる省・市・区に拡大した。

　ここでいう①総合的な試行とは、2015年4月7日の「国家発改委」・財政部

---

32) 前掲≪電力体制改革解读≫，36頁参照。

表4-2　電力改革の試行の状況（2016年末）

類別	数量（省市区）	省市区
「総合」の試行	21個	**雲南**、**貴州**、山西、広西、北京、海南、甘粛、河南、新疆、山東、湖北、四川、遼寧、陝西、安徽、寧夏、上海、内蒙古、湖南、天津、青海
輸配電価格の試行	32個の省級電網と1個の地区電網（西蔵のほか香港・マカオ・台湾以外の全省市）	**蒙西**、**雲南**、**貴州**、**重慶**、**広東**（深圳）、**広西**、**福建**、北京、天津、冀南、冀北（**京津冀**）、安徽、湖北、寧夏、山西、陝西、江西、湖南、四川、蒙東、遼寧、吉林、黒龍江、上海、江蘇、浙江、山東、河南、海南、甘粛、青海、新疆、華北地区電網
電力小売価格の試行	9個	**重慶**、**広東**、新疆、福建、黒龍江、華北、浙江、吉林、広西
配電業者増加の試行	105個	全国

出所：≪2017年中国电力年鉴≫，32-33页。
注：1．蒙西は、内蒙古西部であり、蒙東は、内蒙古東部である。
　　2．「総合」の試行については、本文参照。
　　3．表中の太字は、最初に開始された省市区を示す。

の「電力の応急対応メカニズムを改善し、電力需要側に対する管理をうまく行う都市の総合的業務を試行することに関する通知」[34]に基づく「試行」である。この「通知」によれば、電力需要側に対する管理は電力負荷の削減や電力ピーク時の対応に有利であり、これによって電力の災害や突発事故などへの応急保障能力を向上させることができるとし、さらに再生可能エネルギーによる発電の処理にも有利であるとした。電力消費者には、節電意識の向上を図るとともに、モニタリングなどを実施するほか、管理プラットホーム（「平台」）を設立し、地元の価格主管部門と協議して、ピーク時電価や季節電価の調整を行うべ

33）このほかに、小売市場の「監督・管理」や「輸配電価格のコスト」に関する「監督・審査」及び「監督・審査」機関を組織・派遣することの「試行」が行われた。また、内蒙古西部における新エネルギー取り込みの推進と「電力体制革新総合模範区」設置の試行、京津冀（北京・天津・華北）と南方地区で「試行」された「電力市場草案」があり、これらに対する研究などが展開され、規定等の制定も進展した（≪2016年中国电力年鉴≫，9页参照）。

34）≪关于完善电力应急机制做好电力需求侧管理城市综合试点工作的通知≫发改运行［2015］703号（≪2016年中国电力年鉴≫，597-598页）。

きであるとした。最終的には、こうした措置に関する規定を制定して評価基準
を明確にし、その成果を実質的なものにすべきであるとした。この「試行」は
雲南と貴州でまず実施され、管理経験の成果に対する研究を通して[35]、表4-
2にみるように、「試行拠点」の拡大が図られていった。だが、こうしたこと
は、電力工業の発展にとって必ず通過すべき改善項目の1つであり、「9号文
件」が特別に指示しなくても実施されなければならない「改革」であった。

　これに対して、②「輸配電価格」改革の試行、③電力小売価格（小売業務）
改革の試行、④配電業者を増加させる「試行」は、いずれも電力市場の形成[36]
及び電力取引機構の設立に関係する「9号文件」による「改革」に特有の「試
行」であった。これらの「試行」の基本的な要求は、電力取引に有効な市場競
争を導入し、電網企業による「独買・独売」を排除し、市場障壁を打破し、電
網を「開放」することであった。こうした電力取引における「独買・独売」か
ら「有効競争」への転換には、公平で規範的な高効率の取引プラットホームを
有する取引機構を設立する必要があり、さらにその機能を十分発揮させるには、
市場取引を担う市場主体を育成し、多元的な市場主体からなる健全な市場取引
を全国規模で実現する必要があった[37]。

---

35) これまで、こうしたことに関する「経験不足」から電力の需要側の意向を電力市
　　場と関連づけることは難しかったとされたが、「試行」の経験から、この電力需要
　　者の電力負荷を削減させ、クリーン・エネルギーの発電資源を電力市場に上場させ
　　ることを可能にし、需要者にこれらの電源を提供できるようになったとしている（前
　　掲≪電力体制改革解読≫、25頁）。
36) ここでの電力市場の形成とは、すでに指摘した「上網価格」と「小売価格」の両
　　端に競争を導入するとした「管住中間・放開両頭」である。「中間」の「輸配電価
　　格」は、政府が制定する「認可された総収入（コスト＋合理的な利益＋税金）」の
　　「電網使用料」であるので、「上網価格」と「小売価格」を市場化するということで
　　あった。このため、「電力市場基本規則」、「電力中長期取引基本規則」、「電力市場
　　監督・管理辦法」が制定された（≪2016年中国電力年鑑≫、9頁）。
37) 電力市場は、発電・輸配電・電力消費という「三環節」からなり、この「三環節」
　　の確実な運営を継続するには、それぞれの「環節」を担う発電企業・電網企業・電
　　力消費者の相互協調が必要であるとされた。

3　「改革」の継続と展開

　電力市場形成の核心は、いうまでもなく電力取引機構の設立である。電力の市場化を促進する電力取引機構の設立に関する研究が進められ、「電力取引機構設立作業部会」が組織された。この「作業部会」では、①「国家発改委」と共同して関係部局からこの設立についての意見を聴取する、②北京・広州に電力取引センターを設立するほか、他の地区及び省・市・区には電力取引機構を設立する、③北京・広州に設立される電力取引センターに「市場管理員会」を設置するための「草案」を制定するなどについて研究が行われた。こうした「作業」を経て、厳正な電網公司に対する監督・管理方式の構築に次いで、合理的な「輸配電価格」の形成、小売電力の市場化推進、省及び区を跨ぐ電力取引価格の形成等についての「試行」がいっそう推進された（表4-2参照）[38]。

　こうした「試行」を経て、2016年3月1日、これまでの「電力調達・取引センター」とは異なる、新しい仕組み[39]の「北京電力取引センター」と「広州電力取引センター」が設立された。「北京電力取引センター」は国家電網公司が全額出資する「公司」であり、「広州電力取引センター」は南方電網公司が株式の66.6％を取得する（残余は関連企業と第三者機関の持ち株）株式会社であった。こうした「電力取引センター」は、国家の「西電東送」戦略を実現すること、「指令性計画」を確実にするため地方政府と協議する枠組みを提供すること、区・省を跨ぐ電力の市場取引を展開すること、地区間・省間における電力需給を調整すること、クリーン・エネルギーを積極的に取り入れることなどを主要任務とした。その後、27の省・市において「省級の電力取引機構」が成立した

38）≪2016年中国電力年鑑≫，9頁参照。

39）この独立した「新しい仕組み」の取引機構は、次の諸点において新たな意義を有していた。①職能では、機構は営利を目的とせず、政府の監督・管理下において、市場主体に規範的・公開透明な取引サービスを提供する。②組織形式では、政府が定めた章程と規則に従って、電網業務からこの取引組織を分離させる。③市場管理委員組織を有する機構である。④体系の枠組みでは、地区・省市区に設置され、将来的には各市場の融合を図る。⑤人員と収入では、独自の人員と収入を有して、市場の独立・公平を維持する。⑥調達機構との関係では、両者は一定の業務の連係を有するが、これを明確に分離する（前掲≪電力体制改革解読≫，44-46頁）。

（そのうちの24は、北京と同様に、国家電網公司が全額出資の「公司」であり、重慶・
山西・湖北の３つは、株式制公司であった）。これらは、政府の監督下において、
市場主体に対して、「規範的・公開的・透明な電力取引サービス」を提供した[40]。
2016年10月17日には、発電企業・供電企業（このうちには、地方電網、卸売電網
などを含む[41]）・小売業者・電力大口消費者・取引機構・第三者機関などの代表
35名からなる「北京電力取引センター市場管理委員会」が成立し、この「市場
管理委員会」は、議事・規則（取引機構の章程・運営規則など）を審議するだけ
ではなく、各市場関係主体が共同して市場運営等に当たるメカニズムを作り上
げていった[42]。2016年12月、「電力中長期取引基本規則（試行）」[43]が公布され、
この「基本規則」に基づいて、各地は、早急に「取引規則」を制定・改訂する
よう要求された。ここでは、競争的な環節における電力価格の開放（価格の市
場における決定）がある程度にまで達し、あるいは「発電計画・電力消費計画」
（電力需給をバランスさせる計画）の開放（電力の供給・消費が市場で決定される）が
ある程度にまで達した時、各地は、電力の中長期取引と現物取引を結合した市
場化を実現し、電力の供給・消費のバランスを取れるようなメカニズムを作り
上げなければならないとされた。

　電力市場を担う（電力取引機構に参加する）主体は、発電企業・配電・供電企
業（電力小売企業）・電力消費者などであり、これらについては、すでに指摘し
たように、市場参加の「認可基準」が作成（制定）され、「認可基準」に相応
する市場主体が国家の省エネ・排ガス減少といった要求、また産業政策の要求

40）《2017年中国電力年鑑》，72頁。こうしたなかで、国家電網公司は、これまでの
　　「電力調達・取引センター」を廃止する検討を始めた。

41）本章、注24を参照。

42）前掲《電力体制改革解読》，44頁参照。

43）《关于印发<电力中长期交易基本规则（暂行）>的通知》发改能源［2016］2784
　　号（《2018年中国電力年鑑》，641-649頁）。この「基本規則」は、第１章総則、第
　　２章市場成員、第３章市場への参加と退出、第４章取引の種類・周期・方式、第５
　　章価格メカニズム、第６章取引組織、第７章安全検査と取引の執行、第８章契約電
　　量の偏差、第９章補助サービス、第10章計量と決算、第11章情報公開、第12章付則
　　からなる全100条にわたる規則であった。

を満足させるものとして市場に参加した。例えば、発電企業の場合、国家の定める安全標準を維持して、再生可能エネルギー源の発電の市場取引量の比率を高め、伝統的化石燃料源の発電をクリーン化させなければならないとされ、配・供電企業の場合、区・省を跨ぐ取引について、所在地での取引以外、第三者に委託することもできるとされ、電力消費者（比較的高電圧の電力消費量の多い大口電力消費者）の場合、電力市場運営の安定性を保障するものでなければならないとされた。

　以上の措置から、電力市場での取引規模は拡大された。2016年の市場化された電力取引量（市場における取引量）は、約1兆キロワット/時で、全社会用電量の19％を占め[44]、2017年には、1.6兆キロワット/時で、全社会用電量の26％を占めるまでになったとされる[45]。2018年7月、「電力の市場化取引を積極的に推し進め、取引メカニズムをいっそう改善することに関する通知」[46]が発布され、各地において、さらに市場で取引される電力量の増加を要求するとされた。

　こうした電力取引の市場化が推進されるなかで、2017年3月、「国家発改委」と国家エネルギー局は、「秩序ある形で発電計画・電力消費計画（電力需給をバランスさせる計画）を開放することに関する通知」[47]を発出し、秩序ある形で「発電計画・電力消費計画」を開放するための作業を指示した。大口電力消費者には、その電力消費計画を開放して電力消費の拡大を図り、電力小売企業に対しては、大口電力消費者との直接取引を推奨して業務拡大と市場競争への参加を図り、さらに「供水・供ガス・供熱」といった公共事業には、電力小売業への進出を促進するとした。また、この「通知」の指示によれば、各地において、火力発電に対する発電規制を強化して、クリーン・エネルギーの取り込みを図

44）≪2017年中国电力年鉴≫，17页。

45）≪2018年中国电力年鉴≫，20页。

46）≪关于积极推进电力市场交易进一步完善交易机制的通知≫发改运行［2018］1027号（≪2019年中国电力年鉴≫，4-5页）。

47）≪关于有序放开发用电计划的通知≫发改运行［2017］294号（≪2018年中国电力年鉴≫，660-661页）。

るとされた[48]。さらに、2017年10月には、「国家発改委」と国家エネルギー局
は、「分布式エネルギー源（天然ガス・太陽光・風力などのエネルギー源）の市場
取引を試行することに関する通知」[49]を発布して、エネルギーのクリーン化を
図るとしたが、この場合の電網公司に支払う「電網使用料」（過電費）や取引価
格については、なお「試行」を重ねるとされた。

「輸配電価格」の改革については、「国家発改委」が2015年4月に「9号文件
の精神を貫徹して輸配電価格の改革を推進することに関する通知」[50]を発出し
て、試行範囲の拡大を図るとともに、試行範囲以外の地域においても、「輸配
電価格」の改革の準備をするよう求め、電網公司が電力の買い上げと販売の差
額を取得してきたこれまでの方法を「電網使用料」に転換していく方法を研究
するよう求めた。さらに、電網企業に対する監督・管理を強化するために、「国
家発改委」と国家エネルギー局は、「電網使用料」としての「輸配電価格」の
「定価コスト」を「監督・審査」する「辦法（試行）」を関係部局に通知した[51]。
次いで、2016年3月には、「国家発改委」の「輸配電価格の改革の試行拠点の
拡大に関連する事項に関する通知」[52]が発出され、拡大された試行拠点は、そ

---

48) 2015年の電源種別の対前年比増加率をみると、火力発電が7.9%、水力発電が
4.8%、その他の風力・太陽光などの再生可能エネルギーの発電では、風力発電が
35.4%、太陽光発電が69.7%であった。このため、従来式の火力発電の増加率をは
るかに上回って水力発電を含めた「クリーン」電源の比率が34.8%（対前年比1.7
ポイント増）に増大し、「電源構造における優位」が進展した（《2016年中国電力
年鑑》，12-13頁）。

49) 《2018年中国電力年鑑》，678-681頁。また、これと同時に、「国家発改委」と国
家エネルギー局による「『棄水・棄風・棄光問題を解決する実施計画』を印刷・配
布することに関する通知」（《关于印发<解决弃水弃风弃光问题实施方案>的通知》
发改能源［2017］1942号）が発布され、再生可能エネルギーを積極的に取り入れ、
電源構造の優位化を図るとされた（《2018年中国電力年鑑》，681-684頁）。

50) 《关于贯彻中发［2015］9号文件精神加快推进输配电价改革的通知》发改价格
［2015］742号（《2016年中国電力年鑑》，601頁）。

51) 《关于印发<输配电定价成本监审办法（试行）>的通知》发改价格［2015］1347
号（《2016年中国電力年鑑》，602-603頁）。

52) 《关于扩大输配电价改革试点范围有关事项的通知》发改价格［2016］498号（《2017
年中国電力年鑑》，614-615頁）。

れぞれの「試行草案」を「国家発改委」に報告するとともに、各地の価格主管部局は、この「輸配電価格」の基礎をなす「コスト」を「監督・審査」し、これによって当地の「標準コスト」を定めて、「国家発改委」に報告するよう求めた。さらに、この「通知」は、「輸配電価格」の管理方法を研究・制定して、電網企業にコスト削減を促すとともに、評価制度を設けて、無駄な投資や不合理なコストを「輸配電価格」に取り込まないようにすべきであるとした。2016年12月には、「省級電網における輸配電価格の定価辦法（試行）」[53]が「通知」され、「認可された総収入（＝コスト＋合理的な利益＋税金）」に基づく「輸配電価格」を確定し、厳格にコストを「監督・審査」して、電網企業にはコストを賄う「合理的利益」を保障するとした。翌2017年12月、「国家発改委」によって、「地区電網における輸配電価格の定価辦法（試行）」、「省・区を跨ぐ特定工程の電網における輸電価格の定価辦法(試行)」[54]が発出され、地区電網においては、「認可された総収入（＝コスト＋合理的な利益＋税金）」の「輸配電価格」を参考にして、過渡的に「両部制電価」(但し、電量価格には電網公司が提供する輸配電サービスのコストを反映させ、容電価格には電網安全サービスのコストを反映させる)の「輸配電価格」を採用し、また区・省を跨ぐ特定工程の電網においては、「経営期電力価格」方式の「輸配電価格」を用いるとした（第3章第1節3新電力価格メカニズムの形成に関する措置を参照）。

　こうした「輸配電価格」の「改革」を通して、3年間の省級電網企業の「コスト」は、改革前に比べて、1キロワット/時当たり1分（100分の1元）の引き下げをもたらした。そのことによって、西蔵（チベット）を除く32の省級電網の収入を累計480億元削減させ、電力の消費者価格の政府基金を25％低減さ

---

53) ≪关于印发＜省级电网输配电价定价办法（试行）＞的通知≫发改价格［2016］2711号（≪2018年中国电力年鉴≫，638–639頁）。省級電網の「輸配電価格」は、省級の電網を共通に利用している「電網使用料」である。この計算方法については、「辦法」の第2章及び第3章の「計算方法」を参照。この「規定」の有効期限は5年とされた。

54) 国家发展改革委关于印发≪区域电网输电价格定价办法（试行）≫≪跨省跨区专项工程输电价格定价办法（试行）≫（≪2019年中国电力年鉴≫，589–593頁参照）が発出された。

せ、その他、電力価格を通して徴収していた公共事業や鉄道電化に関わる付加金、発電企業が負担する工業企業構造調整資金等の負担を軽減させ、結局、こうした措置により、社会的電力消費コストを1400億元以上低減させて経済発展に貢献しただけでなく、産業構造の高度化の推進に大いに役立ったとされた[55]。

　他方、配電業務を増加させる「改革」と電力小売業に関する「改革」は、同一の事態を目標に掲げる「改革」であり、それは、伝統的に「小売業務が電網企業の独家経営（一手経営）の状態にあったのを打破し、企業類型多元化の競争的市場」[56]を構築することであり、すでに述べた「管住中間・放開両頭（電力工業の両先端である発電環節と電力小売環節を競争的領域として開放して市場取引の導入と市場参加主体の多元化を実現し、中間環節の輪配電環節を国家がしっかり管理する）」体制を構築することであった。この両先端の一方の電力小売市場に競争を導入することで、次のような問題を解決しようと企図された。①電力消費者と発電企業が市場体制の問題から隔離された状況に置かれている。②小売市場には単一の供電企業しか存在しないので、電力消費者には、選択権も価格協議権もなく、電力の自主調整・省エネ・排ガス減少などに積極的に取り組むことが難しく、電力の利用効率を低い状態にとどめている。③価格形成メカニズムが歪められ、電力資源の優位配置を実現することが困難であり、企業の競争能力の向上に不利であるばかりか、中国の経済・社会の健全な発展にも不利である[57]。このため、電力の小売市場により多くの配電・供電企業を参加させ、電力消費者に選択権を与え、市場機能を発揮させて、問題解決に当たるとしたのである。

　「9号文件」の「付件」である「電力小売業（配電・供電業務）の改革を推進することに関する実施意見」によれば、社会資本に対して電力小売業（配電・

55）≪2018年中国电力年鉴≫，20頁。
56）前掲≪电力体制改革解读≫，84頁。このほか、この小売業改革は、「電力価格改革」・「取引体制改革」・「発電計画・電力消費計画（電力需給をバランスさせる計画）」などと協調させて推進しなければならないとされた（同上≪电力体制改革解读≫，90頁）。
57）同上≪电力体制改革解读≫，85頁。

供電業務）を開放することは、電力小売市場で競争する主体を育成することであった。この主体は、①配・供電公司、②電力小売企業、③特定の電力消費者であったが、①配・供電公司（地方の電力公司・県の供電公司を含む）は、輸配電網の運営権を擁する企業で、供電営業区の供電サービスを確実に行い、居民・農業・重要な公共事業への供電に責任を負う企業である。この配・供電企業は、供電営業区の消費者に供電するだけでなく、種々の市場主体に輸配電のサービスを無差別に提供し、さらにそうした市場主体や消費者に電力メーターの取り付け、検針、料金徴収のサービスを提供する。②電力小売企業には、電網公司に属する小売公司・配電網の増加に伴い投下された社会資本による配電網を運営する小売公司・独立の小売公司（配電網の運営権を持たず、最終的供電サービスを行わない）の３種があり、それぞれ自主経営・損益自己責任の企業である。③特定の電力消費者は、市場に参加しうる条件を備えた電力消費者[58]であり、直接発電公司と取引ができ、また自主選択して電力小売業とも取引できるとされた。もちろん、市場取引に参加しないという選択もできた。

　この「実施意見」によれば、すでに「輸配電価格」が確定された地区（試行）では、社会資本が小売業へ進出する「試行」を展開し、そうでない地区では、状況に合わせて小売業務を開放していくとされ、最終的には、この「試行」の範囲を拡大しつつ、全国範囲ですべての小売業務を開放するとした。すでに表4−2でみたように、この分野の「試行」範囲は比較的拡大していた。2016年10月、「国家発改委」と国家エネルギー局は、「『電力小売公司の市場参入許可及び退出に関する管理辦法』と『配電網業務を秩序ある形で開放する管理辦法』とを印刷・配布することに関する通知」[59]を発布し、増加された配電網の運営権を擁する小売業者を確定し、電力小売市場に多元的な市場主体による競争を

58）この条件とは、①国家の産業政策に符合し、国家の環境保護基準に達している、②自家発電を行う電力消費者で、政府の補助金等の資金を受けている、③小規模発電網（中国でいう「分布式エネルギー源」のこと）に接続できる条件を備えていることである（「電力小売業（配電・供電業務）の改革を推進することに関する実施意見」、三の（二）を参照）。

59）《2017年中国电力年鉴》，655−658頁。

導入していった。また、2017年には、「地方電網及び増加された配電網の配電価格を制定することに関する指導意見」[60]が発出され、これまでの配電価格（小売価格）との調整が省級価格主管部門に委ねられることになった。こうした「指導意見」に基づく「試行」、配電業務の開放に関する「試行」は、その後、3段階にわたって展開された。第1段階は105個の項目に対する「試行」が行われ、第2段階にはそれが194個目の「試行」に増大され、2018年1月からの第3段階にはさらにそれを増大するとされた[61]。

　「9号文件」及び「付件」による電力体制の「改革」は、「試行」を重ねながら、図4-1に示されたような電力取引機構を基軸にした「管住中間・放開両頭」という国家による管理体制のうちに市場を通した競争関係を組み込む電力工業の基本的体系が形成されていった。本書は、この過程をできるだけ「資料」に則しながら考察してきた。今後、どのような中国電力工業の発展が実現されるか、ほとんど予測は困難であるが、成熟した電力工業の発展がクリーン・エネルギーを取り込みながらさまざまな課題を解決していくにちがいない。その際、これまでのような、巨大な電力工業を維持していくのか、分散化した小規模エネルギー産業の重層的構造に鞍替えするのか、また第2次エネルギー産業としての電力工業が水素を中核とした第3次エネルギー産業のためのエネルギー産業になっていくのか、その結果を見通すことはできないが、今後も、しっかりと研究を継続していきたい。

60）《关于制定地方电网和增量配电网配电价格的指导意见》发改价格规［2017］2269号（《2019年中国电力年鉴》，592页参照）。

61）《2017年中国电力年鉴》，40页，及び《关于加快推进增量配电业务改革试点的通知》发改办经体［2017］1973号（《2018年中国电力年鉴》，684-685页）参照。

あとがき

　本書は、北海商科大学大学院商学研究科より博士学位を授与された論文「中国における電力工業史の研究（1949〜2015年）」をもとに、加筆修正したものである。

　本書の課題は、新中国の成立以降における電力工業の各時期の管理体制の変遷、及び電力工業の発展状況を明らかにすることである。具体的にいえば、その１、1949年からの電力工業の発展過程を社会主義経済の建設過程の一部とする分析視角から、大きく時期を区分して考察した。その２、電力工業の発展は「５ヵ年計画」と緊密に結合していることから、各次の「５ヵ年計画」を踏まえて、各時期の電力工業の発展の特徴をできる限り抽出しようとした。その３、区分した各時期における電力工業の管理体制の変遷について、その変化及び特徴を分析し明らかにした。

　筆者は2010年に日本の大学の大学院修士課程を卒業して帰国した。その後、中国の国有電力会社に入社して、２年間、電力企画に関連する仕事を務めた。当時、電力施設の建設のため、ほぼ毎日、政府機関、会社及び建設地を転々として交渉していた。この仕事により、自らの経験を通して、初めて行政と企業、特に国有企業と行政との関係、及び国有企業の経営システムに関して多少イメージすることができた。一方、両親の仕事の関係で、幼い頃から「電力系統単位（ダンウェイ）」（幼稚園、小中高学校、病院など、いわゆる企業単位社会）で育てられ、「電力系統単位」は自分にとって、欠かせない生活環境であり、自分の人生に大きな影響を与える存在になっていた。2016年、改めて日本に渡航し、北海商科大学大学院の博士課程に入学し、研究テーマを中国における電力工業の発展に設定した。

　しかし、これまで、経済史の研究にあまり触れたことがない筆者にとって、大きな課題に取り組むことは、不安を感じるよりも、むしろ大きな試練だと思われた。当時、指導教授である恩師の北海商科大学の西川博史教授から親身に

あらゆる面でご教示と叱咤激励を賜った。博士論文の作成に当たって、わざわざ貴重な時間を割いて、研究指導時間以外の時にまで及んで指導いただいた。学問の基礎的態度に始まり、論文構成の子細に至るまで、丁寧なご指導をいただいた。ご指導を受けるなかで、真の学者が備える教養・精神・徳について理解することもできた。大学院の課程を終えて、北海学園北東アジア研究交流センター（ハイナス）に勤務した時も、西川教授は貴重な時間を割いて研究会を行い、議論を重ねてくださった。それが本書の作成に大いに役立った。西川教授が日中両国の交流事業にも献身的に力を尽くすだけでなく、中国の経済発展にいつも関心を向け、精力的に中国経済のさまざまな事情を理解されようとしていることにいつも感服した。中国経済に精通されている西川先生がいなかったら、本書も完成していなかっただろうと思っている。先生に心よりお礼申し上げたい。

　また、本書の出版に当たり、お世話になった方々にこの場を借りて感謝の意を表したい。まず、留学や研究生活をいつも支えてくださった蘇林教授にも感謝の意を捧げたい。筆者が人生のなかで一番迷った時に、蘇教授から非常に温かい励ましの言葉をいただいた。それがこれから学問の道を歩んでゆく私に大きな自信を持たせてくださった。生活上、いつも支えてくださって、母親のような温かさを常に感じられた。次に、博士論文の副査を担当された阿部秀明教授、及び田村亨教授にも感謝を申し上げる。丁寧かつ多くの助言をいただいた。博士課程で指導を受け、有益なアドバイスを与えてくださった伊藤昭男教授、島津望教授、佐藤博樹教授、田辺隆司教授、及び石原享一教授、古矢旬教授、菊地均教授にも、感謝の意を表したい。

　さらに、大学時代にご指導とご教示をいただいた北京第二外国語大学の張一娟教授、横浜商科大学の山田晃久教授にも、この場を借りて感謝の意を表したい。修士時代の指導教授であったいまは亡き茂垣広志教授のご冥福をお祈りし、ご報告させていただきたい。

　加えて、絶好の研究環境を整えてくださった北海商科大学の教務担当の事務職員の皆様、とりわけ柴田事務長にも心より感謝したい。そして留学生活をともにした学友の皆様にも感謝する。

　筆者の勉強不足や能力不足などから、本書には多くの間違いや分析の至らない点があるかもしれない。読者の方々からのご指導とご批判を乞い、今後の研究の道標とさせていただきたい。

　本書の出版を引き受けてくださった現代史料出版の赤川博昭社長に大変お世話になった。厚く御礼申し上げたい。

　最後に、これまで私を温かく応援してくれた中国内蒙古のオルドスに住む両親、親戚、親友たちに心から感謝を伝えたく、本書を捧げる。

著者略歴

劉　玕（りゅう　かん）

1982年　中国内蒙古自治区生まれ

2002年　北京第二外国語大学日本語学科入学

2004年　横浜商科大学商学部入学

2008年　横浜国立大学大学院修士課程入学

2015年　北海商科大学大学院博士課程入学

2020年　博士（商学）学位取得

2010〜2012年　中国内蒙古電力（集団）有限責任公司職員、2012〜2017年
　　　　　内蒙古自治区オルドス市政府職員、2019〜2021年　北海学園北東ア
　　　　　ジア研究交流センター（HINAS）研究員

現　在　北海商科大学講師

中国電力工業史序説

2022年7月20日　第1刷発行

著　　　者　　劉　玕

発　行　者　　赤川博昭

発　行　所　　株式会社現代史料出版
　　　　　　　〒171-0021　東京都豊島区西池袋2-36-11
　　　　　　　TEL03-3590-5038　FAX03-3590-5039

発　　　売　　東出版株式会社

印刷・製本　　亜細亜印刷株式会社

ISBN978-4-87785-385-3　C3065
定価はカバーに表示してあります